空间信息导论

周　艳　何彬彬　主编

科学出版社

北　京

内 容 简 介

本书立足于空间信息技术的基本理论,系统性地阐述了空间信息技术的相关概念、原理和方法。本书共分为8章,主要内容包括:绪论、空间信息技术的基础理论、空间信息获取技术、空间数据模型与组织管理、空间关系与空间分析、空间信息可视化技术、空间信息共享与服务和空间信息技术的新进展。本书的章节编排注重系统性、可读性、实用性和科学性,内容简明扼要、精炼易懂且适用面广。

本书可作为高等院校地理、测绘、电子信息、计算机、环境、地质、气象、空间信息与数字技术等专业的本科生和研究生教材,也可作为从事空间信息技术相关领域的科研和技术人员的参考书。

图书在版编目(CIP)数据

空间信息导论 / 周艳, 何彬彬主编. —北京:科学出版社, 2020.6
(2022.7 重印)
ISBN 978-7-03-065068-9

Ⅰ.①空… Ⅱ.①周… ②何… Ⅲ.①空间信息技术 Ⅳ.①P208

中国版本图书馆 CIP 数据核字 (2020) 第 077989 号

责任编辑:李小锐 / 责任校对:彭 映
责任印制:罗 科 / 封面设计:墨创文化

科 学 出 版 社 出版

北京东黄城根北街16号
邮政编码:100717
http://www.sciencep.com

四川煤田地质制图印刷厂印刷
科学出版社发行 各地新华书店经销
*
2020 年 6 月第 一 版 开本:787×1092 1/16
2022 年 7 月第三次印刷 印张:18
字数:415 000
定价:69.00 元
(如有印装质量问题,我社负责调换)

前　　言

　　空间信息技术是当代发展最快、影响国民经济发展与人们日常生活最为深刻、应用最为广泛的学科领域之一。它被看作继生物技术和纳米技术之后，21 世纪中发展最为迅速的第三大新技术。从广义上讲，凡是涉及对空间信息数据（包括宇宙空间宏观、地球表面中观或物体微观位置相关的信息数据）进行自动获取、存储分析以及信息提取的技术都称为空间信息技术。从狭义上讲，凡是涉及对地理空间信息数据进行自动获取、存储分析以及信息提取的技术都称为空间信息技术。本书采用后者将空间信息技术的研究内容主要限定在地理空间信息的范畴。

　　空间信息技术涉及航天航空遥感技术、卫星定位技术、地理信息系统技术、计算机技术和网络通信技术等专业领域，是当前人类快速获取大区域地球动态和定位信息的重要手段，也是一个国家科技发展水平的重要标志。它基于遥感技术、全球定位技术、地理信息系统技术、计算机技术和网络通信技术等来解决与地球空间信息有关的数据获取、存储、传输、管理、分析与应用等方面的问题。借助航天、航空对地观测平台，人类实现了对地球的不间断观测，并可以通过信息处理快速地再现和客观地反映地球表层的状况、现象、过程及其空间的分布和定位，服务经济建设和社会发展。空间信息技术是对空间数据进行采集、组织、管理、分析、显示的有效技术途径，是实现数字地球和智慧地球战略目标的重要技术支撑。在人类解决全球性环境问题、实现经济与信息的全球化以及对国家的经济战略、安全战略和政治战略的研究与决策、自然资源的调查开发与利用、区域和城市的规划与管理、自然灾害的预测和灾情的监控、工程设计、环境的监测与治理、数字战场与作战指挥自动化等诸多方面，空间信息技术都有着十分广泛的应用。

　　本书立足于空间信息技术的基本理论，系统性地介绍了空间信息技术的相关概念、原理和方法，旨在为地理、测绘、电子信息、计算机、环境、地质、气象、空间信息与数字技术等相关专业的学习者奠定与空间信息技术相关的理论基础。全书共分为 8 章。第 1 章绪论，阐述了空间信息的基本概念、空间信息技术与相关学科的关系及其研究内容和主要应用；第 2 章介绍了空间信息技术的基础理论，主要包括对地球空间的认识、时空参考系统、地图投影以及空间尺度与比例尺；第 3 章详细地介绍了空间信息获取技术，主要涉及地面测量技术、全球卫星定位技术、遥感技术、摄影测量技术的基本概念、原理和技术方法，以及"3S"技术集成；第 4 章主要介绍空间数据模型、空间数据结构、空间索引技术以及空间数据组织与管理方法；第 5 章主要介绍常见的空间关系和常用的空间分析方法（包括缓冲区分析、叠置分析、网络分析、地形分析和城市空间三维分析）；第 6 章主要介绍空间信息可视化的理论基础以及对二维和三维空间信息进行可视化的方法、原理和关键技术，此外还包括了空间信息可视化的相关理论与技术；第 7 章主要介绍空间信息共享的意义和标准、空间信息服务的技术基础以及 OGC 空间信息服务；第 8 章介绍了空间信息技术的新进展，主要涉及空间信息获取技术、空间数据库技术和空间信息系统技术等相关新技术的进展。本书可作为高等院校空间信息技术相关专业的教材，也可作为其相关领域中科研和技术人员的参考书。

本书的第 1 章和第 7 章由何彬彬编写，第 2～6 章以及第 8 章由周艳编写；全书由周艳负责内容体系的设计和统稿。硕士研究生蒋璠、黄曼娜、罗云馨、黄悦莹和杨清清参与了本书的图表编辑和内容校对工作，在此一并表示衷心的感谢！最后，感谢科学出版社的编辑为本书出版所给予的支持和帮助。

由于作者的学识和时间有限，书中难免存在疏漏之处，敬请读者批评指正。

目 录

第1章 绪　论

1.1　空间信息的基本概念

1.1.1　信息与空间信息

1. 信息

信息是对客观世界的反映，是对客观事物或客观规律的存在及其演变情况的反映。1948年，美国数学家、信息论的创始人香农(C. E. Shannon)在著名的论文《通信的数学理论》中指出："信息是用来消除随机不定性的东西。"同年，美国著名的数学家、控制论的创始人维纳(N. Wiener)在《控制论》一书中指出："信息就是信息，既非物质，也非能量，信息是物质、能量、信息及其属性的标识。"由此可以看出，信息是事物属性的表征，人们通过信息来描述自然世界中的各种物质和事件，以完成对物质世界的认识、描述、交流和处理过程。

信息至今没有公认的定义，不过可以这样来理解：它能被人们用作某种决策的依据，反映着与某种决策(如科学判断、生产计划、操作方式或商品交易等)有关的客观事物或客观规律。信息是有用的、经过加工的数据，它与消息、情报和知识有着一定的联系。

信息已经成为当代社会发展中的一项重要资源。可以说，信息是除了可再生资源(如水、土、生物等)和非再生资源(如各种矿物等)之外，维持人类社会活动、经济活动、生产活动的第三大资源。

2. 空间信息

空间信息是反映地理实体(或地理现象)空间分布特征的信息，空间分布特征包括位置、形状和空间关系等。在实际应用中，人们一般没有刻意地区分空间数据与空间信息，而是将两者等同起来。空间信息/空间数据是用于描述地理实体(或地理现象)空间位置、形状、大小及其分布特征等诸多方面信息的数据，它描述的是现实世界中的对象实体，具有定位、定性、时间和空间关系等特性：定位是指在已知的坐标系里空间目标都具有唯一的空间位置；定性是指与目标地理位置有关的空间目标的自然属性；时间是指空间目标是随着时间的变化而变化的；空间关系通常用拓扑关系表示。在数学的二维空间中，空间数据的基本类型可以用点、线或面表示；在三维空间中，空间数据的基本类型可以用点、线、面和体表示。

空间数据具有 3 个基本特征：空间特征(定位)、属性特征(非定位)、时间特征(时间尺度)。如果从对地理实体(或地理现象)表达的完备性来看,则空间数据需要从语义(对"该要素是什么"进行定义或解释,包括类别、命名等)、空间位置(某种空间基准下的一维、二维或三维坐标)、几何形态(如形状、大小等)、演化过程(不同时刻的状态与过程)、相互关系(如要素间的空间关系、时间关系、相互作用与制约关系等)以及属性(如物理、化学、生物、人文、社会和经济等方面的属性)特征等方面来进行全方位的定性或定量描述和表达。但是在实际应用中,为了能在空间数据库中有效地组织和存储空间数据,因而要对空间数据的特征进行取舍和简化,通常仅描述和表达地理实体(或地理现象)的空间特征、属性特征和时间特征:空间特征(位置、形状和大小等几何特征以及空间关系)表示了空间实体的地理位置、几何特性以及实体间的拓扑关系,从而形成了空间物体的位置、形态及由此产生的一系列特性;属性特征包括了语义在内的质量特征与数量特征(属性描述的是空间实体特征的定性或定量指标,它提供了关于空间实体的空间要素的描述信息,如行政区的名称、总人口数等);时间特征(在特定的时间或时间段内观测或采集)是指空间数据的空间特性和属性随时间动态变化的特征,即时序性特征。

1.1.2 空间数据的主要来源

根据获取来源的不同,空间数据获取可分为间接空间数据获取和直接空间数据获取。间接空间数据获取是指数据来源于早期研究或其他系统,如对历史地形图进行地图扫描和数字化等。直接空间数据获取是指通过直接测量获取数据:对于中、小比例尺地图,一般采用摄影测量与遥感方法进行数据获取;对于大比例尺地图,一般采用野外数字化测图方法获取空间数据。此外,近年来数据共享工作的进展迅速,因此也可以通过互联网来获取免费或收费低廉的空间数据。

1. 地图数字化

地图是一种重要的空间信息载体,是空间信息传统的表达形式。在计算机普及以前,一般使用纸质地图;但纸质地图存在地图效率、速度和精度较低的缺点,难以适应现代信息社会的发展。纸质地图经过一系列的处理后可转换为在屏幕上显示的数字地图,这个转换过程就称为"地图数字化",其目的是将图形或图像转换为数字,以便计算机进行储存、识别和处理。国家基础地理信息中心将全国已经出版的基于各种比例尺的基础地形图进行了数字化扫描处理,并由此生成数字栅格图(digital raster graphic,DRG)。随着计算机技术的普及与发展,数字化地图成为空间信息的主要来源之一。

2. 摄影测量与遥感

摄影测量与遥感技术是两种能够直接且快速地获取大范围空间数据的重要手段,目前已成为主要的空间信息来源。一般而言，摄影测量侧重于获取量测对象的几何特性，其主要用于中、小比例尺地形测图；而遥感是以非接触方式量测对象的物理、化学或生物特性，其主要用于地表覆盖制图。摄影测量与遥感技术的一个重要特征是可以通过重叠的像对获得立体影像，而这些影像可以用来进行全数字化立体测图，以获取数字地面模型(digital elevation model，DEM)、数字线划图(digital line graph，DLG)或数字正射影像(digital orthophoto map，DOM)等数字化测量数据。

3. 野外实测数据

通过野外实地测量获取空间数据是专业测绘单位目前使用的主要方法之一。它先利用全站仪、水准仪、GPS 接收机、掌上电脑和笔记本电脑等设备直接在野外采集各种控制成果、地物、地形的特征点等，然后以编码加坐标的形式记录，最后经编辑、处理后直接生成空间数据。这种方法精度高、速度快，适用于大比例尺地图测绘及各种工程测量或局部修测等，是一种较为经济且快速的空间数据获取方法。经野外实测得到的空间信息属于第一手的原始数据，因此可用于补充其他方法获取的数据如遥感影像数据的地面控制点、模糊部分等，它是直接获得高精度空间数据的重要来源。

4. 空间数据共享

随着空间数据共享在全球范围内的逐步推广，互联网已成为查找空间数据最便捷的方式。例如，美国的地理空间数据一站式服务(geospatial one-stop，GOS)使得各级政府部门和民众能够更方便、更快捷地且以更低廉的价格来获取空间信息(网址：http://www.geodata.gov)；美国国家航空航天局(National Aeronautics and Space Administration，NASA)可以提供用于科学研究的部分免费空间数据(网址：https://www.nasa.gov/)；著名的共享免费地图 OSM——OpenStreetMap 的设想是构建人人可免费使用、人人可参与制作的全世界范围的网上地图(网址：http://www.openstreetmap.org)。

我国科技部推动并建立了国家地球系统科学数据中心共享服务平台(网址：http://www.geodata.cn/)，研究人员和公众可以免费地获取气象、林业、水文水资源、测绘、地震等方面的科学数据。国家动态地图是基于国家基础地理信息中心中全国 1∶400 万及 1∶100 万比例尺地图的数据库并结合了各权威部门公开发布的具有空间分布特征的专题信息以及城市、旅游等信息的数据共享网站(网址：http://www.webmap.cn)。

1.1.3 空间数据的主要类型及特征

1. 空间数据的主要类型

地理事物和地理现象错综复杂，对其进行描述和表达的空间数据也多种多样。从不同的视角出发，空间数据可以被描述为不同的类型。

(1)从概念数据模型的角度，将空间数据分为两种主要类型：空间对象数据和空间场数据。空间对象数据是对呈离散分布、具有明确几何边界的空间实体(也称为"地理要素")的表达形式，空间实体可以被抽象为点、线、面或体对象。空间场数据是对一定范围内连续变化的地理现象如地形起伏、气温或人口密度等的表达形式。

(2)依据空间数据结构，将空间数据分为矢量空间数据和栅格空间数据。矢量空间数据能对点、线、面和体地理要素的位置和几何特征进行精确的描述和表达并关联其属性特征，甚至能够表达部分空间关系。栅格空间数据以规则的栅格阵列表示地理现象，阵列中每个栅格单元的值表示地理现象的属性特征，而地理现象的空间位置则蕴含在每个栅格单元的行、列号中。

(3)根据空间数据的维数，将空间数据分为4种基本类型：点数据、线数据、面数据和体数据。点数据是零维的，线数据是一维的，面数据是二维的，体数据是三维的。

(4)根据空间数据的特征，空间数据可归纳为3种类型：属性数据、几何数据和关系数据。属性数据描述的是空间数据的属性特征，如类型、等级、名称和状态等；几何数据描述的是空间数据的空间特征，如位置、定位等，用坐标表示；关系数据描述的是空间数据之间的空间关系，如拓扑关系、方位关系和度量关系等。

(5)根据空间数据的用途，将空间数据分为基础地理数据和专题地理数据。基础地理数据是指通用性强、共享需求大并能作为统一的空间定位框架和空间分析基础的地理数据，具有基础性、权威性、普适性和使用频率高的特点。专题地理数据是指针对不同领域或行业的应用需求对专业领域所涉及的自然或社会经济要素的空间分布及其演化过程进行表达的数据，具有专业性、统计性等特点。

(6)根据空间数据的来源可知，空间数据既可以通过直接观测来获得(直接数据)，也可以通过对已有的其他形式的数据进行加工处理或转换来获得(间接数据)；既可以是数字化的数据，也可以是非数字化的数据。本书将各种数据按数字化与非数字化、直接获取与间接获取进行分类，见表1-1。

表 1-1　按数据来源进行分类的空间数据

空间数据的类型	直接数据	间接数据
数字化数据	全站仪测量、GNSS 观测 数字航空和航天遥感影像 地球物理、化学探测	数字化文档 其他 GIS 系统的空间数据 专题数据库 CAD 设计图
非数字化数据	社会经济现场调查记录、笔记 航空像片 模拟法测图	地形图与专题地图 统计图与统计报表 图书、文档、报告

2. 空间数据的特征

空间数据的 3 个基本特征是空间特征、属性特征和时间特征。由于空间数据分布的广度和复杂性以及观测尺度的多样性，空间数据呈现出以下多方面的特征。

(1) 空间特征。空间特征是指地理要素的位置、形状和大小等几何特征以及与相邻地物的空间关系。空间位置可以通过坐标描述，形状和大小可以利用坐标计算得到。空间关系较为复杂，有些空间数据库除存储地理要素的空间坐标外，还会存储部分空间关系(如相邻、包含、连通等)，且大部分空间关系可以利用空间坐标运算来获得(如方位关系、距离关系、穿过关系等)；而有些空间数据库仅存储了地理要素的空间坐标，所有的空间关系都需要利用空间坐标来进行运算。对每个地理要素进行空间位置的描述和表达是空间数据区别于其他类型数据的最主要特征。

(2) 属性特征。属性特征也称为"非空间特征"或"专题特征"，它是与地理要素相联系的、表征地理要素本身性质的质量和数量特征，如要素的类型、语义、定义、量值等。属性的类型又可以分为定性和定量两类，前者包括名称、类别、等级等；后者包括可测量的数量特征，如道路的宽度、车道数等。有些空间数据库会将时间特征作为属性数据进行记录和存储。

(3) 时间特征。时间特征是指采集空间数据或空间实体发生、发展的时间。空间数据总是在某一特定时间或时间段内通过采集或计算得到。例如，一个城市地图中的某个位置，因为每年这个城市都在修建新的道路、建设新的小区等，所以上一年该位置可能是一片空地而下一年可能是一个小区。可见，地图表达的空间信息随时间的变化而变化；有时，有些空间数据会因随时间的变化相对较慢而被忽略。在许多不同的情况下，空间信息用户会把时间处理成专题属性，即在设计属性时考虑多个时态的信息，以记录空间数据的时态特征。

(4) 多尺度与多态性特征。观测距离和尺度的不同，会导致对相同地理要素进行描述和表达的空间数据呈现出多尺度和多态性特征。空间数据的多尺度特征表现为在不同的尺度上同一地理要素在几何形态、定位精度等方面存在差异。例如，一幢居民楼在大比例尺地图上具有阳台等几何细节，但在较小比例尺地图上被表示为一个矩形。多态性特征表现为在不同的尺度上同一地理要素的表达方式存在差异。例如，从太空中观察地球上的某一河流，其可能仅为一个线对象，而近距离观察时却是一个面状区域。

(5) 多维性特征。由于多种地理对象或地理现象之间相互联系和相互作用，因而在同一空间位置上往往存在着多种现象，其具体表现为在某一坐标位置上可以有多个专题和属性数据。例如，在某地点上，可以观测到高程、土地利用类型、土壤厚度、大气污染浓度等数据。

(6) 非结构化特征。在关系型数据库中，每一个数据记录都要满足结构化的要求，即记录是定长的，数据项不能再分，也不允许嵌套记录；而地理要素的复杂性会导致对其进行表达的空间数据不能满足这种定长要求。例如道路要素，一条道路若是笔直的，则仅需要通过两对坐标就可以表达；但若是弯曲的，则可能需要通过数百甚至更多的坐标对才能表达。此外，一个地理要素可能包含一个或多个其他要素。例如，某一林地地块中包含了两个水塘、一块菜地，若采用多边形表示地块，则林地多边形记录中就需要嵌套水塘和菜地多边形记录，不能满足关系型数据库关于记录的非嵌套要求。

1.2 空间信息技术与相关学科的关系

空间信息技术被看成是继生物技术和纳米技术之后，发展最为迅速的第三大新技术。它涉及航天航空遥感技术、卫星定位技术、地理信息系统技术、计算机技术和网络通信技术等专业领域，是当前人类快速获取大区域地球动态和定位信息的重要手段。借助航天、航空对地观测平台，人类开始实现对地球的不间断观测，通过信息处理快速地再现和客观地反映地球表层的状况、现象、过程及其空间的分布和定位，由此服务于经济建设和社会发展。空间信息技术包括对空间信息的采集、存储、分析、管理等，其中在数据采集方面的发展趋势包括全球对地观测能力不断地增强、国际竞争和合作及多极化发展、遥感卫星专业化和综合集成化等。

空间信息技术基于遥感技术、全球定位技术、地理信息系统技术、计算机技术和网络通信技术等来解决与地球空间信息有关的数据获取、存储、传输、管理、分析和应用等方面的问题。在人类解决全球性环境问题、实现经济与信息的全球化以及对国家的经济战略、安全战略和政治战略的研究与决策、自然资源的调查开发与利用、区域和城市的规划与管理、自然灾害的预测和灾情监控、工程设计、环境的监测与治理、数字战场与作战指挥自动化等诸多方面，空间信息技术都有着十分广泛的应用。它是实现数字地球和智慧地球战略目标的重要技术支撑，是对空间数据进行采集、组织、管理、分析、显示的有效技术途径。

空间信息技术属于综合的、交叉性的学科：测量学以及摄影测量与遥感技术等测绘学提供关于空间信息的采集手段；地理学、制图学提供关于空间数据类型的设计和标识，为研究人类的地理空间环境、功能、演化和人地关系提供认知理论和方法；计算机科学、信息科学、数据库理论为空间数据库的理论与设计提供技术支撑；人工智能、应用数学（包括运筹学、拓扑数学、概率论与数理统计等）为空间计算和空间分析提供数学基础；软件工程、系统工程为空间信息系统的设计和集成提供方法论；计算机图形学、地图学、地理信息科学为空间数据的处理、存储、表达和分析提供相应的技术和方法。计算机技术、现代通信技术是空间信息技术的支撑。总之，空间信息技术是传统科学与现代技术相结合的产物，为各种涉及空间信息处理、分析和应用的学科提供了新的技术方法，同时这些学科又不同程度地提供了构成空间信息技术的理论与方法。空间信息技术涉及的众多学科如图 1-1 所示,其中联系最为紧密的是地理学、地图学、计算机科学、地理信息科学和测绘学等。

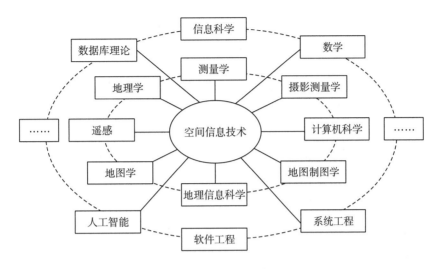

图 1-1 空间信息技术与相关学科的关系

空间信息技术涉及的典型技术主要是遥感技术、全球定位技术、地理信息系统技术以及这三种技术的集成融合,通过这些技术能够实现实时且快速地提供目标的空间位置、实时或准实时地提供目标及其环境的语义或非语义信息、发现地球表面的各种变化、及时地对空间数据进行更新以及完成对多种来源的时空数据的综合处理、集成管理、动态存取。卫星遥感、航天航空、地面测量以及各种新型的传感器,提供了全天候、一体化的空间信息采集模式。进行空间信息存储并利用异构数据库的体系结构,实现了数据的共享和透明访问,其涉及影像数据库、传感器数据库和微小型数据库等技术。空间数据库存储要求空间信息的共享性、透明度更高,其发展趋势包括网格数据管理、移动数据管理、数据流管理等。空间信息分析涵盖了空间查询和量算以及邻近度分析、缓冲区分析、网络分析、叠加分析、空间统计分析、空间插值等。此外,一些新的技术如探索性空间数据分析、空间数据挖掘、空间交互建模及地理计算等也被应用于空间信息分析,空间信息技术已经与计算机技术、网络通信技术等深入地融合,从而促使空间信息分析朝着智能化、网络化等方面发展。空间信息的采集、存储、分析、管理等技术之间具有一定的联系,它们中任何一个或多个方面的进步都将促进整个空间信息科学的发展。

1.3　空间信息技术的研究内容与主要应用

1.3.1　空间信息技术的主要研究内容

空间信息技术(spatial information technology)是当代发展最快、影响国民经济发展与人们日常生活最为深刻、应用最为广泛的学科领域之一。从广义上讲，凡是涉及对空间信息数据(包括宇宙空间宏观、地球表面中观或物体微观位置相关的信息数据)进行自动获取、存储分析以及信息提取的技术都称为空间信息技术。从狭义上讲，凡是涉及对地理空间信息数据进行自动获取、存储、分析以及信息提取的技术都称为空间信息技术。本书采用后者作为空间信息技术的定义，将研究内容主要限定在地理空间信息的范畴。

空间信息技术大致可以分为信息数据的采集、整合、分析以及表达这 4 个主要内容。遥感(remote sensing，RS)主要承担对广域空间信息数据的采集与分析任务；全球导航卫星系统(global navigation satellite system，GNSS)是具有全球导航能力的卫星定位系统，主要承担对地表物体精准空间位置数据的采集任务[典型代表是美国的全球定位系统(global positioning system，GPS)，在空间信息技术领域人们常用 GPS 指代 GNSS；地理信息系统(geographic information system，GIS)主要承担对信息数据的整合、存储、分析以及输出表达任务。由于这三项技术相互补充、紧密结合，在实际中常常被整合后使用，因而将这三项技术的集成整合称为"3S"技术；"3S"技术是支撑空间信息技术的主要内容。

1. 遥感技术

遥感技术是 20 世纪 60 年代兴起并迅速发展起来的一种综合性探测技术。它是在航空摄影测量的基础上，随着空间技术、电子计算机技术等当代科技的迅速发展以及为了满足地学、生物学等学科发展的需要而形成并发展起来的一门新兴技术。

遥感技术，广义上是泛指从远处探测及感知物体或事物的技术，即不直接接触物体本身，而从远处通过传感器来探测和接收来自目标物体的信息(如电场、磁场、电磁波、地震波等)，然后经过对信息的传输及处理分析后识别物体的属性及其分布等特征。

通常遥感是指空对地的遥感，即从远离地面的不同工作平台上(如高塔、气球、飞机、火箭、人造地球卫星、宇宙飞船、航天飞机等)通过传感器来对地球表面的电磁波(辐射)信息进行探测，经过对信息的传输、处理和判读分析后对地球的资源与环境进行探测和监测。

从学科内涵分析，遥感涵盖了辐射物理学、计量光谱学、天体运动学、测量学、数理统计、计算机图形学以及图像处理等学科的相关领域。它可以延伸到农学、气象学、地质学、地理学、计量化学、天体物理学信息学、电磁场论、电子技术等基础科学与应用科学的相关领域。遥感是航空、航天技术以及电子技术和计算机技术发展的结果，它既受制于这些学科的发展情况，又能对这些学科的发展起到重要的推动作用。

　　遥感在学科内容上可大致分为遥感物理基础、遥感技术基础、遥感影像处理、遥感应用 4 个组成部分。遥感物理基础包括辐射理论、物理光学、几何光学、天体运动学、微波电磁场理论(雷达理论)等。遥感技术基础包括遥感平台及传感器技术。遥感物理基础和遥感技术基础为遥感影像的生成过程分析、遥感影像几何误差与辐射误差的产生机理分析、遥感影像的目视解译与计算机解译奠定了理论与技术基础。遥感影像处理包括光学图像处理和数字图像处理(如色度学、图像几何和辐射校正、图像增强、数字滤波、数字图像融合、纹理分析、图像分类与识别等)，它为遥感技术与地理信息系统的衔接奠定了基础，也为这门技术的应用创造了条件。遥感技术也有自身独立的应用，主要包括农业、林业、地质、气象、水利、国土资源管理、环境、海洋以及军事等领域，这些领域各有不同的应用需求，在技术上各有特点，所涉及的理论也各有不同。

2. 全球定位系统

　　全球定位系统是以无线电测距以及高精度授时为基础，在计算机的支持下能够在地球上任何一个地点、任何一个时间自动地获取点位三维坐标数据的一种技术手段。这项技术将当代的原子时钟技术、微电子技术、数字通信技术以及计算机技术集成在一起，通过充分地利用卫星自控技术，构建了可以覆盖全球的大地测量系统。它依靠与地球外层空间均匀分布的 24 颗卫星中的 4 颗及以上的卫星联络自动地分辨出测试仪器与各卫星之间的实时距离，并通过实时计算得到待测点的位置坐标数据。通过近 20 年的发展，全球定位系统的测试精度已达到米数量级(若使用差分全球定位系统，则测试精度可达到亚厘米数量级，测量速度可达到 0.1s)，而仪器设备却日趋小型轻便化，甚至可以像手表一样。

　　全球定位系统因测试准确、使用便捷、无须传统测量的通视条件等技术优势而对传统的大地测量技术产生了巨大的冲击，其测得的数据不仅可以用于对遥感影像数据进行准确的定位与校正，而且可以直接用于对各种地物(包括汽车、飞机等移动物体)进行实时的精准定位，以向地理信息系统提供准确的数据。这项技术的加入，使得地图制作变得精准且简单，空间信息技术得以强有力的补充与完善，其自动化、精准化、集成化程度也得以大幅度地提升。

3. 地理信息系统

　　地理信息系统是一种决策支持系统，具有信息系统的各种特点。地理信息系统与其他信息系统的主要区别在于其存储和处理的信息是经过地理编码的，地理位置及与该位置有关的地物属性信息是信息检索的重要部分。在地理信息系统中，现实世界被表达成一系列的地理要素和地理现象，这些地理特征至少包括空间位置参考信息和非位置信息这两个组成部分。地理信息系统的定义由两个部分组成：一方面，地理信息系统本身是一门学科，它是一门关于描述、存储、分析和输出空间信息的理论和方法的新兴交叉学科；另一方面，地理信息系统是一个技术系统,它以地理空间数据库为基础,采用地理模型分析方法,适时地提供多种空间和动态的地理信息,是为地理研究和地理决策服务的计算机技术系统。

地理信息系统可以被看作是整合了遥感技术、全球定位系统以及其他多种测绘技术的计算机系统。它不是简单地将这些技术手段相加,而是以一种全新的组织形式将复杂的、海量的数据有序且有机地组织在一起,从而将时空地理信息定量、全方位、可视化地展示在人们面前,向人们提供对时间与空间进行分析的功能,支持人们发现未知的知识与信息,让人们对各种与地理相关的时空现象与事件做出科学、合理的反应与分析。

地理信息系统是利用解析几何与数字拓扑学原理、按照计算机可以接受的方式并利用计算机大数据量存储管理和高速处理计算数据的功能来实现地理空间定量化分析的系统。地图学、计算机图形学、数据库(数据仓库)技术、网络通信技术是地理信息系统的技术基础,地理现象的可视化、定量化以及与用户友好的界面是该系统的技术特点。地理信息系统能够向人们提供地表各种地物(包括自然地物如森林、草场、河流等)与人工建筑物的位置、面积、状态等自然属性以及价值、权属等社会属性,从而将空间信息技术推向更深入、更广泛的实际应用层面。

4. "3S"技术集成

技术集成并不是几种技术的简单组合,而是将相关技术加以融合、相互配合并优势互补,充分地将各种技术发挥到极致,获取更好的应用效果。遥感、全球定位系统和地理信息系统的集成是功能互补且技术融合的有机集成:遥感以影像的形式提供数据源;全球定位系统以离散点位的形式提供辅助信息源,以此对遥感影像进行几何定位与校正;而地理信息系统则容纳了前两项技术的数据成果及其他数据(包括大量地物的属性数据)并加以统一管理,以进行空间的综合分析。"3S"技术集成不仅可以将信息数据从采集、分析到输出全程系列化,而且可以在更深的层次上发现未知的信息。例如,使用经全球定位系统校正过的遥感影像与地理信息系统制作的土壤类型分布线划地图进行叠加分析,不仅可以获知不同类型的土壤上植被的分布特征,还可以获知地形与地质环境对土壤生成的影响。又如,将中分辨率的遥感影像与地理信息系统制作的行政区划地图进行叠加分析,可以获得每一行政区内各种被利用土地的类型、分布及面积,以便对土地实现科学管理等。

1.3.2 空间信息技术的主要应用

当前,空间信息技术已经渗透到了科学研究和生产、生活的各个部门、各个领域甚至社会的各个角落。人们的各项活动都离不开时间和空间,空间信息技术被广泛地应用于资源管理与整治、土地管理、农业管理、农田生产、防灾减灾、城乡建设、交通运输以及智能化生活等涉及国计民生的各个领域。

空间信息技术的应用是一个跨学科的、极其广阔丰富并且还在不断发展的知识领域。

由于空间信息技术的内容非常丰富、技术体系相互交叉、技术功能发展很快，因此要涵盖它所有的应用领域是不可能的。空间信息技术在各个领域的应用归根结底就是提供优质的空间信息服务，而面向不同领域的空间信息服务有各自不同的特点。空间信息服务可以被归纳为以下 3 个类型。

1. 向公众提供基本信息

这一类型的空间信息服务所涉及的应用领域主要有土地管理、农业管理、防灾减灾、城乡建设和交通运输等。这些领域采集和获取的空间信息都是人们日常生活需要的信息，如城市物流、土地利用、房地产、农业旱涝灾情、城乡土地规划、道路交通、洪涝与火灾等，这些信息通过各种媒体传播到公众，具有时效性强、定期定点更新、表达易被大众接受等特点。空间信息技术能够适应这些特点，而空间信息系统具有较强的输出功能（包括视频、图形、文字报表等多种形式），能够与公众用户互动、智能化理解用户指令语义等。

空间信息技术与人们的日常生活紧密相关。目前城市交通拥堵已经成为居民生活和出行的苦恼，空间信息技术可以提供交通出行信息，而基于空间信息技术的智能交通系统可以协助交通管理人员发现交通阻塞地点、选择交通疏导方案，及时地向公众提供出行建议和相关信息等。空间信息技术不仅能够实时、准确地提供地表的表象信息（如地表各种土地的几何位置、面积、相互关系等），还可以提供土地及大气的潜在信息（如地面与海洋表面的温度、作物长势、地面的生物量、作物的营养亏缺、大气污染等）；同时，也可以连续地对地面进行长期的观测，以构成时间与空间一体化的多维信息集合。这种大面积、实时准确的多维时空信息对于深刻认识地球的自然环境、各种自然现象的发生和发展以及人与自然相互作用所产生的各种问题的演化是必不可少的。

2. 参与各领域管理部门的管理业务

一般而言，国计民生所涉及的各个主要领域都有对应的政府管理部门。现代的信息化管理是程式化且规范化的管理，信息与信息技术都需要渗透到每一个管理环节中。空间信息技术所提供的多尺度、多层面的时空信息，是人们进行社会和生产活动的基础。据统计，国民经济部门中有80%都需要以空间信息技术所提供的时空信息为基础来构建本行业的信息系统。1998 年 1 月，美国提出"数字地球"战略，由此在全世界掀起了社会信息化热潮；我国在 1998 年 6 月提出要发展数字地球。数字地球是在遥感技术的支持下适时地采集全球的地表信息并在计算机网络上构建一个虚拟地球，其反映的是现势性很强的地学空间信息。此后，在数字地球的基础上又衍生出了数字农业、数字林业、数字国土、数字海洋等。空间信息技术的发展与普及为信息化社会的到来与发展创造了必要条件。

随着各领域管理部门管理水平的提升，大量科学研究的前沿课题（如灾害的预测预报、污染防治、资源的综合利用、循环经济等）亟待解决，而这些问题又大多与空间信息技术相关。空间信息技术为定性、定量、定位、定时地进行自然与社会资源环境、农业生产与经济活动以及相应的科学管理研究提供了条件。例如,利用遥感技术、传感器技术、地声分析技术以及多种配套器材,能够对泥石流多发现场设置预警、监测装置;利用数据无线声像传输技术,可以在信息中心实时地监测泥石流发生、发展的全过程;观测水文、土壤、气象的全方位数据,有助于实现科学的防灾减灾和为相关的管理部门提供决策依据;利用遥感技术,可以定期地对全国农情进行全年测报,获得各省区的农情数据(精确到地区),并向有关领域的专家与管理人员分发,提高管理效率;利用高空间分辨率、高光谱的遥感影像,可以辅助公安部门发现国内以及周边国家的罂粟种植案情,为世界禁毒做出贡献等。

3. 用于科学研究和智能化生活

绝大部分的自然和社会现象都与时间和空间有关,在对自然物体的静态与动态都加载上精细的时空坐标后,可以实现定量、定位和定时,这是科学研究深入和成熟的标志。现代的空间信息技术为各个领域中物体或物质的宏观或中观运动的定量、定位和定时研究提供了必要条件,加速了科学研究的发展。空间信息技术与虚拟现实技术的结合成为许多领域科学研究的有力工具,它使用计算机来模拟研究对象的变化规律,以声、光、影像的形式生动地展现在各种设定条件下研究对象发生、发展直到消亡的全过程。例如,地质工作者按照地质力学的种种假说,可以虚拟地质结构变化的过程并研究由此引发的各种地质现象,包括大陆漂移、山脉隆起等;气象工作者根据气象现象的成因分析,可以虚拟温室效应、热带风暴等;农业工作者按照作物的生长规律,可以在设定条件下模拟作物生长过程并研究农作措施的最佳效果。空间信息技术与虚拟现实技术将长期、复杂、难以重现的条件变为计算机设定,从而大幅度地缩短了研究过程,为理论和实验研究开辟了一个新的、便捷的途径。

智能化生活是空间信息技术应用的新兴领域。现在大多数汽车都带有 GPS 导航装置,只要设定目的地,就可以通过声音、屏幕来指导驾驶员沿着最短路径到达目的地。社会的发展和进步提高了人们的生活质量,各种智能化家用电器产品(如人机互动三维虚拟多种运动的游戏机)整合 GPS 与 GIS 技术的辅助汽车驾驶设备等,都涉及深层次的空间信息技术。这一类型的应用向空间信息技术提出了更高的要求,包括精准三维信息的采集、实时三维数据的处理与变换、多角度空间信息的挖掘、动态目标的自动跟踪等,它们是空间信息技术发展的前沿,对空间信息技术有着巨大的推动作用。

空间信息技术与其他所有的信息技术一样,其技术的进步与社会的需求具有互动性,社会的应用需求总是引领并驱动着空间信息技术的发展与进步。目前,空间信息采集技术已经大范围且大幅度地领先于空间信息技术的应用,但仍有大量的空间数据没有得到及时、适当的处理,也没有得到充分的科学应用。因此,空间信息技术的应用还有待于进一步的拓展和深化。

第2章 空间信息技术的基础理论

2.1 对地球空间的认识

2.1.1 地球的形状和大小

地球自然表面的形状非常复杂，有高山、丘陵、平原、河谷、湖泊和海洋。世界上最高的山峰——珠穆朗玛峰高达 8844.43m，太平洋西部的马里亚纳海沟深达 11034m；但这些与地球的平均半径(约 6371km)相比是微不足道的。此外，地球表面的海洋面积约占 71%，陆地面积约占 29%，因此可以认为地球是一个由水面包围的球体。

把地球的形状看作被海水包围的球体，也就是假设一个静止的海水面向大陆延伸而形成了一个封闭的曲面，这个静止的海水面称为"水准面"。水准面有无穷多个，其中与平均海水面重合的一个水准面称为"大地水准面"，大地水准面向大陆内部延伸后所包围的形体称为"大地体"。

水准面具有处处都与铅垂线方向正交的特性。铅垂线方向又称为"重力方向"，重力是地球引力与离心力的合力，如图 2-1 所示。

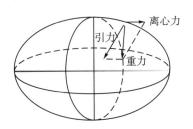

图 2-1 重力、引力和离心力

由于地球内部的物质分布不均匀，因而地面各点的铅垂线方向是不规则的，这造成与铅垂线方向正交的大地水准面实际上是略有起伏的不规则光滑曲面，如图 2-2 所示。显然，要在不规则曲面上进行计算极其困难。因此，采用一个非常接近大地体的旋转椭球体来代替大地体，该球体称为"地球椭球"。它是以地球的自转轴为短轴、赤道的直径为长轴的椭圆绕短轴旋转而成的椭球体，如图 2-3 所示。

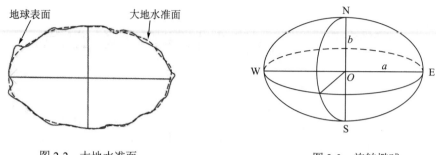

图 2-2   大地水准面   图 2-3   旋转椭球

地球椭球的形状和大小，可由 3 个基本参数描述：长半轴 a、短半轴 b 和扁率 f。扁率 f 可表示为

$$f = \frac{a-b}{a} \tag{2-1}$$

地球椭球的形状和大小通常由 a 和 f 表示，它们的值可利用传统的弧度测量和重力测量方法测定，也可采用现代大地测量的方法测定。

2.1.2   地球椭球及其基本参数

地球的形状可由地球椭球近似地代替。其中，与大地体最接近的地球椭球称为"总地球椭球"；局部与大地体密合最好的地球椭球称为"参考椭球"。总地球椭球是唯一的，随着技术的进步，可以越来越精确地测定它的形状和大小；而参考椭球并不唯一，可以根据国家和地区的具体情况来选择与该区域密合最好的地球椭球，如图 2-4 所示。

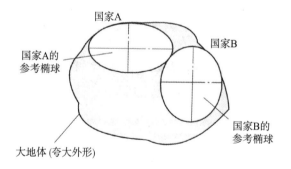

图 2-4   参考椭球

许多国内外的学者和机构分别测算了不同的地球椭球参数值，其具有代表性的椭球几何参数见表 2-1。

表 2-1　地球椭球几何参数

椭球名称	年份	长半轴	扁率	备注
克拉克椭球	1880	6378249	1∶293.459	英国
海福特椭球	1909	6378388	1∶297.0	美国
克拉索夫斯基椭球	1940	6378245	1∶298.3	苏联
IUGG-75 国际椭球	1975	6378140	1∶298.257	IUGG 第 16 届大会推荐值
WGS-84 系统椭球	1984	6378137	1∶298.257224	美国国防部制图局(DMA)

注：IUGG(International Union of Geodesy and Geophysics)为国际大地测量与地球物理联合会。

中华人民共和国成立前，我国采用的参考椭球是海福特椭球；新中国成立后，我国建立 1954 北京坐标系时所应用的是克拉索夫斯基椭球。克拉索夫斯基椭球的参数值与 1975 年 IUGG 第 16 届大会推荐值相比，长半轴相差 105m，因而我国建立 1980 西安大地坐标系时应用的是 IUGG-75 国际椭球。

2.2　时空参考系统

2.2.1　时间参考系统

空间信息是随时间变化的。对于卫星系统或天文学来说，与某一事件对应的时刻称为"历元"。对时间的描述，可采用一维的时间坐标轴，其包含了时间原点、度量单位(尺度)两大要素。原点可以根据需要指定，度量单位可以采用时刻和时间间隔这两种形式。时刻是时间轴上的坐标点，表示发生某一现象的瞬间；时间间隔是两个时刻点之间的差值，表示某一现象持续时间的长短。

任何一个周期运动，如果满足以下 3 项要求，就可以作为计量时间的方法：①运动是连续的；②运动的周期具有足够的稳定性；③运动是可观测的。

在实际应用中，根据所选取的周期运动的不同现象，定义了不同的时间系统。例如，以地球的自转运动为基础，建立了恒星时(sidereal time，ST)和世界时(universal time，UT)；以地球的公转运动为基础，建立了历书时(ephemeris time，ET)；以物质内部原子运动的特征为基础，建立了原子时(atomic time，AT)等。下面介绍几种常用的时间系统。

1. 恒星时

以春分点作为基本参考点，由春分点周日视运动确定的时间称为"恒星时"。春分点连续两次经过同一子午圈上中天的时间间隔为一个恒星日，一个恒星日可分为 24 个恒星时。恒星时具有地方性，某一地点的恒星时在数值上等于春分点相对于这一地方子午圈的时角。

恒星时是以地球自转为基础的。由于岁差和章动的影响，地球的自转轴在空间中的指向会变化，因此春分点的位置并不固定。对于同一历元所对应的真天极和平天极，则有真春分点和平春分点之分。因此，相应的恒星时也有真恒星时和平恒星时之分。恒星时在天文学中有着广泛的应用。

2. 世界时

以真太阳作为基本参考点，由真太阳周日视运动确定的时间称为"真太阳时"。由于真太阳的视运动速度不均匀，因而真太阳时不是均匀的时间尺度，为此引入了虚拟的在赤道上匀速运行的平太阳，其速度等于真太阳周年运动的平均速度。平太阳连续两次经过同一子午圈的时间间隔为一个平太阳日，一个平太阳日可分为 24 个平太阳时。从格林尼治子夜起算的平太阳时称为"世界时"。未经任何改正的世界时被表示为 UT0，经过极移改正的世界时被表示为 UT1，进一步经过地球自转速度季节性改正后的世界时被表示为 UT2。就时间尺度而言，世界时先被历书时代替，之后又于 1976 年被原子时取代；但是 UT1 在卫星测量中仍被广泛地使用，只是它不再作为时间尺度，而是被用于天球坐标系与地球坐标系之间的转换计算。

3. 历书时

地球的自转速度不均匀，导致用其所测得的时间也不均匀。1958 年第 10 届国际天文学联合会(International Astronomical Union，IAU)决定，自 1960 年起用以地球公转运动为基准的历书时量度时间且用历书时系统代替世界时。历书时的秒长为 1900 年 1 月 1 日 12 时整回归年长度的 1/31556925.9747，起始历元被定在 1900 年 1 月 1 日 12 时。

历书时所对应的地球运动的理论框架是牛顿力学，根据广义相对论可知，太阳质心系和地心系的时间不相同。1976 年 IAU 定义了这两个坐标系的时间：太阳系质心力学时(barycentric dynamical time，TDB)和地球质心力学时(terrestrial dynamic time，TDT)，这两个时间尺度可以被看作是历书时分别在两个坐标系中的实现。

4. 原子时

原子时是一种以原子谐振信号周期为标准并对它进行连续计数的时标。原子时的基本单位是原子时秒，其定义为：在零磁场下，铯-133 原子基态在两个超精细能级间跃迁辐射 9192631770 周所持续的时间。1967 年第 13 届国际计量大会把在海平面上实现的原子时秒作为国际参照时标，同时将其规定为国际单位制中的时间单位。

根据原子时秒的定义，任何原子钟在确定起始历元后都可以提供原子时。由各实验室用足够精确的原子钟导出的原子时称为"地方原子时"。目前，全世界已经有 20 多个国家的不同实验室建立了各自独立的地方原子时。经国际时间局比较、综合了世界各地原子钟数据并最后确定的原子时称为"国际原子时(international atomic time，TAI)"。

TAI 的起点定在 1958 年 1 月 1 日 0 时 0 分 0 秒(UT2)，即规定在这一瞬间原子时的时刻与世界时刻重合。但事后发现,在该瞬间 TAI 与世界时 UT2 的时刻差有 0.0039s,这一差值作为历史事实被保留了下来。在确定原子时的起点后,由于地球的自转速度不均匀,因而世界时与原子时之间的时差逐年积累。

原子时是通过原子钟来守时和授时的,其精度高达 10^{-12} s。就目前的观测水平而言,这一时间尺度是均匀的(所依据的周期运动具有稳定的周期),因此被广泛地用作动力学的时间单位,其中包括卫星动力学。

5. 协调世界时

原子时与地球自转没有直接联系,由于地球的自转速度呈长期变慢的趋势,因此它与世界时的差异逐渐地增大。为了保证时间与季节的协调一致以便于日常使用,建立了以原子时秒长为计量单位、在时刻上与平太阳时之差小于 0.9s 的时间系统,即"协调世界时(coordinated universal time, UTC)"。当 UTC 与平太阳时之差超过 0.9s 时,拨快或拨慢的 1s 称为"闰秒"。闰秒由国际计量局向全世界发出,一般在 12 月份的最后一分钟进行。若一年内闰 1s 不够,则会在 6 月再闰 1s。目前,由于地球的自转速度越来越慢,因此都是拨慢 1s,将 60s 改为 61s;出现负闰秒的情况还没有发生过。

2.2.2　坐标参考系统

2.2.2.1　坐标系

为了确定地面点的空间位置,需要根据实际的应用需求建立坐标系。以经纬度表示地面点位置的球面坐标系称为"地理坐标系",地理坐标系可分为以下两种:①以大地水准面和铅垂线为基准建立起来的坐标系称为"天文坐标系",地面上的一点可用天文经度(λ)、天文纬度(φ)和正高($H_{正}$)表示,它是用天文测量的方法实地测得的;②以椭球面及其法线为基准建立起来的坐标系称为"大地坐标系",地面上的一点可用大地经度(L)、大地纬度(B)和大地高(H)表示,它是通过地面上的实测数据推算出来的。常用的坐标系是大地坐标系,地形图上的经纬度一般都通过大地坐标表示。

1. 大地坐标系

大地坐标系是以椭球面为基准面且以其法线为基准线,同时以起始子午面和赤道面作为确定地面上某一点在椭球面上投影位置的两个参考面。如图 2-5 所示,地面点 P 沿法线投影到椭球面上的 P',过 P' 点与椭球短轴构成的子午面和起始子午面的夹角为该点的大地经度 L。大地经度由起始子午面起算,向东为东经、向西为西经,取值均为 0°~180°。过 P 点的法线与赤道面所成的夹角为该点的大地纬度 B,赤道面向北为北纬、向南为南纬,取值均为 0°~90°。沿 P 点的椭球面法线到椭球面的距离为大地高 H,以椭球面起算,高出椭球面为正、低于椭球面为负。

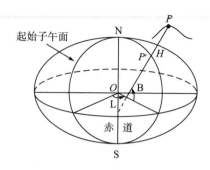

图 2-5　大地坐标系

大地经纬度是根据大地原点坐标按大地测量所得的数据推算而来的,大地原点坐标是经过天文测量获得的天文经纬度。当采用不同的椭球时,大地坐标系不相同:采用参考椭球建立的坐标系称为"参心坐标系",采用总地球椭球并且坐标原点在地球质心的坐标系称为"地心坐标系"。在我国目前常用的坐标系中,1954 北京坐标系和 1980 国家大地坐标系都是参心坐标系,而 2000 国家大地坐标系和 GPS 系统使用的 WGS-84 大地坐标系(详见第 3 章)是地心坐标系。

2. 空间直角坐标系

空间直角坐标系的定义:原点 O 位于椭球体的中心,Z 轴与椭球体的旋转轴重合并指向地球北极,X 轴指向起始子午面与赤道面的交点,Y 轴垂直于 XOZ 平面,从而构成了右手坐标系。在该坐标系中,P 点的位置可用其在 3 个坐标轴上的投影 x、y、z 表示,如图 2-6 所示。地面上任意一点的大地坐标与其空间直角坐标之间可以相互转换。

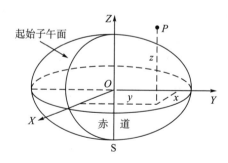

图 2-6　空间直角坐标系

由于地球的自转轴相对于地球体的位置并不固定,因而地极点在地球表面上的位置随时间而变化,从而使得地球坐标系坐标轴的指向会发生变化。因此,国际天文学联合会和国际大地测量学协会建议采用国际有关部门确定的平均地极位置来作为基准点。对应这个基准点的地球自转轴的平均位置称为"国际协议原点"。以协议地极为基准点的地球坐标系称为"协议地球坐标系"，GPS 系统采用的 WGS-84 坐标系就属于该坐标系。

3．平面直角坐标系

由于一般的工程规划、设计和施工放样都是在平面上进行的，这需要将点的位置及地面图形表示在平面上，因此通常采用平面直角坐标系。

平面直角坐标系由平面内两条相互垂直的直线构成，如图 2-7 所示。南北方向的直线为平面坐标系的纵轴，即 X 轴，向北为正；东西方向的直线为坐标系的横轴，即 Y 轴，向东为正；纵、横坐标轴的交点 O 为坐标原点。坐标轴将整个坐标系分为 4 个象限，象限的顺序是从东北象限开始，依顺时针方向计算。

p 点的平面位置用该点到纵、横坐标轴的垂直距离 pp' 和 pp'' 表示。pp'' 表示 p 点的纵坐标 x，pp' 表示 p 点的横坐标 y。

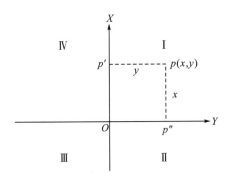

图 2-7　平面直角坐标系

测量上采用的平面坐标系与数学上的笛卡儿坐标系不同：测量坐标系将南北方向的坐标轴定义为 X 轴、东西方向的坐标轴定义为 Y 轴；其象限顺序也与数学上的相反，这是由于测绘工作中用极坐标表示点位时其角度值均是从纵轴起按顺时针方向计算，而解析几何中是从横轴起按逆时针方向计算的。X 轴和 Y 轴互换后，所有的平面三角公式均可用于测量计算。

平面直角坐标与大地坐标可进行相互换算，通常根据两者之间的一一对应关系导出计算公式，这个过程称为"地图投影"。关于地图投影，本书将在 2.3 节中详细介绍。

2.2.2.2　我国的大地坐标系

1.1954 北京坐标系

20 世纪 50 年代，在我国天文大地网建立初期，采用了克拉索夫斯基椭球，其坐标原点在苏联境内的普尔科沃，同时利用我国东北边境的呼玛、吉拉林(内蒙古室韦镇)和东宁这 3 个点与 1942 年普尔科沃坐标系联测后的坐标作为我国天文大地网的起算数据，然后通过天文大地网的计算推算出北京某点的坐标,并由此推算到全国而建立起了我国的大地坐标系,该坐标系被命名为"1954 北京坐标系",简称"BJS 54"。由此可见,1954 北京坐标系是 1942 年普尔科沃坐标系在我国的延伸。

1954 北京坐标系与 1942 年普尔科沃坐标系有相同的椭球参数和大地原点,但其大地点高程是以 1956 年的黄海平均海水面为基准、高程异常是以苏联 1955 年的大地水准面重新平差结果为起算值且是按我国天文水准路线推算出来的。我国在 1954 北京坐标系的框架下完成了大量的测绘工作。1954 北京坐标系存在的问题主要有:①参考椭球的长半轴比地球总椭球的长半轴长 105m;②椭球基准轴的定向不明确;③椭球面与我国大地水准面的差异不均匀,东部局部地区的高程异常达 68m,而西部新疆地区的高程异常为 0;④点位精度偏低。

2. 1980 国家大地坐标系(1980 西安坐标系)

为了克服 1954 北京坐标系的问题,20 世纪 70 年代末,我国采用了新的椭球参数和定位定向,重新对原全国天文大地网进行了平差,以此建立了 1980 国家大地坐标系。该坐标系也称为"1980 西安坐标系",简称"XAS 80"。

1980 国家大地坐标系采用的是 IUGG-75 国际椭球,椭球的短轴 Z 轴由地心指向 1968.0 地极原点(JYD)的方向,大地原点设在我国中部的陕西省泾阳县永乐镇。该椭球面与我国境内的大地水准面密合最佳,其差值在 ± 20 m 内,边长精度为 $1/500000$。

3. 2000 国家大地坐标系

2000 国家大地坐标系(china geodetic coordinate system 2000,CGCS2000)是由 2000 国家 GPS 大地控制网、2000 国家重力基本网和用常规大地测量技术建立的国家天地大地网联合平差获得的三维地心坐标系统,其原点位于包括海洋和大气的整个地球质心,参考椭球采用的是 2000 参考椭球($a = 6378137$m,$GM = 3.986004418 \times 10^{14} \mathrm{m}^3 \cdot \mathrm{s}^{-2}$,$J_2 = 0.001082629832258$,$\omega = 7.292115 \times 10^{-5} \mathrm{rad} \cdot \mathrm{s}^{-1}$),椭球的短轴 Z 轴由地心指向国际时间局(Bureau International de I'Heure,BIH)1984.0 地极原点(conventional terrestrial pole,CTP)的方向。我国从 2008 年 7 月 1 日开始统一使用地心坐标系,并用了 8~10 年来过渡。

2.2.3 高程参考系统

1. 高程的基本概念

高程,就是点到高程基准面的垂直距离。选用的高程基准面不同,高程也会有所不同。本书定义了下面 3 种高程系统,如图 2-8 所示。

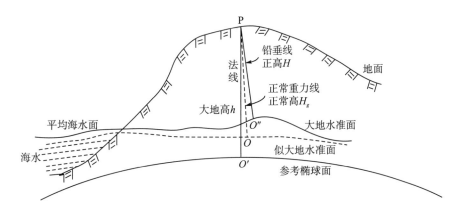

图 2-8　正高、正常高和大地高

（1）正高（H）：以大地水准面为高程基准面，地面上任意一点的正高是指该点沿铅垂线方向到大地水准面的距离，也称为“绝对高程”或“海拔高”。

（2）正常高（H_g）：由于地球的重力场是不均匀变化的，因此重力线会产生一些偏移，从而使得正高难以被精确地测定。我国规定采用似大地水准面作为高程的基准面，以观测点的正常高。似大地水准面是指地面点沿正常重力线量取正常高时得到的端点所构成的封闭曲面。严格地说，似大地水准面不是水准面，它只是用于计算的辅助面，但非常地接近水准面。似大地水准面与大地水准面不完全重合，其差值等于正常高与正高之差。在平原地区，这个差值一般小于 10cm；在青藏高原该差值最大，可达 3m；在海洋面，似大地水准面与大地水准面重合。因此，正常高可被定义为以似大地水准面为高程基准面的高程。

（3）大地高（h）：是以地球椭球面为高程基准面的高程，地面点沿椭球面法线到椭球面的距离即为大地高。

大地水准面与参考椭球面之间并不吻合，再加上观测方向上的差异，导致某地点的大地高和绝对高程之间存在差异，即“高程异常”（记作 N）。高程异常 N 并非常数，而是随点在地球表面上的位置变化而变化的。地面点的正常高与大地高之间的差异也为高程异常（记作 ζ）。显然，ζ 也是随点在地球表面上的位置变化而变化的，可以通过似大地水准面精化（按一定的分辨率求取正常高与大地高之间的差异）来求取不同位置的高程异常。这样就可以实现用 GNSS 测定的大地高与用水准测量测定的正常高之间的相互换算。

综上可知，为了建立全国统一的高程系统，就必须先确定一个高程基准面。一般可采用平均海水面代替大地水准面来作为高程基准面。为了求得平均海水面的高度，通常会在沿海设立验潮站（我国的验潮站设立在青岛），以便能够常年观测海水高度，然后取其平均值作为高程起算面，以此推算全国的控制点高程。为了便于联测和稳固保存，我国在青岛的观象山设立了永久性的“水准点”，用精密水准测量方法联测求出该点的高程。全国的高程都是从该点推算，故该点又称为“水准原点”。

2. 我国的高程系统

目前，我国常用的高程系统有以下两种，这两种都以黄海平均海水面为高程基准面。

（1）1956 年黄海高程系统。我国根据 1950～1956 年青岛验潮站的验潮资料求出黄海平均距海水面（即大地水准面）的高度，并于 1956 年推出青岛水准原点的高程（72.289m），以作为全国高程的起算点。因此，以该点作为基准的高程系统称为"1956 年黄海高程系统"。

（2）1985 国家高程基准。随着验潮资料的不断积累，为提高大地水准面的精确度，我国又根据青岛验潮站在 1952～1979 年的验潮资料求出了黄海海水的平均高度，并求得水准原点的高程为 72.260m。由于该高程系是在 1985 年确定的，故称为"1985 国家高程基准"。我国于 1985 年 1 月 1 日开始采用该基准作为统一的高程基准。

1956 年黄海高程系统与 1985 国家高程基准之间的高程差为 0.029m，如图 2-9 所示。两者的关系式为

$$H_{85} = H_{56} - 0.029 \tag{2-2}$$

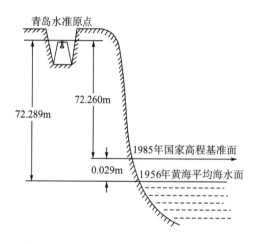

图 2-9　不同高程基准面与水准原点的关系

2.3　地　图　投　影

椭球面上的大地坐标不能直接用于控制测图。因为地图是平面的，所以它要求控制测图的大地点坐标也必须是平面坐标。若一个是平面系统而另一个是椭球面系统，则起不到控制作用；此外，尽管椭球面是数学曲面，但直接在椭球面上进行各种测量计算远远不如在平面上简便。因此，为了控制地形测图和简化测量计算，有必要将椭球面上的元素都归算到平面上。由于椭球面是不可展曲面，因此若要将椭球面上的元素都归算到平面上，就必须通过地图投影的方法来实现。

2.3.1　地图投影及变形

1.地图投影的概念

地图投影,简单地说就是将椭球面上的元素(包括坐标、方向和距离)按照一定的数学法则投影到平面上。这里的"平面",也称为"投影面";这里所说的"一定的数学法则",可以用投影方程式(2-3)表示。

$$\begin{cases} x = F_1(L,B) \\ y = F_2(L,B) \end{cases} \tag{2-3}$$

式中,(L,B)表示椭球面上某点的大地坐标;(x,y)表示该点被投影后的平面直角坐标;F_1和F_2表示投影函数。很显然,投影面必须是可以展为平面的曲面(可展曲面),如椭圆(或圆)柱面、圆锥面和平面等。

2.投影变形

椭球面是一个不可展曲面。将这个曲面上的元素(如一段距离、一个角度或一个图形)投影到平面上后,会与原来的距离、角度、图形之间存在差异,这一差异称为"投影变形"。

地图投影必然会产生变形。投影变形一般分为长度变形、角度变形和面积变形三种。在进行地图投影时,尽管变形是不可避免的,但是人们可以根据用图目的、区域范围或内容特点来选择适宜的投影方法,从而使某种变形为零或全部的变形都减小到某一适当程度。因此,基于不同的使用目的产生了许多不同种类的投影方法。

3.地图投影的分类

地图投影的分类方法很多,主要有以下几类。

(1)按照地图投影的构成方法分类:可以分为几何投影和非几何投影。几何投影是基于透视原理把椭球面上的经纬线网投影到几何面上,然后将几何面展为平面。非几何投影不是借助于辅助投影面而是根据某些条件并利用数学解析法确定球面与投影面之间点与点的函数关系。

(2)按照投影面的中心线与地轴的关系分类:可以分为正轴投影(投影面的中心线与地球的自转轴重合)、斜轴投影(投影面的中心线与地球的自转轴斜交)和横轴投影(投影面的中心线与地球的自转轴垂直)。

(3)按照投影面分类:可以分为圆锥投影、圆柱投影和方位投影,它们分别以圆锥面、圆柱面和平面为投影面。

(4)按照地图投影的变形性质分类:可以分为等角投影、等积投影、任意投影和等距投影。等角投影是指投影前、后角度不发生变形,故又称为"正形投影",一般用于风向图、交通图、洋流图等。等积投影是指投影前、后保持图形面积相等，一般用于自然地图和社会经济地图等。任意投影是指各种变形都存在，但变形都很小。等距投影是指在特定方向上没有长度变化的任意投影，一般用于对各种变形精度要求不高的参考图和中学教学图等。

常见的各种地图投影类型如图 2-10 所示。

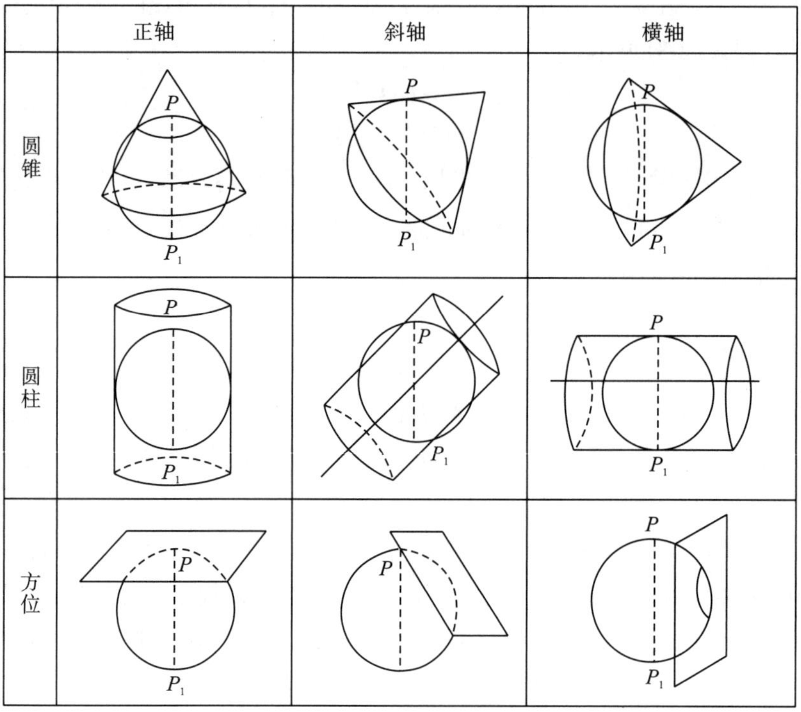

	正轴	斜轴	横轴
圆锥			
圆柱			
方位			

图 2-10 地图投影的类型

2.3.2 高斯-克吕格投影

2.3.2.1 高斯-克吕格投影的几何概念

高斯-克吕格投影是等角横切椭圆柱投影。它最早由德国数学家高斯提出，后经德国大地测量学家克吕格完善、补充并推导出计算公式，故称为"高斯-克吕格投影"，简称"高斯投影"。

在几何概念上，可以设想用一个空心椭圆柱面横切参考椭球面的一条子午线，并使椭圆柱的中心轴与参考椭球体的长轴重合。相切的这条子午线称为"中央子午线"，然后将椭球面上的元素投影到椭圆柱面，如图 2-11 所示。投影后，将椭圆柱面沿过极点的母线切开并展成平面，即高斯投影平面。在此平面上，中央子午线和赤道的投影都是直线，其他子午线和纬线的投影都是曲线，如图 2-12 所示。

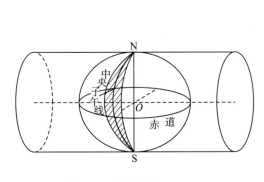

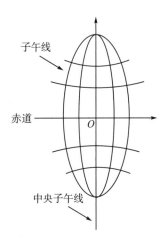

图 2-11　高斯投影　　　　　　　　　　　图 2-12　高斯平面

高斯投影应具备以下两个条件：①正形条件——椭球面上的任意一角度，投影前后保持相等；②中央子午线的投影为一条直线，且无长度变形。第 1 个条件是等角投影的条件，第 2 个条件则是高斯投影的特定条件。

高斯投影具有以下特性：①中央子午线的投影为一条直线，且无长度变形；②其他子午线的投影为凹向中央子午线的曲线；③赤道的投影为一条与中央子午线垂直的直线；④纬线的投影为凸向赤道的曲线；⑤除中央子午线外，其他线段的投影均有变形，且离中央子午线越远，长度的变形越大；⑥投影前后角度保持不变，且小范围内的图形保持相似；⑦具有对称性，面积有变形。

2.3.2.2　高斯-克吕格投影的分带

1．分带原因

根据高斯投影的特性，除中央子午线外，其他任何线段在投影后都会产生长度变形，而且离中央子午线越远，变形越大。限制长度变形最有效的办法就是"分带"投影。具体地说，就是先将整个椭球面沿子午线划分成若干个经差相等的狭窄地带，然后将各带分别进行投影，于是便可得到若干个不同的投影带。位于各带中央的子午线称为"中央子午线"，用于分割投影带的子午线(投影带边缘的子午线)称为"分带子午线"。

由于分带把投影区域限定在中央子午线两旁狭窄的范围内，所以就有效地限制了长度变形。显然，在一定的范围内，带数越多，各带越窄，长度变形就越小。从限制长度变形这个角度来说，分带越多越好。

在完成分带投影后，各投影带便有了各自不同的坐标轴和原点，从而形成了彼此相互独立的高斯平面坐标系。这样，位于分带子午线两侧的点就分属于两个不同的坐标系。在生产作业中，作业区域往往分跨不同的投影带，于是就需要将其化到同一坐标系中，因而必须进行不同投影带之间的坐标换算，即"邻带换算"。从这个角度来说，为了减少换带计算及其引起的计算误差，分带不宜过多。

在实际进行分带时，应当兼顾上述两方面的要求。我国的投影分带主要有 6°带和 3°带两种类型。6°带可用于中、小比例尺测图，3°带可用于大比例尺测图。国家标准中规定：所有国家大地点均按高斯正形投影计算其在6°带内的平面直角坐标。在以 1∶1 万或更大比例尺测图的地区，还应加算其在 3°带内的平面直角坐标。

2．分带方法

如图 2-13 所示，该图为高斯投影的 6°带：从 0°子午线向东划分，每隔经差 6°为一带，且将带号依次编为第 1，2，3，…，60 带；各带中央子午线的经度依次为 3°，9°，…，357°。

3°带是在 6°带的基础上划分的，其奇数带的中央子午线与 6°带的中央子午线重合；偶数带的中央子午线与 6°带的分带子午线重合。具体的分带是：自东经 1.5°子午线向东划分，每隔经差 3°为一带，且将带号依次编为 3°的第 1，2，…，120 带。

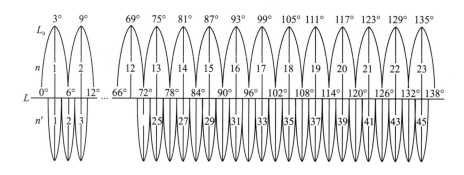

图 2-13　高斯投影的分带

3．投影带重叠

在完成分带投影后，相邻两带的直角坐标系是相互独立的。为了进行跨带三角锁网平差、跨带地形图的测制和使用以及图幅外三角点(位于相邻投影带)的展点等，规定相邻的投影带必须有一定的重叠。

目前，我国对投影带的重叠做了如下规定：西带向东带重叠的经差为 30′的范围(相当于 1∶10 万图幅的经幅)，东带向西带重叠的经差为 15′的范围(相当于 1∶5 万图幅的经幅)。也就是说，要将每个投影带向东扩延 30′、向西扩延 15′，这样就在分带子午线附近构成经差为 45′的重叠范围，如图 2-14 所示。

重叠范围内的三角点有相邻两带的坐标值，这个范围内的地形图有两套方里网(分别是本带和邻带坐标系的方里网)。这样就建立了相邻两带间的坐标关系，从而为处理跨带三角锁网平差、跨带地图的拼接、图幅外三角点的展点等问题提供了控制基础。

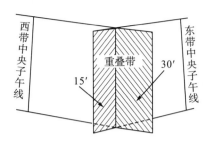

图 2-14　投影带的重叠

2.3.2.3　高斯平面直角坐标系

1. 高斯平面直角坐标系的建立

由于高斯投影是分带进行投影，每个投影带都有各自不同的中央子午线且投影带之间互不相干。因此，在每个投影带中均可以建立各自不同的平面直角坐标系。由高斯投影可知，中央子午线与赤道被投影后均为直线且正交。若以中央子午线的投影为纵坐标轴（x 轴）、赤道的投影为横坐标轴（y 轴）、中央子午线与赤道的交点的投影为原点 O，则构成了高斯平面直角坐标系 $O\text{-}xy$。习惯上，x 轴的指向朝北，y 轴的指向朝东，如图 2-15所示。

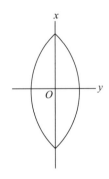

图 2-15　高斯平面直角坐标系

2. 自然坐标与通用坐标

我国位于北半球，幅员辽阔。根据北半球的地理位置可知，在完成分带投影后，高斯坐标的 x 值均为正值而 y 值有正、有负，这样就增大了符号出错的可能性。为了避免 y 值出现负号，规定将 y 值加上 500km。这相当于将 x 轴西移了 500km，这样一来 y 值也均为正值。

由于我国东、西横跨十几个 6° 带，因此将各带分别投影后形成了相互独立的平面直角坐标系。同一对坐标值 (x, y) 在每个投影带中都会有一点与其对应，这很容易引起点位的混淆与错乱。为了说明某点位于哪一带，规定在加了 500km 后的 y 值前面冠以带号。

按上述规定形成的坐标称为"通用坐标"，用符号 Y 表示；在点的成果表中均要写成通用坐标的形式。在实际应用时，需要先去掉带号，然后减去 500km，以恢复到原来的数值，此时的坐标称为"自然坐标"。自然坐标与通用坐标的关系如图 2-16 所示。

例如，在 6° 带的第 19 带中，A、B 两点的自然坐标分别为

$$A: \begin{cases} x = 4485076.81\text{m} \\ y = -2578.86\text{m} \end{cases} \qquad B: \begin{cases} x = 4485076.81\text{m} \\ y = 2578.86\text{m} \end{cases} \tag{2-4}$$

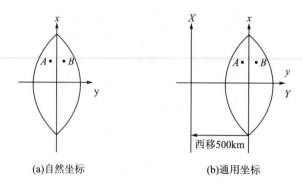

(a)自然坐标   (b)通用坐标

图 2-16   自然坐标与通用坐标的关系

它们的通用坐标分别为

$$A: \begin{cases} X = 4485076.81\text{m} \\ Y = 19497421.14\text{m} \end{cases} \qquad B: \begin{cases} X = 4485076.81\text{m} \\ Y = 19502578.86\text{m} \end{cases} \tag{2-5}$$

2.3.3 常用的地图投影

1. 正轴等角圆柱投影

正轴等角圆柱投影又称为"墨卡托投影",它是由荷兰地图学家墨卡托(G.Mercator)在 1569 年专门为航海设计的。其设计思想是:先令一个与地轴方向一致的圆柱面相切或相割于地球,将椭球面上的经纬网按等角条件投影在圆柱面上,再将圆柱面沿某一条经线剪开并展成平面(图 2-17)。该投影的经纬线是互相垂直的平行直线,并且经线间隔相等而纬线间隔由赤道向两极逐渐扩大。在图上任取一点,由该点向各方向的长度比皆相等,即无角度变形。在切圆柱投影中,赤道为没有变形的线,随着纬度的增高,面积的变形增大。在割圆柱投影中,两条割线为没有变形的线,两条标准纬线之间的变形为负值且离标准纬线越远其变形越大,赤道上负向的变形最大;两条标准纬线以外呈正变形,同样离标准纬线越远其变形越大,到极点为无限大。

墨卡托投影的最大特点是:该投影图不仅保持了方向和相对位置的正确,而且能使等角航线(始终与经线保持一定夹角的线)为直线。只要在图上将航行的两点连成一条直线并量好该直线与经线间的夹角,则一直保持这个角度就可以到达终点。因此墨卡托投影对航海、航空具有重要的实际应用价值,各国编制的世界航海图都采用了这种投影。

在实际应用中,由于等角航线在地球上是一条螺旋曲线,它不是最短航线(最短航线是大圆航线),因此按等角航线进行航行显然是不经济的。于是要先在球心投影图上确定大圆航线(在球心投影图上两点间的连线即为大圆航线),求出它与各经线的交点,再把这些点转绘到墨卡托投影图上并以圆滑曲线连接,这样就可以得到用若干等角航线连接而成的近似于大圆航线的航行路线,既经济又方便。

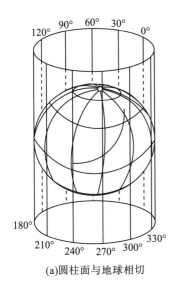

(a)圆柱面与地球相切

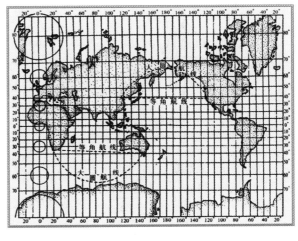

(b)圆柱面展为平面

图 2-17　墨卡托投影

2. 正轴等角圆锥投影

正轴等角圆锥投影的方法是：首先设想用一个圆锥套在地球椭球面上，圆锥轴与椭球的自转轴相重合，使圆锥面与椭球面的一条纬线相切或与两条纬线相割，按照等角投影条件把经纬网投影到圆锥面上；然后沿圆锥面的某条母线(一般为中央经线)把圆锥面切开并展成平面。如图 2-18 所示，在完成投影后，其经线的投影表现为辐射的直线束，纬线的投影表现为同心圆弧。圆锥面与椭球面相切或相割的纬线圈称为"标准纬线"。当圆锥面和椭球面相切时，为"正轴等角切圆锥投影"；当圆锥面和椭球面相割时，为"正轴等角割圆锥投影"，该投影是兰勃特(Lambert)于 1772 年所创，故又称为"兰勃特投影"。双标准纬线的相割与单标准纬线的相切相比，其投影变形更小且更均匀。

投影变形具有以下分布规律：①角度没有变形，即投影前、后所对应的微分面保持图形相似，故也可称为"正形投影"；②等变形线和纬线一致，同一条纬线上的变形处处相等；③两条标准纬线上没有任何变形；④在同一经线上，两标准纬线外侧均为正变形(长度比大于 1)，而两标准纬线之间为负变形(长度比小于 1)且变形不均匀(北边的变形快于南边)；⑤同一纬线上等经差的线段长度相等，两条纬线间的经线段长度处处相等。

1962 年联合国在波恩举行的世界 1∶100 万国际地图技术会议上建议用等角圆锥投影代替和改良多圆锥投影，以作为 1∶100 万地图的数学基础。对于全球而言，1∶100 万地图采用了以下两种投影：80°S～84°N 采用等角圆锥投影；极区附近，即 80°S～南极、84°N～北极采用极球面投影(正轴等角方位投影的一种)。

1978 年以来，我国采用等角圆锥投影来作为 1∶100 万地形图的数学基础，其分幅与国际 1∶100 万地图分幅完全相同。我国处于北纬 60°以南的北半球内，地形图均采用双标准纬线正轴等角圆锥投影。

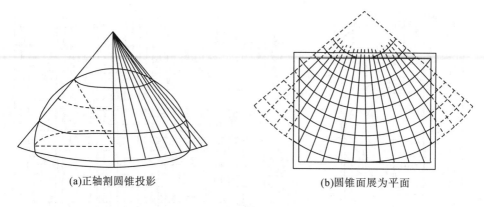

(a)正轴割圆锥投影　　　　　　　(b)圆锥面展为平面

图 2-18　正轴等角割圆锥投影

3. 对常用地图投影的选择

对地图投影的选择是否恰当会直接影响地图的精度和使用价值,这里所讲的地图投影选择主要针对中、小比例尺地图,不包括国家基本比例尺地形图。因为国家基本比例尺地形图的投影、分幅等由国家测绘主管部门研究和制定,所以不容许被任意改变。另外,在编制小区域大比例尺地图时,无论采用什么投影,其变形都很小。

在选择地图投影时,要考虑以下因素:制图区域的范围、形状和地理位置以及地图的用途、出版方式和其他特殊要求等;其中,制图区域的范围、形状和地理位置是主要因素。

对于世界地图,常用的主要是正圆柱、伪圆柱和多圆锥投影。在世界地图中常用墨卡托投影绘制世界航线图、世界交通图和世界时区图。我国出版的世界地图多采用等差分纬线多圆锥投影,这是因为它对于表现我国的地形以及与四邻的对比关系较好,但投影的边缘地区变形较大。

对于半球地图,东、西半球图常选用横轴方位投影;南、北半球图常选用正轴方位投影;水、陆半球图一般选用斜轴方位投影。

对于其他中、小范围的投影而言,须考虑它的轮廓形状和地理位置,最好使等变形线与制图区域的轮廓形状基本一致,以减少图上的变形。因此,圆形地区一般适合采用方位投影,两极附近适合采用正轴方位投影,以赤道为中心的地区适合采用横轴方位投影,中纬度地区则适合采用斜轴方位投影。在东西延伸的中纬度地区,一般采用正轴圆锥投影,如我国和美国;在赤道两侧东西延伸的地区,适合采用正轴圆柱投影,如印度尼西亚;在南北方向延伸的地区,一般采用横轴圆柱投影和多圆锥投影,如智利和阿根廷。

2.3.4　地图分幅和编号

对于给定的制图区域来说,随着地图比例尺的变化,图面的大小也在变化。随着比例尺的增大,地图图面呈几何倍数增大,这样就不可能将全区都绘于一张图纸上,需要进行分幅描绘和编号,以便编绘、印刷、保管和使用。下面以我国基本比例尺地形图为例来说明地图分幅和编号的方法。

1. 地图分幅

分幅是指用图廓线分割制图区域，图廓线圈定的范围为单独图幅；图幅之间沿图廓线相互拼接。通常有矩形分幅和经纬线分幅两种形式。

1) 矩形分幅

用矩形的图廓线分割图幅时，相邻图幅间的图廓线都是直线，矩形的大小可根据图纸规格、用户使用是否方便以及编图需要确定。挂图、地图集中的地图多采用矩形分幅。

矩形分幅其图幅间的拼接方便，各图幅的面积相对平衡，方便使用图纸和印刷，图廓线可避免分割重要地物；但制图区域只能进行一次投影，且变形较大。

2) 经纬线分幅

经纬线分幅的图廓线由经线和纬线组成，大多数情况下表现为上、下图廓为曲线的梯形，故也称为"梯形分幅"。地形图、大区域的分幅地图多采用经纬线分幅。

经纬线分幅其图幅有明确的地理范围，可分开多次投影且变形较小；但图廓为曲线时会造成拼接不便以及高纬度地区的图幅面积缩小，不利于纸张的使用和印刷。

2. 地图编号

编号是每个图幅的数码标记，应具有系统性、逻辑性和不重复性。常见的编号方式有自然序数编号和行列式编号。

(1) 自然序数编号：是将图幅由左上角开始从左向右、自上而下用自然序数进行编号，挂图、小区域的分幅地图常用这种方法编号。

(2) 行列式编号：先将区域分为行和列，可以纵向为行、横向为列，也可以相反；然后分别用字母或数字表示行号和列号，一个行号和一个列号标定一个唯一的图幅。

3. 我国地形图的分幅方法

我国基本比例尺地形图均以 1∶100 万地形图为基础，按规定的经差和纬差划分图幅。

1) 1∶100 万比例尺地形图的分幅

1∶100 万地形图的分幅采用国际 1∶100 万地图分幅标准。每幅 1∶100 万地形图的范围是经差 6°、纬差 4°；纬度 60°~76° 为经差 12°、纬差 4°；纬度 76°~88° 为经差 24°、纬差 4°。我国范围内的 1∶100 万地形图都按经差 6°、纬差 4° 进行分幅。

2) 1∶50 万~1∶5000 比例尺地形图的分幅

每幅 1∶100 万地形图可被划分为：①4 行 4 列，共 16 幅 1∶25 万地形图，每幅 1∶25 万地形图的分幅为经差 1°30′、纬差 1°；②12 行 12 列，共 144 幅 1∶10 万地形图，每幅 1∶10 万地形图的分幅为经差 30′、纬差 20′；③24 行 24 列，共 576 幅 1∶5 万地形图，每幅 1∶5 万地形图的分幅为经差 15′、纬差 10′；④48 行 48 列，共 2304 幅 1∶2.5 万地形图，每幅

1：2.5 万地形图的分幅为经差 7′30″、纬差 5′；⑤96 行 96 列，共 9216 幅 1：1 万地形图，每幅 1：1 万地形图的分幅为经差 3′45″、纬差 2′30″；⑥192 行 192 列，共 36864 幅 1：5000 地形图，每幅 1：5000 地形图的分幅为经差 1′52.5″、纬差 1′15″。

我国各种基本比例尺地形图的经差和纬差以及行列数和图幅数呈简单的倍数关系，见表 2-2。

表 2-2   地形图的经差和纬差以及行列数和图幅数

		1：100 万	1：50 万	1：25 万	1：10 万	1：5 万	1：2.5 万	1：1 万	1：5000
图幅范围	经度	6°	3°	1°30′	30′	15′	7′30″	3′45″	1′52.5″
	纬度	4°	2°	1°	20′	10′	5′	2′30″	1′15″
行列数	行数	1	2	4	12	24	48	96	192
	列数	1	2	4	12	24	48	96	192
图幅数量		1	4	16	144	576	2304	9216	36864

4. 我国地形图的旧编号方法

我国的地形图编号有新、旧两种方法。20 世纪 90 年代以前采用旧编号方法，1：100 万比例尺地形图采用列行式编号（列号在前、行号在后），其他的比例尺地形图都是在它的基础上加上自然序数；20 世纪 90 年代以后采用新编号方法，1：100 万比例尺地形图采用行列式编号，其他的比例尺地形图均是在其后叠加行列号。旧编号方法如图 2-19 所示，图中的实线表示编号关系，虚线表示图幅只有包含关系，并且编号上不发生联系。

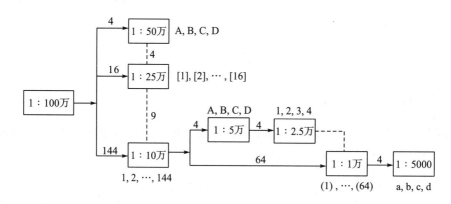

图 2-19   我国基本比例尺地形图的旧编号方法

1）1：100 万比例尺地形图的编号

1：100 万地形图采用"列-行"编号。列数：由赤道起向南、北两极每隔纬差 4° 为 1 列，直到南、北纬 88°（南、北纬 88° 至南、北两极采用极方位投影单独成图），将南、北半球各划分为 22 列，分别用英文字母 A，B，…，V 表示。行数：从经度 180° 起向东每隔 6° 为 1 行，绕地球一周共 60 行，分别以数字 1，2，…，60 表示。

　　南、北半球的经度相同，因此规定在南半球的图号前要加上一个 S 而北半球的图号前不加任何符号；同时，要把列号的字母写在前、行号的数字写在后，中间用连接号分隔。例如，北京所在的一幅 1∶100 万地形图的编号为 J-50（图 2-20）。

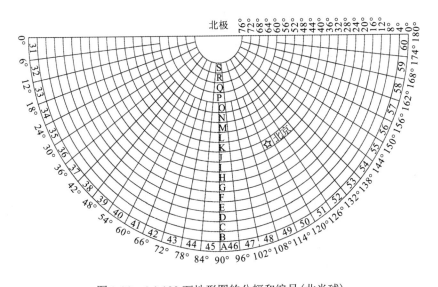

图 2-20　1∶100 万地形图的分幅和编号（北半球）

　　2）1∶50 万、1∶25 万和 1∶10 万比例尺地形图的编号

　　图 2-19 表明，这 3 种比例尺地形图都是在 1∶100 万地形图图号的后面加上各自的自然序数代号，它们的编号由"列-行-代号"构成：①1∶50 万比例尺地形图的编号是把 1∶100 万地形图分为 2 行 2 列，其代号分别用大写的英文字母 A、B、C、D 表示，图 2-21 中所指出的 1∶50 万地形图的编号是 J-50-A；②1∶25 万比例尺地形图的编号是把 1∶100 万地形图分为 4 行 4 列，其代号分别用[1]，[2]，…，[16]表示，图 2-22 中所指出的 1∶25 万地形图的编号是 J-50 [2]；③1∶10 万比例尺地形图的编号是把 1∶100 万地形图分为 12 行 12 列，其代号分别用 1，2，…，144 表示，图 2-23 中所指出的 1∶10 万地形图的编号是 J-50-5。

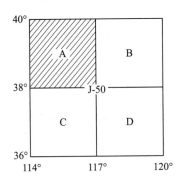

图 2-21　1∶50 万地形图的分幅和编号

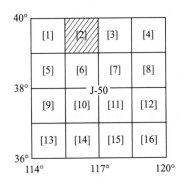

图 2-22　1∶25 万地形图的分幅和编号

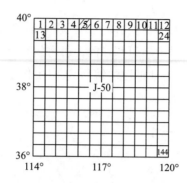

图 2-23　1∶10 万地形图的分幅和编号

3)1∶5 万、1∶2.5 万、1∶1 万和 1∶5000 比例尺地形图的编号

图 2-19 表明，这 4 种比例尺地形图都是在 1∶10 万地形图图号的基础上形成的，它们分为两个分支：上面一支表明 1∶2.5 万地形图的图号由 1∶5 万比例尺地形图的衍生而来，下面一支表明 1∶5000 地形图的图号由 1∶1 万比例尺地形图的衍生而来，而 1∶1 万地形图的图号并不和 1∶5 万、1∶2.5 万比例尺地形图发生联系。①1∶5 万比例尺地形图的编号是把 1∶10 万地形图分为 2 行 2 列，其代号分别用大写的英文字母 A、B、C、D表示，图 2-24 中所指出的 1∶5 万地形图的编号是 J-50-5-B；②1∶2.5 万比例尺地形图的编号是把 1∶5 万地形图分为 2 行 2 列，其代号分别用数字 1、2、3、4 表示，图 2-25 中所指出的 1∶2.5 万地形图的编号是 J-50-5-B-2；③1∶1 万比例尺地形图的编号是把 1∶10 万地形图分为 8 行 8 列，其代号分别用(1)，(2)，…，(64)表示，图 2-26 中所指出的 1∶1 万地形图的编号是 J-50-5-(15)；④1∶5000 比例尺地形图的编号是把 1∶1 万地形图分为 2 行2 列，其代号分别用小写的英文字母 a、b、c、d 表示，图 2-27 中所指出的 1∶5000 地形图的编号是 J-50-5-(15)-a。

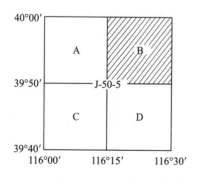

图 2-24　1∶5 万地形图的分幅和编号

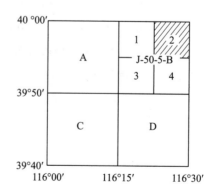

图 2-25　1∶2.5 万地形图的分幅和编号

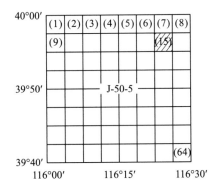

图 2-26　1∶1 万地形图的分幅和编号

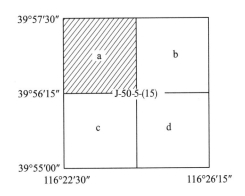

图 2-27　1∶5000 地形图的分幅和编号

5．我国地形图的新编号方法

1991 年我国制定了新的《国家基本比例尺地形图分幅和编号》标准，分幅方法没有任何变动，但编号方法有较大的变化。

1)1∶100 万比例尺地形图的编号

1∶100 万地形图的编号没有实质性变化，只是由"列-行"式变为"行-列"式，即行号在前、列号在后，中间不用连接号。同旧系统相比，列和行对换，即新系统中横向为行、纵向为列，但结果没有大的变化。例如，北京所在的 1∶100 万地形图的图号为 J50。

2)1∶5000 ～ 1∶50 万比例尺地形图的编号

这几种比例尺地形图的编号都是在 1∶100 万地形图的基础上形成的，其编号由 10 个代码组成，如图 2-28 所示。其中，前 3 位是所在的 1∶100 万地形图的行号(1 位)和列号(2 位)，第 4 位是比例尺代码(表 2-3)，每种比例尺都有一个特殊的代码；后面的 6 位分为 2 段，前 3 位是图幅行号数字码，后 3 位是图幅列号数字码。行号和列号的数字编码方法一致：行号从上到下、列号从左到右顺序编排，不足 3 位时前面加"0"。这样，任何一个特定的图幅都拥有一个唯一的编号。例如，把图号为 J50 的 1∶100 万地形图划分为 4 行 4 列，得到的 1∶25 万地形图共 16 幅。如图 2-29 所示，若某一图幅位于第 2 行、第 3 列，则该图幅的图号为 J50C002003。

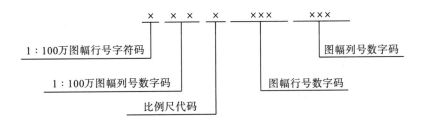

图 2-28　地形图编号

表 2-3 比例尺代码

比例尺	1∶50万	1∶25万	1∶10万	1∶5万	1∶2.5万	1∶1万	1∶5000
代码	B	C	D	E	F	G	H

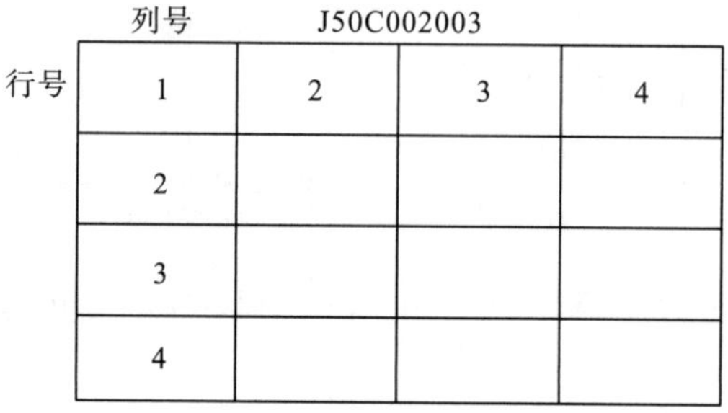

列号　J50C002003

行号	1	2	3	4
2				
3				
4				

图 2-29　1∶25万地形图的分幅和编号

2.4　空间尺度与比例尺

2.4.1　空间尺度的概念

一般来说，尺度就是度量客体或过程空间维和时间维大小的量度。可以用分辨率和范围来描述尺度，它标志着对研究对象细节的了解水平。这里主要讨论地理尺度，包括地理空间尺度和地理时间尺度。

1. 地理空间尺度——空间比例尺

地理学研究的空间尺度主要分为宏观、中观和微观。例如，在研究全球气候变化时，要把整个地球作为一个动力系统来考虑，这需要宏观尺度；在研究土地利用的变化时，需要较小的尺度范围；在研究经济态势时，需要把宏观的大尺度与区域的小尺度相结合等。通常很难通过一种确定的方法来简便地选择一种理想的尺度，也不太可能以一种尺度就全面且充分地研究复杂的地理空间现象和过程。

空间尺度是对空间比例尺的定性描述。地理研究都是建立在具有不同空间比例尺的地理资料基础之上的。某一区域在某种空间比例尺条件下的地理资料如地貌图，代表了在该种空间比例尺条件下对该区域地理空间结构和地理功能机制的抽象和概括；但这样的地理资料实际上限制了其所能进行的地理研究的性质。因此，空间比例尺对于地理研究的性质具有决定意义。

2. 地理时间尺度——地理事件发生变化的频度

在研究地理现象随时间变化的模式时，选择合适的时间尺度很重要，因为地理学是寻求人与地理环境之间在特定的空间和时间中复杂关系的一门科学。地理学中的时间概念与其他领域中的不同，它既不像物理学、化学那样"短"，也不像社会学、历史学那样"长"。地理学中的时间是"切过时间量度的断面"，简称"地理时间断面"，该时间断面"具有一定的厚度"。

3．比例尺与空间尺度的关系和意义

对地理现象模型的研究是以不同比例尺的地图资料为基础的。不同的地理现象研究需要不同地图比例尺下的地理基础资料，其研究结果也应按相应的比例尺进行表达。不同地图比例尺下的地理基础资料对地理实体的属性和相互关系进行不同程度的抽象和综合：小比例尺的地图资料主要表达具有"宏观"性的地理规律；中比例尺的地图资料主要表达具有"中观"性的地理规律；大比例尺的地图资料主要表达具有"微观"性的地理规律。

比例尺与尺度的意义在于地学研究与地图表达。当地理现象作为模型被研究与定位时，应根据其性质来选择相应的研究尺寸范围以及地图比例尺的地理观察和统计资料，这样才能正确地表达地理现象的存在规模以及与其关联的区域变异特性。它们的意义还在于能正确地指导地图编制中的地图概括，即制图综合。

不同的学科、不同的研究领域会涉及不同形式和类型的尺度问题，以及不同的表述方式和含义。在测绘学、地图制图学和地理学中，常常会把尺度表述为比例尺；而在航空摄影、遥感技术中，尺度则往往对应的是空间分辨率。

2.4.2 地图比例尺的含义及作用

1．比例尺的含义

地图上某线段的长度与实地相应线段水平长度的比即为地图的比例尺。通常将比例尺的分子表示为 1，其表达式为

$$\frac{1}{M} = \frac{l}{L} \tag{2-6}$$

式中，M 表示地图比例尺的分母；l 表示地图上某线段的长度；L 表示实地相应线段的水平长度。

特别要注意的是，在相比时两个量的单位必须相同，单位不同的两个量是不能相比较的。比例尺的大小是按照比值的大小来衡量的，比值越大则比例尺越大，比值越小则比例尺越小。

在大比例尺地图上，各处的比例尺均相等，可以直接测量任意两点间的距离；但在小比例尺地图上，由于是将球面展绘成平面，所以产生了各种变形，且变形的大小随图上所量线段地理位置与方向的不同而变化。因此在图上进行量算时要使用该图的投影比例尺，并按照所量线段所处的地理位置和相应方向进行对应的量算。由此可见，上述地图比例尺

的定义是有局限性的。其科学且准确的定义应该是：地图上某方向上的微分线段与地面上相应微分线段水平长度的比。地图上无变形的线和点的比例尺称为"主比例尺"；其余有变形的比例尺称为"局部比例尺"。局部比例尺大于或小于主比例尺，并随着所在位置和方向的变化而变化。地图上通常只标注主比例尺。

2. 比例尺的作用

1）比例尺决定着地图图形的大小

对于同一地区，比例尺越大，则地图图形越大。如图 2-30 所示，地面上 1km² 的面积在不同比例尺地图上的相应面积不等。地图图形的大小关系着地图的使用条件和方式。例如，在利用地图研究室内问题时，可将多幅地图拼接在一起使用；但在做野外调查时，这样就不方便使用。

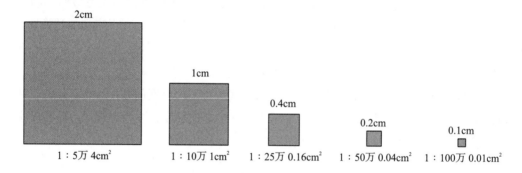

图 2-30   地面上 1km² 的面积在不同比例尺地图上的相应面积

2）比例尺决定着地图的测图精度

在正常情况下，人眼只能分辨出图上两点间大于 0.1mm 的距离，而地面上的水平长度在被按比例缩绘到图上时会不可避免地产生 0.1mm 的误差。这种误差相当于图上 0.1mm 的地面水平长度，即"比例尺精度"或"极限精度"。各种比例尺的比例尺精度 δ 可表示为

$$\delta = 0.1\text{mm} \times M \tag{2-7}$$

式中，M 表示地图比例尺的分母。

根据比例尺精度可知，不仅可以利用比例尺知道在地面上测量水平长度时要准确到什么程度，而且反过来可以按照测量地面水平长度时规定的精度来确定采用多大的比例尺。例如，在测制 1：1 万比例尺地形图时，实地水平长度的测量精度只需要 1m；又如，要想在图上显示出地面 0.5m 的精度，所采用的地图比例尺不应小于 1/5000。所以比例尺越大，图的量测精度越高。

3）比例尺决定着地图概括的详细程度

比例尺越大，地图的内容越详细，其图解精度也越高。地图的比例尺是影响地图概括

详细程度的主要因素，也是引起地图概括的根本原因之一。在同一区域或同一类型的地图上，比例尺决定着内容要素被表示的详细程度和图形符号的大小。比例尺越大，则图上对应的面积越大，地图容量和符号尺寸也越大，而地理事物的综合程度越小；比例尺越小，则图上对应的面积越小，地图容量和符号尺寸也越小，而地理事物的综合程度越大。因此地图比例尺变化，地图内容的详尽性和图解精度也随之变化。

2.4.3　比例尺的表示方法

地图比例尺的形式通常有 3 种：数字比例尺、文字比例尺和图解比例尺。

1．数字比例尺

数字比例尺是用阿拉伯数字表示的比例尺。一般用分子为 1、分母为 10 的倍数的分数形式表示；也可以写成比的形式，如 1∶100000 可以被简写为 1∶10 万或 1/100000。数字比例尺简单易读、便于运算，有明确的缩小概念。

2．文字比例尺

文字比例尺是用文字注解的方法表示的比例尺，也称为"说明式比例尺"。例如，"一比一百万"可以简称为"百万分之一"，也可以用"图上的 1cm 相当于实地的 10km"表示。比例尺的长度单位在地图上通常以厘米或毫米来计，在实地以米或千米来计。文字比例尺单位明确、计算方便，比较大众化。

3．图解比例尺

图解比例尺是用图形加注记的形式表示的比例尺。它又分为以下 3 种：直线比例尺、斜分比例尺和复式比例尺(即小比例尺地图上的经纬线比例尺)。

1)直线比例尺

直线比例尺是以直线的线段形式标明图上线段长度所对应的地面距离的比例尺形式(图 2-31)。

图 2-31　直线比例尺

2)斜分比例尺

斜分比例尺是一种根据相似三角形原理制成的图解比例尺。利用斜分比例尺可以量取比例尺基本长度单位的 1/100，估读 1/1000，故又称为"微分比例尺"。

如图 2-32 所示，比例尺的基本长度单位为 2cm，在 1∶50000 的地图上代表 1km。若在地图上量取 2.64 个长度单位，则它的实地距离为 2.64km。

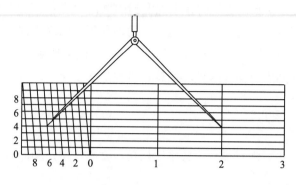

图 2-32　斜分比例尺

3）复式比例尺

复式比例尺是一种根据地图的主比例尺和地图投影长度变形的分布规律设计的图解比例尺。通常可以根据每一条纬线（或经线）单独地设计一个直线比例尺，将各直线比例尺组合起来就成为复式比例尺，如图 2-33 所示。

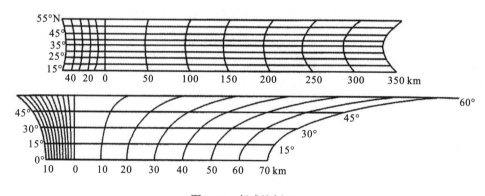

图 2-33　复式比例尺

第 3 章 空间信息获取技术

3.1 地面测量技术

地球自然表面高低起伏,形状极其复杂。根据测量工作的需要,可将地球表面分为地物和地貌两大类。人工建筑物、道路、水坝以及河流水系等,称为"地物";地表高低起伏有较大变化,称为"地貌",如山脊、谷地和悬崖等。

3.1.1 地面测量概述

1. 地面测量的基本工作

测量的目的是确定地面点的空间位置。地面点的空间位置通常用平面坐标和高程表示,而平面坐标和高程是通过测定待定点相对于已知点的角度、距离和高差并经过计算来获得。如图 3-1 所示,设地面上有 3 个点 A、B、C,投影到水平面上的位置分别为 a、b、c。若 A、B 点已知,要确定 C 点的位置,则需要先测定水平角 β、水平距离 D_{BC} 和两点间的高差 h_{BC},然后通过计算就可以得到 C 点的平面位置和高程。因此,地面测量的基本观测量是角度、距离和高差。测量的基本工作是角度测量、距离测量和高程测量。

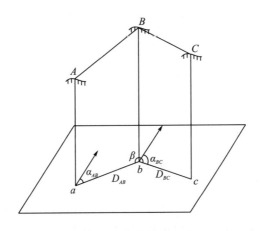

图 3-1 测量的基本工作

2. 地面测量的基本观测量

1）角度

角度分为水平角和垂直角。水平角是两条相交直线在水平面内的投影所形成的夹角，取值是0°～360°。如图3-2所示，设 A、B、O 为地面上的3个点，通过 OA、OB 各作一个竖直面，其与水平面的交线分别为 oa 和 ob，则 oa 和 ob 的交角 β 称为"水平角"。

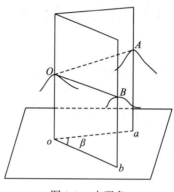

图 3-2　水平角

垂直角是同一垂直面内目标方向与一特定方向之间的夹角，如图3-3所示。其中，目标方向与水平方向之间的夹角称为"高度角"或"竖直角"，一般用 α 表示，取值是0°～±90°，仰角为正、俯角为负；而目标方向与天顶方向所成的角称为"天顶距"，一般用 Z 表示，取值是0°～180°。

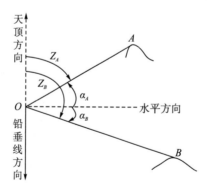

图 3-3　垂直角

2）距离

距离分为水平距离（平距）和倾斜距离（斜距）。斜距是非同一水平面内的两点间的距离，而平距是同一水平面内的两点间的距离。平距 D 是斜距 S 的水平投影，如图3-4所示。

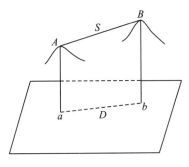

图 3-4　平距和斜距

3）高差

高差是两个点到同一高程基准面的高程差值。如图 3-5 所示，高差 h_{AB} 为

$$h_{AB} = H_B - H_A \tag{3-1}$$

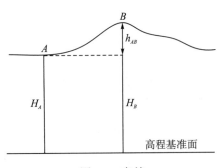

图 3-5　高差

3．地面测量的基本原则

地面测量的主要目的是按规定要求测定地物、地貌的空间位置，并按一定的投影方式和比例尺将其转绘于图纸上，以形成地形图。把实地的地物与地貌反映到地图上是通过测定地面上地物和地貌一些特征点(也称为"碎部点")的平面位置和高程来实现的。把测定的地物、地貌特征点展绘在图纸上，称为"白纸测图"。若在野外测量时先将测量的特征点的坐标自动地存储在测量仪器(如全站仪等)中并传输给计算机，再利用专门的绘图软件绘制地形图，即为"数字化测图"。

整个测量工作大致可分为 3 个阶段：首先进行外业踏勘及资料收集，包括测区的自然、人文、风土人情、道路交通、气候情况以及已有的测绘资料等；其次利用控制测量进行控制网点的敷设(包括选埋点、观测、计算)，以获得控制点的平面坐标和高程；最后以控制点为基础进行地形(碎部点)测图。

在进行测量工作时，如果从一个特征点开始逐点施测，那么即使最后可以得到待测各点的位置，但测量工作中存在不可避免的误差，导致前一点的测量误差被传递到下一点，从而使误差累积起来，最后达到不可容许的程度。因此，测量工作必须按照一定的原则进行。

为保证测量成果满足精度要求，测量工作必须遵循"从整体到局部，先控制后碎部，从高级到低级"的基本原则。在测量的布局上，要由整体到局部；在测量的顺序上，要先控制、后碎部；在测量的精度上，要由高级到低级；过程中必须步步校核。

如图3-6所示，首先在测区范围内选定若干具有控制意义的点以组成控制网，这些点称为"控制点"，如图 3-6(a)中的 A，B，…，F 点等；其次通过精密的测量仪器把它们的平面位置和高程精确地测定出来；最后根据这些控制点测定附近碎部点的位置，如图3-6(b)所示。测定控制点位置的工作称为"控制测量"，测绘碎部点的工作称为"碎部测量"。控制点的位置比较准确，在每个控制点上测绘地形碎部点时的误差只会影响局部而非整个测区，因此误差不会从一个碎部点传递到另一个，在一定的观测条件下，各个碎部点均能保证应有的精度。

(a)控制点布设

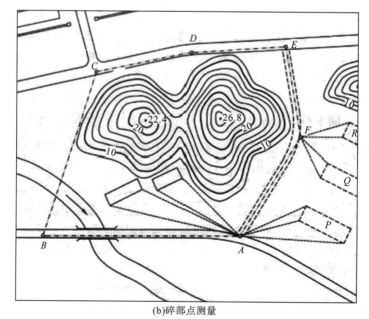

(b)碎部点测量

图3-6　地形图测绘

遵循测量工作的基本原则，一方面，既可以保证测区控制点的整体精度、杜绝错误，又可以防止测量误差累积，从而保证了碎部测量的精度；另一方面，在完成整体控制测量后，整个测区被划分成若干局部，各个局部可以同时展开测图工作，从而加速了工作进度，提高了作业效率。

3.1.2　平面测量的原理

地图投影建立了地球椭球面与地图平面之间进行变换的数学法则，接下来就是把实地的地物与地貌测绘到地图上，即测定特征点的平面位置和高程。

3.1.2.1　平面测量与正射投影

先采用正射投影的方式沿垂直于投影面的方向将地面特征点投影到水平面上，然后将投影后的特征点按照与实地一致的相互关系连接起来以构成用二维表示的正射投影图，最后将正射投影图按照地图比例尺缩小并用地图符号表示出来，就得到了地图(图 3-7)。正射投影包括以下含义：①地面上的图形在水平面上的正射投影与地形图上的相应图形相似，即保持角度相等(等角投影)；②地形图上任意两点间的距离表示的是实地相应两点间的水平距离，即平距；③水平面上任意两边的夹角是指这两边的水平角，而不是实地的斜角；④地形图上的图形面积为地面相应图形的水平投影图形面积；⑤需建立平面直角坐标系，以确定投影图形的相对或绝对位置。

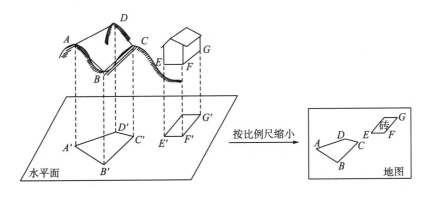

图 3-7　平面测量的原理

地物、地貌千姿百态，测量时不可能把地面上所有的点都测绘到地形图上，只需要测定地物和地貌的一些特征点即可。特征点的选取密度由地形、地物的复杂程度确定，同时也取决于测图比例尺和测图目的。对于地物而言，特征点应选在地物轮廓线的方向变化处，如房角点、道路转折点、交叉点、河岸线转弯点以及独立地物的中心点等，如图 3-8 所示。连接这些特征点，可得到与实地相似的地物形状。对于地貌而言，特征点应选在最能反映地貌特征的山脊线或山谷线等地性线上，如山顶、鞍部、山脊、山谷、山坡、山脚等坡度变化及方向变化处，如图 3-9 所示。根据这些特征点的高程勾绘等高线，即可在图上表示出地貌。由此可见，地面测量的实质是对地物和地貌特征点进行测量。

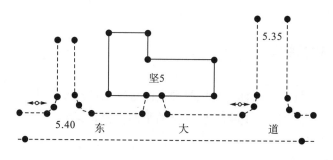

图 3-8　地物特征点

图 3-9　地貌特征点

3.1.2.2　方位角与坐标计算

1. 方位角

在平面上，地面点的位置可用直角坐标确定，而直线的方向需要用方位角确定。所谓方位角，就是从基准方向顺时针量至直线的角。根据不同的基准方向，将方位角分为真方位角、坐标方位角和磁方位角 3 种。

1) 真方位角

如图 3-10 所示，假定两地面点投影到坐标平面上后分别为 P_1 和 P_2 点，所表示的直线为 P_1P_2。过 P_1 点的子午线在坐标平面上的投影一般为曲线（P_1 点位于中央子午线上的情况除外），该曲线在 P_1 点处的切线方向称为"真北方向"。由 P_1 点的真北方向起算，顺时针量至直线 P_1P_2 的角度 A，即为直线 P_1P_2 的"真方位角"。真方位角可通过天文测量或陀螺经纬仪测得，也可通过公式计算求出。

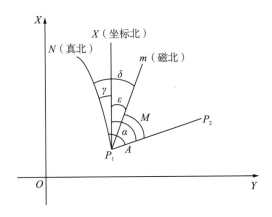

图 3-10　方位角

2）坐标方位角

在图 3-10 中，在同一带内，平面直角坐标系的纵轴方向 OX 是固定不变的，OX 轴所指的方向称为"坐标北方向"。以坐标的纵轴方向为基准方向的方位角称为"坐标方位角"，即由 P_1 点的坐标北方向 P_1X 起算，顺时针量至直线 P_1P_2 的角度 α 就是直线 P_1P_2 的坐标方位角。坐标方位角可利用两点的坐标计算得到。

如图 3-11 所示，设直线 P_1P_2 的坐标方位角为 α_{12}，P_2P_1 的坐标方位角为 α_{21}。测量上把 α_{12} 和 α_{21} 称为 P_1P_2 的正、反坐标方位角，正、反坐标方位角互差180°，即

$$\alpha_{12} = \alpha_{21} \pm 180° \tag{3-2}$$

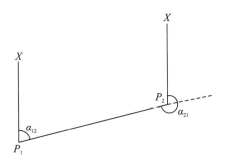

图 3-11　正、反坐标方位角

3）磁方位角

地球是一个磁性物体。地球上磁力最强的两点位于地球的北极和南极附近，故分别称为"磁北极"和"磁南极"。地面点与磁北极或磁南极构成的平面称为"磁子午面"。磁子午面与地球表面的交线称为"磁子午线"。磁针静止时所指的方向即为磁子午线方向，磁子午线的北方向又称为"磁北方向"。

如图 3-10 所示，由 P_1 点的磁北方向 P_1m 顺时针量至直线 P_1P_2 的角度 M 称为直线 P_1P_2 的"磁方位角"。磁方位角可以用有磁针装置的经纬仪直接测定；但由于磁极每年都在移

动，故磁方位角表示的直线方向的精度不高。

4）方位角之间的相互关系

由图 3-10 可知，过 P_1 点有 3 个基准方向，即真北、坐标北和磁北方向，统称为"三北方向"。三北方向之间的夹角称为"偏角"，偏角有子午线收敛角、磁偏角和磁坐偏角 3 种。真北方向 P_1N 与坐标北方向 P_1X 之间的夹角 γ 称为"子午线收敛角"或"坐标纵线偏角"。真北方向与磁北方向之间的夹角 δ 称为"磁偏角"。坐标北方向与磁北方向之间的夹角 ε 称为"磁坐偏角"。

这 3 种方位角之间的相互关系如下：

$$\left.\begin{array}{l} A = \alpha + \gamma \\ \delta = \alpha + \gamma - M \\ \varepsilon = \alpha - M \end{array}\right\} \tag{3-3}$$

在中、小比例尺地形图上，通常绘有地图中心点 3 个基准方向之间的关系，即"三北方向图"。三北方向图主要用于地图的定向，根据地形图的不同位置，其三北方向图有不同的形式。

2．坐标计算

坐标计算包括坐标正算和坐标反算两种。根据某点的坐标以及该点至另一点的边长和坐标方位角求解另一点坐标的计算称为"坐标正算"，而根据两点的坐标求解这两点间距离和坐标方位角的计算称为"坐标反算"。

1）坐标正算

如图 3-12 所示，A 为已知点，B 为未知点。设 A 点的坐标为 (x_A, y_A)，已知 A、B 两点间的距离 S_{AB} 和坐标方位角 α_{AB}，则 B 点的坐标 (x_B, y_B) 为

$$\left.\begin{array}{l} x_B = x_A + S_{AB} \times \cos\alpha_{AB} \\ y_B = y_A + S_{AB} \times \sin\alpha_{AB} \end{array}\right\} \tag{3-4}$$

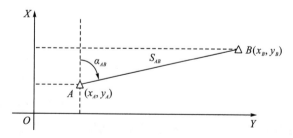

图 3-12　坐标计算

2) 坐标反算

如图 3-12 所示,已知 A 点的坐标为 (x_A, y_A)、B 点的坐标为 (x_B, y_B),则 A、B 两点间的距离为

$$S_{AB} = \sqrt{(x_B - x_A)^2 + (y_B - y_A)^2} \tag{3-5}$$

由图 3-12 可知:

$$\alpha_{AB} = \arctan \frac{y_B - y_A}{x_B - x_A} \tag{3-6}$$

3.1.2.3　点位测量的基本方法

1. 前方交会

如图 3-13 所示,A、B 为已知点,P 为待定点,在 A、B 两点分别观测水平角 α 和 β 用于计算 P 点的坐标,即"前方交会",也称为"测角交会"。

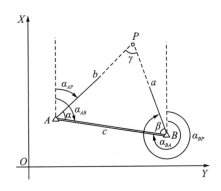

图 3-13　前方交会

根据坐标反算,可求出 AB 的坐标方位角及其边长,即

$$\left.\begin{array}{l} \alpha_{AB} = \arctan \dfrac{y_B - y_A}{x_B - x_A} \\[2mm] S_{AB} = \sqrt{(x_B - x_A)^2 + (y_B - y_A)^2} \end{array}\right\} \tag{3-7}$$

根据三角形的正弦定理可计算出已知点到待定点的边长 a、b,即

$$\left.\begin{array}{l} a = \dfrac{c \sin \alpha}{\sin \gamma} = \dfrac{c \sin \alpha}{\sin(\alpha + \beta)} \\[3mm] b = \dfrac{c \sin \beta}{\sin \gamma} = \dfrac{c \sin \beta}{\sin(\alpha + \beta)} \end{array}\right\} \tag{3-8}$$

式 (3-9) 可计算出 AP 和 BP 的方位角,即

$$\left.\begin{array}{l} \alpha_{AP} = \alpha_{AB} - \alpha \\ \alpha_{BP} = \alpha_{BA} + \beta = \alpha_{AB} + \beta \pm 180° \end{array}\right\} \quad (3\text{-}9)$$

根据已知点到待定点的边长和方位角，按照坐标正算公式分别从已知点 A、B 计算待定点 P 的坐标，这两次算得的坐标应相等，可作为计算的检核，即

$$\left.\begin{array}{l} x_P = x_A + b \times \cos\alpha_{AP} \\ y_P = y_A + b \times \sin\alpha_{AP} \end{array}\right\} \quad (3\text{-}10)$$

$$\left.\begin{array}{l} x_P = x_B + a \times \cos\alpha_{BP} \\ y_P = y_B + a \times \sin\alpha_{BP} \end{array}\right\} \quad (3\text{-}11)$$

将以上公式化简可得到能直接计算待定点坐标的公式，即

$$\left.\begin{array}{l} x_P = \dfrac{x_A \cot\beta + x_B \cot\alpha - y_A + y_B}{\cot\alpha + \cot\beta} \\[3mm] y_P = \dfrac{y_A \cot\beta + y_B \cot\alpha + x_A - x_B}{\cot\alpha + \cot\beta} \end{array}\right\} \quad (3\text{-}12)$$

2．侧方交会

侧方交会是在一个已知点的待定点上观测其角度来计算待定点坐标的方法。如图 3-14 所示，A、B 为已知点，P 为待定点，α（或 β）及 γ 为实测角。由图可知：

$$\beta = 180° - (\alpha + \gamma) \quad (3\text{-}13)$$

或

$$\alpha = 180° - (\beta + \gamma) \quad (3\text{-}14)$$

因此，也可按前方交会法来计算待定点 P 的坐标。

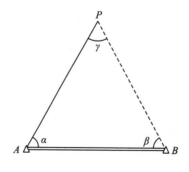

图 3-14　侧方交会

3．距离交会

距离交会是在两个已知点上分别观测其至待定点间的距离以求得待定点坐标的方法，也称为"测边交会"。

如图 3-15 所示，首先根据 A、B 两点的坐标计算 AB 的方位角及边长，即

$$\left.\begin{array}{l} \alpha_{AB} = \arctan \dfrac{y_B - y_A}{x_B - x_A} \\[3mm] c = \sqrt{(x_B - x_A)^2 + (y_B - y_A)^2} \end{array}\right\} \tag{3-15}$$

然后根据 AP、BP 的距离观测值 a、b 和计算出的 c 以及余弦定理求解三角形的两个内角 α 和 β，分别为

$$\left.\begin{array}{l} \alpha = \arccos \dfrac{b^2 + c^2 - a^2}{2bc} \\[3mm] \beta = \arccos \dfrac{a^2 + c^2 - b^2}{2ac} \end{array}\right\} \tag{3-16}$$

最后根据已知点 A、B 的坐标以及 α 和 β 角，利用前方交会公式计算出待定点 P 的坐标。

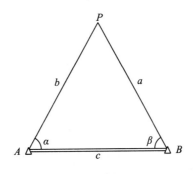

图 3-15　距离交会

4．边角后方交会

距离交会和边角后方交会的原理与前方交会相同，不同的是观测值不完全相同。如图 3-16 所示，A、B 为两个互不通视的已知点，在待定点 P 测得水平角 γ 和 PA 的距离 b，应用正弦定理可求得 β 角为

$$\sin\beta = \frac{b}{c} \times \sin\gamma \tag{3-17}$$

则 α 角和 AP 的方位角 α_{AP} 分别为

$$\left.\begin{array}{l} \alpha = 180° - (\beta + \gamma) \\[2mm] \alpha_{AP} = \alpha_{AB} - \alpha \end{array}\right\} \tag{3-18}$$

根据坐标正算公式，若已知 AP 的方位角 α_{AP} 和观测距离 b，则可求出待定点 P 的坐标。根据已知点 A、B 的坐标以及 α 和 β 角，按照前方交会公式计算也可以得到待定点 P 的坐标。

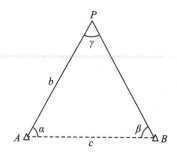

图 3-16 边角后方交会

5. 后方交会

后方交会是只在待定点 P 设站来观测 3 个已知点 A、B、C 的交角 α 和 β。由待定点 P 与任意两个已知点组成的三角形都只有一个观测角，因此不能利用前面的计算方法，应使用专门的计算公式。后方交会的计算公式很多，这里只介绍余切公式。

如图 3-17 所示，$A(x_A, y_A)$、$B(x_B, y_B)$、$C(x_C, y_C)$ 为已知点，在待定点 P 设站测得水平角 α 和 β，则待定点 P 的坐标为

$$\left.\begin{array}{l} x_P = x_B + \dfrac{(y_B - y_A)(\cot\alpha - \tan\alpha_{BP}) - (x_B - x_A)(1 + \cot\alpha \times \tan\alpha_{BP})}{1 + \tan^2\alpha_{BP}} \\[4mm] y_P = y_B + (x_P - x_B)\tan\alpha_{BP} \end{array}\right\} \tag{3-19}$$

式中，

$$\tan\alpha_{BP} = \frac{(y_A - y_B)\cot\alpha + (y_C - y_B)\cot\beta + x_c - x_A}{(x_A - x_B)\cot\alpha + (x_C - x_B)\cot\beta - y_c + y_A} \tag{3-20}$$

式 (3-19) 中除已知点的坐标外，就只有 α 和 β 的余切函数，故称为"后方交会余切公式"。

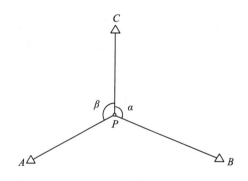

图 3-17 后方交会

3.1.3 高程测量的原理

高程测量的主要方法有水准测量、三角高程测量、GPS 高程测量和气压高程测量等。

(1)水准测量：先根据水准仪的水平视线直接在水准标尺上读取高差读数，再利用两个标尺读数确定两点间的高差，从而由已知点的高程推算出未知点的高程。

(2)三角高程测量：是通过测量已知点与未知点之间的垂直角与距离计算未知点高程的方法。

(3)GPS 高程测量：是利用 GPS 测量数据计算未知点高程的方法。

(4)气压高程测量：是利用气压测量仪器测量气压变化来推算未知点高程的方法。

在这些方法中，由于大气压力受气象变化的影响较大，因此气压高程测量只能被用于低精度的高程测量；水准测量的精度较高，是高程控制测量的主要手段；三角高程测量具有观测方法简单灵活、不受地形条件限制等优点，因此是山地、高山地高程测量的主要手段；GPS 高程测量是一种新的测量方法，但它必须与高精度水准点联测才能求得高精度的高程。这里主要介绍水准测量和三角高程测量，它们是高程测量中最常用的方法。

3.1.3.1 水准测量的原理

水准测量是精确测定两点间高差的方法，其基本原理如图 3-18 所示。在已知点 A 与未知点 B 之间安置水准仪，并在 A、B 两点竖立水准尺，用水准仪提供的水平视线分别照准 A、B 水准尺的读数。若按水准测量的前进方向分别在 A 点读取后视读数 a、B 点读取前视读数 b，则 B 点对 A 点的高差为

$$h_{AB} = a - b \tag{3-21}$$

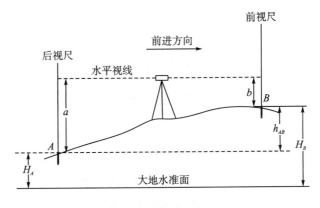

图 3-18 水准测量的原理

若已知 A 点的高程为 H_A ，则 B 点的高程为

$$H_B = H_A + h_{AB} \tag{3-22}$$

由于 A 、 B 两点有高低之分，所以高差有正、有负。若 B 点高于 A 点，则 $h_{AB} > 0$ ；若 A 点高于 B 点，则 $h_{AB} < 0$ 。为了避免计算高差时发生正、负号错误，必须要注意高差 h_{AB} 的下标： h_{AB} 表示 A 点到 B 点的高差， h_{BA} 表示 B 点到 A 点的高差，即 $h_{AB} = -h_{BA}$ 。

如图 3-19 所示，若已知点 A 距离未知点 B 较远或两点间的高差较大，当不能在一个测站直接测得高差时，则必须先在两点之间增设若干个临时立尺点以作为高程传递的过渡点(也称为"转点")，再分段测定高差，最后取其代数和，从而可求得 A 、 B 两点间的高差 h_{AB} 为

$$h_{AB} = h_1 + h_2 + \cdots + h_n = \sum_{i=1}^{n} h_i \tag{3-23}$$

式中， $h_1 = a_1 - b_1$ ， $h_2 = a_2 - b_2$ ，…， $h_n = a_n - b_n$ ，因此式(3-23)可被改写为

$$\begin{aligned} h_{AB} &= (a_1 - b_1) + (a_2 - b_2) + \cdots + (a_n - b_n) \\ &= \sum_{i=1}^{n} a_i - \sum_{i=1}^{n} b_i \end{aligned} \tag{3-24}$$

在实际工作中，可先逐段计算各测站的高差，然后利用式(3-24)求其总和以得出 A 、 B 两点的高差 h_{AB} ，即用后视读数之和减去前视读数之和。

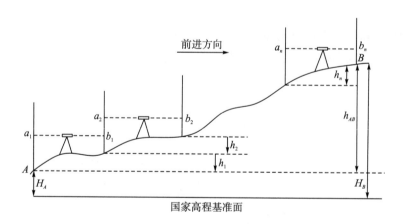

图 3-19　水准测量路线的高差传递

3.1.3.2　水准路线的布设

普通水准测量的主要目的是满足地形测图、航测外业以及一般工程中的施工基础控制测量需要，同时它也可作为小区域的高程基本控制。根据测区具体的自然地理状况，水准线路一般可被布设成以下几种形式(图 3-20)。

(1)附合水准路线：是从某一高级水准点出发并沿各待定高程点进行水准测量，然后附合到另一高级水准点后形成的水准路线。这样的布设形式可用于观测成果的检核。

（2）闭合水准路线：是从某一高级水准点出发并沿各待定高程点进行水准测量，然后闭合到原水准点后形成的环形路线。闭合水准路线也可用于观测成果的检核，但无法对起点高程进行检核。

（3）支水准路线：是从某高级水准点出发并沿各待定高程点进行水准测量，但路线既不附合也不闭合。为了进行观测成果的检核和提高观测成果的精度，支水准路线必须进行往返观测。

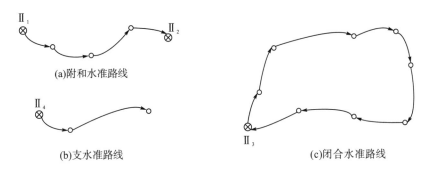

(a)附和水准路线

(b)支水准路线

(c)闭合水准路线

图 3-20　水准路线的布设形式

以上 3 种水准测量路线一般仅适用于等外水准测量。在国家等级水准测量中，为了提高水准点的高程精度及可靠性，增加了检核条件，且通常采用结点水准路线（图 3-21）和水准网（图 3-22）。

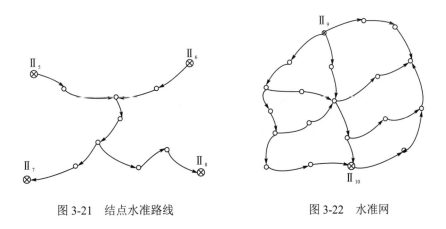

图 3-21　结点水准路线　　　　　图 3-22　水准网

3.1.3.3　三角高程测量的原理

三角高程测量是利用两地面控制点间的距离和所观测到的垂直角计算这两点间的高差，进而计算控制点高程的方法。与水准测量相比，三角高程测量具有观测方法简单灵活、不受地形条件限制等优点，特别适合山地和高山地的高程测量。

　　三角高程测量的基本原理，如图 3-23 所示。A、B 为地面上的两点，其高程分别为 H_A、H_B，在 A 点观测到 B 点的垂直角为 α，两点间的水平距离为 D，量取 A 点的仪器高 i 和 B 点的目标高 v，则 A、B 两点间的高差为

$$h_{AB} = D \times \tan\alpha + i - v \tag{3-25}$$

若测定的是斜距 S，则 A、B 两点间的高差为

$$h_{AB} = S \times \sin\alpha + i - v \tag{3-26}$$

　　上述两式就是三角高程测量测定高差的基本关系式。若已知 A 点的高程，则 B 点的高程为

$$H_B = H_A + h_{AB} \tag{3-27}$$

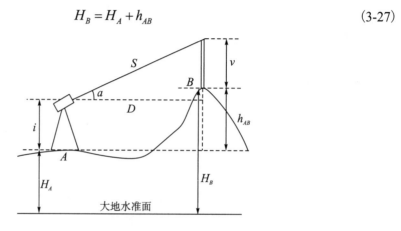

图 3-23　三角高程测量的原理

3.1.4　国家控制网的布设

　　为了保证测绘成果具有一定的准确性和可靠性，测绘工作的首要任务就是控制测量，即首先要在整个测区以较高的精度测定少量点（即控制点）的平面位置和高程，然后把相关的控制点连接起来以构成控制网。控制测量分为平面控制测量和高程控制测量。测定控制点平面位置 (x, y) 的工作称为"平面控制测量"，测定控制点高程 H 的工作称为"高程控制测量"。

3.1.4.1　控制测量的作用与原则

1. 控制测量的作用

　　控制测量的作用主要体现在 3 个方面：第一，是各项测量工作的基础，如在工程测量中，控制点能提供位置和标准方向；第二，具有控制全局的作用，如在地形图测绘时，它

不但可以提供测站点位置，而且可以保证各图幅之间的拼接；第三，可以限制误差的传递和积累，任何测量都可能带来误差，控制测量可以使工程的待测点附近均有控制点而无需通过远距离来引测。

2. 控制测量的原则

控制测量可分为常规控制测量和现代控制测量。常规控制测量主要为三角测量、导线测量、水准测量和三角高程测量，而现代控制测量主要是 GPS 测量。为了在建网和使用过程中最大限度地节约人力、物力资源和时间，并满足不同地区经济建设对控制网精度、密度等的不同要求，控制网的布设应遵循如下原则：①先整体、后局部，分级布网，逐级控制；②有足够的精度及密度；③具有统一的规格。

国家的相关部门专门制定了各种测量规范(规程)以作为测绘工作的法规文件，保证上述原则的贯彻与实施。

在全国范围内建立的平面控制网和高程控制网统称为"国家基本控制网"，国家基本控制网提供了全国统一的空间定位基准。国家平面控制网能够为全国各种比例尺测图和工程建设提供基本平面控制，也为空间科学技术的研究和应用提供了重要依据；国家高程控制网能够为各种比例尺测图和工程建设提供基本高程控制，也为研究地球的形状和大小、平均海水面的变化以及地壳的垂直运动等提供了精确的高程资料。

3.1.4.2 国家平面控制网的布设

国家大地测量控制网是用精密测绘仪器施测而建立起来的，按照施测精度分为一、二、三、四 4 个等级。

1. 一等三角锁布设

一等三角锁是国家大地控制测量的骨干，其主要作用是控制二等以下的各级大地测量和控制测量，并为研究地球的形状和大小提供资料。一等三角锁在全国范围内大致沿经线和纬线方向布设纵、横锁，形成间距约 200km 的锁段，锁段内的三角形个数一般为 16～20 个，如图 3-24 所示。一等三角锁的平均边长，山区一般为 25km 左右，平原地区一般为 20km 左右。一等三角锁在起算边的两端点应精密地测定天文经纬度和天文方位角，以获得起算方位角并控制锁网中方位角误差的累积。

2. 二等三角网布设

二等三角网是在一等三角锁的控制下布设的，它和一等三角锁网同属于国家高级控制点，同时是地形图的基本控制，因此必须兼顾精度和密度这两方面的要求。二等三角网以连续的三角网形式布设在一等三角锁环内，四周与一等三角锁衔接，如图 3-24 所示。它的平均边长约 13km，为了控制边长和角度误差的累积，保证精度，应在中央处测定起算边及两端点的天文经纬度和方位角。

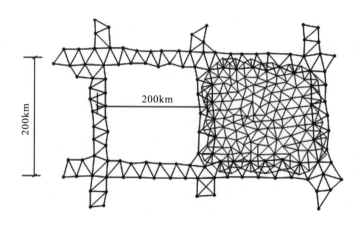

图 3-24　国家一等三角锁与二等三角网

3．三、四等三角网布设

三、四等三角网是在一、二等三角锁网的控制下布设的，通过加密控制点以满足测图和工程建设的需要。三、四等三角点应以高等级三角点为基础，并尽可能地采用插网方法布设；也可以采用插点法布设，还可以越级布设，即在二等网之间插入四等全面网，而不经过三等三角网的加密。三等三角网的平均边长为 8km，四等三角网为 2～6km。

三、四等三角网以插网方式布设后的图形结构如图 3-25 所示。图 3-25（a）为插点式三、四等三角网，边长较长，与高级网接边的图形大部分为直接相接；图 3-25（b）为连续式三、四等三角网，边长较短，低级网只闭合于高级点而不直接与高级边相接。

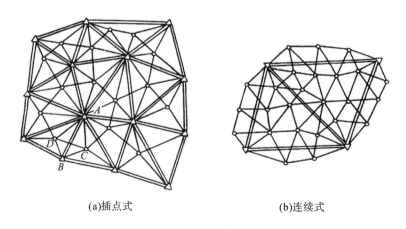

(a)插点式　　　　　　　　　　　(b)连续式

图 3-25　三、四等三角网

4. 我国天文大地网的基本情况

我国国家大地控制网的统一布设工作开始于 20 世纪 50 年代初，在 60 年代末基本完成，历时 20 余年。先后共布设一等三角锁 401 条、一等三角点 6182 个，构成了 121 个一等锁环，锁系长达 7.3 万 km。一等导线点 312 个，构成了 10 个导线环，总长约 1 万 km。1982 年完成全国天文大地网的整体平差工作，该网包括一等三角锁系、二等三角网和部分三等网，是总共约有 5 万个大地控制点、500 条起始边和近 1000 个正、反起始方位角、约 30 万个观测量的天文大地网。其平差结果为：网中离大地点最远点的点位中误差为 ±0.9m，一等观测方向中误差为±0.46″。这说明该大地网精度较高，结果可靠。

3.1.4.3 国家高程控制网的布设

国家高程控制网是在全国范围内布设一系列高程点，通过水准测量路线形成的高程控制网称为"国家水准网"。国家高程控制网主要采用精密水准测量的方法建立。国家水准网分为一等、二等、三等、四等网，其精度逐级降低。图 3-26 是国家水准网的布设示意图：一等水准网是国家高程控制网的骨干；二等水准网布设于一等水准环内，是国家高程控制网的全面基础；三、四等水准网是对国家高程控制网的进一步加密，它们直接为地形图测绘和工程建设提供高程依据。

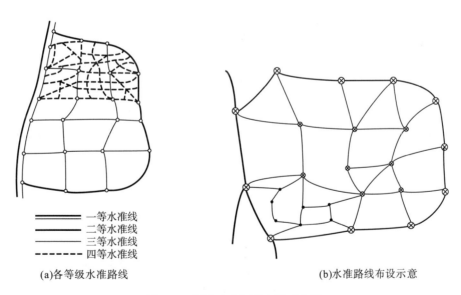

(a)各等级水准路线　　　　　　　　(b)水准路线布设示意

图 3-26　国家水准网的布设示意图

我国国家水准网的布设，按照布测目的、完成年代、采用的技术标准和高程基准等，可分为 3 期：第一期主要在 1976 年以前完成，包括以 1956 年黄海高程基准起算的各等级水准网；第二期主要在 1976～1990 年完成，包括以 1985 国家高程基准起算的国家一、二等水准网；第三期是 1990 年以后进行的国家一等水准网和局部地区二等水准网的复测，现已完成外业观测和内业平差计算工作，成果已提供使用。

1．我国第一期一、二等水准网的布设

我国第一期一、二等水准网的布设开始于 1951～1976 年初，共完成一等水准测量约 60000km、二等水准测量约 130000km，构成了基本覆盖全国大陆和海南岛的一、二等水准网。对水准网的平差采用与布测方案相适应的区域性水准网平差、逐区传递、逐级控制方式，起算高程为基于 1956 年黄海高程基准的国家水准原点高程（72.289m）。

第一期一、二等水准网建立的国家高程控制网和所提供的高程数据，为满足国家经济建设的需要发挥了重要作用，同时也为地球科学研究提供了必要的高程资料。

2．国家一、二等水准网的布设

我国第一期一、二等水准网的布设因当时条件的限制而在路线分布、网形结构、观测精度和数据处理等方面存在缺陷和不足，并且随着时间的推移，标石下沉，使得国家高程控制网在精度和现势性方面已不能满足经济建设和科学研究的需要。为此，1976 年 7 月国家的有关部门研究并确定了新的一等水准网的布设方案和任务分工，其外业观测工作主要在 1977～1981 年进行；1981 年末布置了对国家一等网加密的二等水准网任务，其外业观测工作主要在 1982～1988 年进行；到 1991 年 8 月，已完成全部的外业观测工作和内业数据处理任务，从而建立起我国新一代高程控制网的骨干和全面基础。

国家一等水准网共布设 289 条路线，总长度 93360km，全网有 100 个闭合环和 5 条单独路线，共埋设并固定水准标石 2 万多座。国家二等水准网共布设 1139 条路线，总长度 136368km，全网有 822 个闭合环以及 101 条附合路线和支线，共埋设并固定水准标石 33000 多座。国家一、二等水准网按全网分等级平差，起算高程采用 1985 国家高程基准的国家水准原点高程。国家一、二等水准网布设和平差的完成，标志着在全国范围内建立起了统一、高精度的高程控制网。

3．国家一等水准网复测

国家一等水准网应定期复测，复测周期主要取决于水准测量精度和地壳垂直运动速率，按照《国家一、二等水准测量规范》（GB/T 12897—2006）：一等水准网应每隔 15～20 年复测一次。为使水准复测在各方面都有较大的改善和提高，国家的相关部门专门进行了研究和设计，并于 1988 年初正式实施。在全面分析第二期一等水准布设状况、吸收各项专题成果和国外最新成果的基础上，我国研究并制定了一等水准网的复测技术方案。该方案确定的复测水准网共 273 条路线，总长 9.4 万 km，构成了 99 个闭合环，全网共设置水准点 2 万多个。复测工作自 1991 年起，现已完成全部的外业观测任务、成果的综合分析和数据处理工作，其成果已被公布和启用。

国家一等水准网复测是一项基础性的重点测绘工程,它的完成将为国家提供新的以及精度更高、现势性更强的高程控制系统,对地壳垂直运动研究、国家经济建设、自然灾害预防等具有重要的意义。

3.2　全球卫星定位技术

3.2.1　GNSS 概述

3.2.1.1　概述

全球导航卫星系统(GNSS)是具有全球导航能力的卫星定位系统,它通过利用卫星不断向地面广播和发送加载了特殊定位信息的某种频率的无线电信号实现定位测量。GNSS 是当代空间技术、信息技术等主流科学技术发展的产物。

1957 年 10 月,世界上第一颗人造地球卫星发射成功,使人类将无线电发射参考站建立在空中的设想成为现实,由此空基电子导航系统应运而生,即"卫星电子导航系统"。第一代卫星电子导航系统的代表是美国海军武器实验室委托霍普金斯大学应用物理实验室研制的"子午仪(Transit)卫星系统"。1964 年,子午仪卫星系统建成后被美国军方使用,随后不久,该系统将星历解密提供给民用服务。实践表明,子午仪卫星系统具有精度均匀、不受时间和天气限制等优点,只要系统中的卫星在视界内,就可以在地球表面的任何地方进行定位,从而获得观测点的三维地心坐标。不过,该系统存在一些严重缺陷,其卫星数目较少(5 或 6 颗)、运行高度较低(平均约为 1000km)、从地面观测到卫星的时间间隔较长(平均约为 1.5h),因而无法连续提供实时的三维定位信息,难以充分地满足军事和某些民事用户的定位要求。

为了克服子午仪卫星系统的缺陷,实现全天候、全球性和高精度的连续导航与定位,1973 年美国国防部批准陆、海、空三军联合研制第二代卫星导航定位系统——导航卫星测时与测距/全球定位系统(Navigation Satellite Timing and Ranging/Global Position System,NAVSTAR/GPS),简称"GPS"。在已有的 GNSS 中,GPS 的技术最为成熟,在各领域的应用也最广泛,因此人们常把基于"3S"技术的 GNSS 称为 GPS。于是,GPS 有了广义和狭义之分。狭义的 GPS 特指美国的全球卫星定位系统;而"3S"层次上的 GPS 是广义的概念,实质是指 GNSS。

3.2.1.2 国际四大 GNSS

1. 美国的 GPS

1973 年 12 月，美国开始研制 GPS：卫星星座由 21 颗工作卫星和 3 颗在轨备用卫星组成，卫星轨道面 6 个，卫星高度为 20200km，轨道倾角为 55°，卫星运行周期为 11h58min，载波频率为 1575.42MHz 和 1227.60MHz。该系统是以卫星为基础的无线电导航定位系统，在陆地、海洋、航空和航天等方面都具有全能型、全球性、全天候、连续性和实时性的导航、定位和定时功能，能为各类用户提供精密的三维坐标、速度和时间。

GPS 计划的实施分为三个阶段：①第一阶段为方案论证和初步设计阶段（1973～1978年），该阶段美国共发射 4 颗卫星，建立了地面跟踪网并研制了地面接收机，对系统的硬件和软件进行了试验，其试验结果令人满意；②第二阶段为全面研制和实验阶段（1979～1984 年），该阶段美国陆续发射了 7 颗 Block I 实验卫星并研制了各种用途的接收机（包括导航型和测地型接收机），试验表明，GPS 的定位精度大大超过了设计标准，其中粗码（C/A 码）的定位精度远远超过设计指标，高达 20m；③第三阶段为实用组网阶段（1985～1993 年），1989 年 2 月 4 日，美国发射 GPS 的第一颗工作卫星，截至 1993 年 7 月，进入轨道可正常工作的 Block I 型试验卫星和 Block II、Block IIA 型工作卫星的总和已达 24 颗，该系统已具备全球连续导航定位能力，故美国国防部于 1993 年 12 月 8 日正式宣布 GPS 已具备初步的工作能力（initial operational capability, IOC），这是该系统在研制和组建过程中具有重要意义的事件，标志着研制和组建试验阶段已结束，整个系统进入了正常运行阶段。

见表 3-1，到 1994 年 3 月 10 日美国共研制和发射了 28 颗工作卫星，这些工作卫星称为 "Block II" 和 "Block IIA" 型卫星。第三代工作卫星改进系统在 20 世纪末发射完毕，其中包括了 20 颗 Block IIR 型卫星，该系统的定位精度可达 1mm。1995 年 4 月 27 日，美国空军空间部宣布 GPS 已具有完全的工作能力（full operational capability, FOC）。不计试验卫星在内，已进入预定轨道正常工作的 Block II 和 Block IIA 型工作卫星已达 24 颗。

表 3-1 GPS 卫星发射情况

代别	卫星类型	卫星颗数	发射时间	用途
1	Block I	11	1978～1984 年	试验性
2	Block II、Block IIA	28	1989～1994 年	工作性
3	Block III、Block IIR	20	20 世纪 90 年代末	改进性

从 GPS 计划提出到该系统建成使用，历经二十余年，耗资数百亿美元。这一工程项目是美国政府继阿波罗登月计划和航天计划之后的第三项庞大空间项目。GPS 从根本上解决了人类在地球及周围空间的导航和定位问题，它不仅可以广泛地应用于对海上、陆地和空中运动目标的导航、制导和定位，而且可以为空间飞行器精密定轨，满足军事部门的需要。同时，它在各种民用部门中也获得了成功的应用，在大地测量、工程勘探、地形普查测量、地壳监测等众多领域展现出了极其广阔的应用前景。

2. 俄罗斯的 GLONASS

俄罗斯的 GLONASS（global navigation satellite system）由苏联于 1982 年开始研制。GLONASS 的卫星星座（图 3-27）由 21 颗工作卫星和 3 颗在轨备用卫星组成，这些卫星均匀地分布在 3 个轨道上，轨道间的夹角为 120°，轨道倾角为 64.8°，卫星飞行高度为 19100km，卫星运行周期为 11h 15min。GLONASS 卫星的轨道倾角大于 GPS 卫星，所以在高纬度（50°以上）地区的可视性较好。与 GPS 不同，GLONASS 采用频分多址（frequency division multiple access，FDMA）方式识别卫星。GLONASS 卫星会向空间发射两种信号：$L_1 = 1602 + 0.5625 \times k(\text{MHz})$，$L_2 = 1246 + 0.4375 \times k(\text{MHz})$，其中 k（取值为 1～24）表示每颗卫星的频率编号。

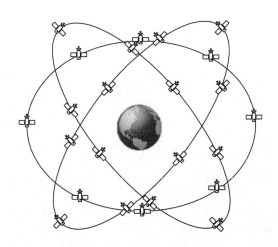

图 3-27　GLONASS 卫星星座

GLONASS 从 1982 年 10 月 12 日开始发射第一颗 GLONASS 卫星，虽然苏联解体后由俄罗斯接替部署，但它始终没有终止或中断 GLONASS 卫星发射。1995 年初只有 16 颗 GLONASS 卫星在轨工作，但在 1995 年进行了 3 次成功发射并将 9 颗卫星送入轨道，由此完成了 24 颗工作卫星加 1 颗备用卫星的布局，整个系统于 1996 年 1 月 18 日开始正常运行。GLONASS 成为继美国 GPS 之后第二个建成使用的第二代 GNSS。按计划，该系统于 2007 年开始运营，当时只开放了俄罗斯境内的卫星导航定位服务。到 2009 年，其服务范围已经拓展到全球，服务内容主要包括确定陆地、海上和空中目标的位置及运动速度等信息。

在过去很长一段时间里，GLONASS 用户设备在国际上的发展比较缓慢，市场占有率很低。其主要原因包括三个方面：以前的 GLONASS 卫星寿命短且正常工作的数目少，整个系统直到近几年才比较稳定地运行；由于经济原因，GLONASS 接收机的生产厂家少，产品种类也少（事实上，除军用机和特殊用户接收机在进行开发和生产外，民用接收机几乎是空白）；此外，GLONASS 接收机的设计相对复杂，并且价格贵、功耗高、体积大和重量重，不利于推广和应用。不过，随着 GLONASS 现代化计划的实施以及与 GPS 在时间和坐标系转换等方面技术问题的成功解决，GPS 和 GLONASS 兼容接收机已在市场上大量出现，GLONASS 的商业应用也将越来越值得期待。

3. 欧盟的 Galileo 系统

Galileo（伽利略）系统是 20 世纪末由欧盟主导研制的一种开放式、以民用为主的卫星定位导航系统。该系统的卫星星座（图 3-28）由 30 颗中等高度轨道卫星构成，这些卫星分布在 3 个轨道面上；其中 27 颗为工作卫星，3 颗为候补卫星。每个轨道面均匀分布 10 颗卫星，其中 1 颗备用。轨道面倾角为 56º，轨道面高度为 23616km，卫星围绕地球运行一周的时间为 14h 4min。Galileo 系统提供了 4 个载波频率，分别是 E_2-L_1-E_1（1575.42MHz）、E_6（1278.75MHz）、E_5b（1207.14MHz, 1196.91MHz～1207.14MHz）和 E_5a（1176.45MHz）。

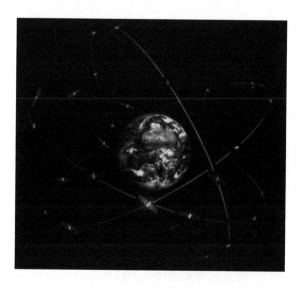

图 3-28 Galileo 卫星星座

Galileo 系统的建设分为四个阶段。①第一阶段（1999～2001 年）：论证计划的必要性、可行性以及落实具体的实施措施；定义系统框架，制订发展计划。②第二阶段（2002～2005 年）：系统研制和卫星在轨验证阶段。③第三阶段（2006～2007 年）：实施阶段，进行卫星的研制、发射以及地面设施建设。④第四阶段(2008~2020 年)：运行应用阶段，其任务是对系统进行保养和维护、提供运营服务以及按计划更新卫星等。

Galileo 系统具有下列特点。

(1)在系统研制和组建过程中，军方未直接参与。该系统是一个具有商业性质的民用卫星导航定位系统，非军方用户在使用该系统时受到政治因素的影响较少。

(2)鉴于 GPS 在可靠性方面存在缺陷(用户在无任何先兆和预警的情况下，可能会面临系统失效或出错的情况)，Galileo 系统从结构设计方面进行了改造，以最大限度地保证系统的可靠性，及时地向指定用户提供系统的完备性信息。

(3)采取措施进一步提高精度，如在卫星上采用了性能更好的原子钟；地面监测站的数量为三十个左右，数量更多、分布更好；在接收机中采用了噪声抑制技术等，用户能获得更好的导航定位精度，系统的服务面及应用领域也更为宽广。

(4)与 GPS 既保持相互独立，又互相兼容，具有互操作性。相互独立可防止或减少两个系统同时出现故障的可能性。为此，Galileo 系统采用了独立的卫星星座和地面控制系统，同时采用了不同的信号设计方案和基本独立的信号频率。兼容性意味着两个系统都不会影响对方独立工作或干扰对方的正常运行。互操作性是指可以方便地使用一台接收机来同时让两个导航系统工作，以提高导航定位的精度、可用性和完好性。

4. 我国的北斗系统

北斗卫星导航系统(BeiDou Navigation Satellite System，BDS)是我国正在实施的自主研发、独立运行的全球卫星导航系统，它致力于向全球用户提供高质量的定位、导航、授时服务，可对有更高要求的授权用户提供进一步的服务，军用与民用目的兼具。

北斗系统始于 20 世纪 80 年代提出的"双星快速定位系统"发展计划。方案于 1983年提出，1994 年我国正式启动北斗卫星导航试验系统("北斗一号")的研制。2000 年 10月 31 日和 12 月 21 日 2 颗试验导航卫星成功发射，2003 年 5 月 25 日第三颗北斗备份卫星发射成功，由此完成了"北斗一号"系统的组建，标志着我国成为世界上第三个拥有自主卫星导航系统的国家。

"北斗一号"系统由 2 颗地球静止卫星(80°E 和 140°E)、1 颗在轨备份卫星(110.5°E)、中心控制系统、标校系统和各类用户机等部分组成，其覆盖范围为东经 70°~140°、北纬 5°~55°。北斗导航系统的三维定位精度约为±20m，授时精度约为 100ns。其定位原理是利用 2 颗地球同步卫星进行双向测距，同时配合数字高程地图完成三维定位。

"北斗一号"系统的优点是：卫星数量少、投资小、用户设备简单价廉(一切的复杂性集中在地面中心处理站)，能实现一定区域的导航定位；卫星具备短信通信功能，不仅能使用户测定自己的点位坐标，而且可以让用户告诉别人自己处在什么点位，可满足当前我国陆、海、空运输的导航定位需求。其缺点是：不能覆盖两极地区，赤道附近的定位精度差，只能进行二维主动式定位且需要提供用户的高程数据，不能满足高动态和保密的军事用户要求，用户数量受到一定限制。

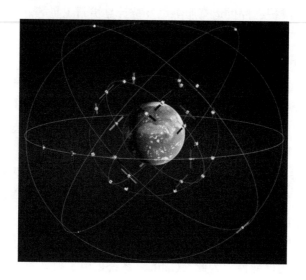

图 3-29　北斗卫星星座

　　鉴于"北斗一号"系统的不足，2004 年 9 月，我国启动了具有全球导航能力的北斗卫星导航系统（"北斗二号"）的建设。2007 年 4 月"北斗二号"首颗中高轨道卫星成功发射，同时开展了国产星载原子钟、精密定轨与时间同步、信号传输体制等的技术试验。2009 年 4 月"北斗二号"首颗高轨道卫星成功发射，验证了高轨道导航卫星的相关技术。随后，我国相继发射了多颗北斗导航卫星，并逐步进行了系统组网和测试。根据北斗卫星导航系统的建设规划，到 2020 年，"北斗二号"系统将建成由 5 颗静止轨道卫星和 30 颗非静止轨道卫星组成（其中 27 颗中轨道卫星和 3 颗倾斜同步轨道卫星）的全球卫星导航系统，以免费地提供定位精度为 10m、授时精度为 50ns、测速精度为 0.2m/s 的开放性服务，对授权用户提供更安全的定位、授时、测速、双向短报文通信服务和系统完好性信息。

3.2.1.3　GNSS 的特点

GNSS 具有如下特点。

　　(1)全球全天候定位。GNSS 的卫星数目较多且分布均匀，保证了地球上的任何地方在任何时间都可以同时观测到至少 4 颗 GPS 卫星，确保实现了全球全天候的连续导航定位服务。

　　(2)功能多、精度高。可以为用户提供动态目标的三维位置、三维速度和时间信息。随着 GNSS 定位技术和数据处理技术的发展，其定位、测速和测时的精度将不断提高。

　　(3)观测时间短。随着 GNSS 的不断完善，目前 20km 以内的静态相对定位仅需 15～20min；在进行快速静态相对定位测量时，当每个流动站与基准站相距 15km 以内时，流动站的观测时间只需 1~2min；在采用实时动态定位模式时，每站的观测时间仅需几秒钟。

(4)测站间无须通视。GNSS 测量只要求测站上空开阔，不要求测站之间互相通视，因此不需要建造觇标。这一优点既可大大减少测量工作的经费和时间，也可使选点工作变得非常灵活，省去经典测量中的传算点、过渡点测量工作。

(5)仪器操作简便。随着接收机技术的不断改进，GNSS 测量的自动化程度越来越高，仪器设备趋于便携式、仪器操作趋于智能化，极大地减轻了测量工作者的劳动强度。

(6)可提供全球统一的三维地心坐标。GNSS 测量可同时精确地测定测站的平面位置和大地高程。目前 GPS 可满足四等水准测量的精度；另外，GPS 定位是在全球统一的 WGS-84 坐标系中被计算出来的，因此全球不同地点的测量成果相互关联。

(7)应用广泛。GNSS 在现代测绘、交通、公共安全和救援、现代农业等领域都有广泛应用，这些应用将给生产或生活带来巨大的改变。

3.2.2　GPS 定位的基本原理

3.2.2.1　GPS 的组成

GPS 包括三大部分：空间部分(GPS 卫星星座)；地面控制部分(地面监控系统)；用户部分(GPS 信号接收机)。如图 3-30 所示，空间部分与用户部分的通信是单向的；地面控制部分与空间部分的通信是双向的。

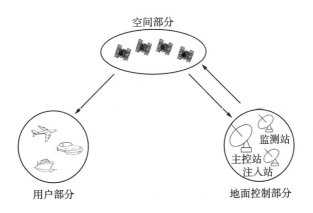

图 3-30　GPS 的组成

1. 空间部分

由 21 颗工作卫星和 3 颗在轨备用卫星组成 GPS 卫星星座。GPS 卫星星座如图 3-31 所示，24 颗卫星均匀地分布在 6 个轨道平面内，轨道倾角为 55°，各个轨道平面相距 60°，每个轨道面有 4 颗卫星。卫星轨道距地面约 20200km，任何一颗卫星均在 12h(准确时间为 11h 58min)内绕地球一周。

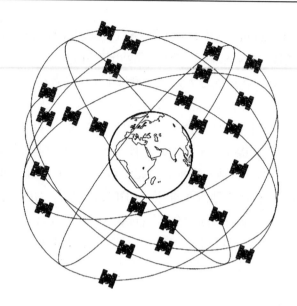

图 3-31　GPS 卫星星座

GPS 卫星的作用如下：①向广大用户连续不断地发送导航定位信号；②在卫星飞越注入站上空时，接收由地面注入站发送到卫星的导航电文和其他有关的信息，并适时地发送给广大用户；③接收地面主控站通过注入站发送到卫星的调度命令，适时地改正运行偏差或启用备用时钟等。

2. 地面控制部分

对于导航定位来说，GPS 卫星是动态的已知点，卫星的位置是依据卫星发射的星历(描述卫星运动及其轨道的参数)算得的。每颗 GPS 卫星所播发的星历，由地面监控系统提供。卫星上的各种设备是否工作正常、卫星是否一直沿着预定轨道运行，都由地面设备进行监测和控制。地面监控系统的另一个重要作用是保持各颗卫星处于同一时间标准——GPS 时间系统，这需要地面站先监测各颗卫星的时间以求出钟差，然后由地面注入站发送给卫星，卫星再通过导航电文发送给用户设备。

GPS 地面监控系统包括：1 个主控站、3 个注入站和 5 个监测站。

主控站设在美国本土的科罗拉多州。其任务是：收集、处理本站和监测站收到的全部资料，编算出每颗卫星的星历和 GPS 时间系统，将预测的卫星星历、钟差、状态数据以及大气传播改正并编制成导航电文后传送到注入站；纠正卫星的轨道偏离，必要时调度卫星，让备用卫星取代失效的工作卫星；监测整个地面监测系统的工作，检验注入卫星的导航电文，监测卫星是否将导航电文发送给了用户。

3 个注入站分别设在大西洋的阿松森群岛、印度洋的迪戈加西亚岛和太平洋的卡瓦加兰岛。其任务是将主控站发来的导航电文注入相应卫星的存储器中，每天注入 3 次，每次注入 14 天的星历。此外，注入站能自动地向主控站发射信号，每分钟报告一次自己的工作状态。

除了位于主控站和 3 个注入站的 4 个监测站以外，还在夏威夷设立了一个监测站。其主要任务是为主控站提供卫星的观测数据。每个监测站均用 GPS 信号接收机对每颗可见卫星进行每 6min 一次的伪距测量和积分多普勒观测，采集气象要素等数据。同时，在主控站的遥控下自动地采集定轨数据并进行各项改正，然后将数据发送给主控站。

3．用户部分

GPS 信号接收机能够捕获待测卫星的信号并跟踪这些卫星的运行，解译 GPS 卫星所发送的导航电文，实时地计算测站的三维位置。其按照用途可以分为：①导航型接收机——主要用于对运动载体的导航，可以实时地解算载体的位置和速度；②测量型接收机——主要用于精密大地测量和精密工程测量，它主要采用载波相位观测值进行相对定位，其定位精度高、结构复杂、价格较贵；③授时型接收机——利用 GPS 卫星提供的高精度时间标准进行授时，常用于天文台和无线电通信中的时间同步。

3.2.2.2　GPS 时空参照系

1．WGS-84 坐标系

GPS 采用协议地球坐标系，即"WGS-84 世界大地坐标系(world geodetic system 1984)"。WGS-84 坐标系的定义是：原点位于地球质心，Z 轴指向国际时间局定义的 BIH1984.0 协议地球极(CTP)方向，X 轴指向 BIH1984.0 起始子午面与 CTP 的交点，Y 轴与 Z 轴、X 轴构成了右手坐标系。

WGS-84 坐标系采用地球椭球，即"WGS-84 椭球"，其有关常数采用了国际大地测量和地球物理联合会(IUGG)第 17 届大会的推荐值，4 个基本常数如下：

(1) 长半轴 $a = 6378137 \pm 2\mathrm{m}$ ；

(2) 地球(含大气层)的引力常数 $GM = \left(3986005 \times 10^8 \pm 0.6 \times 10^8\right) \mathrm{m^3 \cdot s^{-2}}$ ；

(3) 正常二阶带谐系数 $C_{2.0} = -484.16685 \times 10^{-6} \pm 1.30 \times 10^{-9}$ ；

(4) 地球自转的角速度 $\omega = (7292115 \times 10^{-11} \pm 0.15 \times 10^{-11}) \mathrm{rad \cdot s^{-1}}$ 。

利用以上 4 个基本参数，可以计算出 WGS-84 椭球的扁率：$\alpha = 1/298.257223563$ 。

2．GPS 时间系统

GPS 时间系统采用原子时 TAI 秒长作为时间基准，但时间起算的原点被定义在 1980 年 1 月 6 日 UTC 0 时。启动后不跳秒，保持时间连续。随着时间的累积，GPS 时与 UTC 时的整秒差以及秒以下的差异通过时间服务部门定期地公布(至 1995 年已相差 10s)。卫星播发的卫星钟差是相对于 GPS 时间系统的钟差，在利用 GPS 直接进行时间校对时应注意这一问题。

GPS 时与 TAI 时在任一瞬间均有一常量偏差：

$$T_{TAI} - T_{GPS} = 19s \tag{3-28}$$

3.2.2.3 GPS 卫星信号和卫星星历

1. GPS 卫星信号

GPS 卫星信号是 GPS 卫星向用户发送的用于导航定位的调制波，由载波、测距码和数据码组成。这三部分信号分量都由时钟基准频率 $f_0 = 10.23\text{MHz}$ 的倍频或分频产生，如图 3-32 所示。

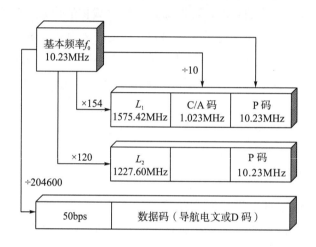

图 3-32　GPS 卫星信号

1）载波

可运载调制信号的高频振荡波称为"载波"。在无线电通信技术中，为了有效地传播信息，会将频率较低的信号加载在频率较高的载波上，这个过程称为"调制"。载波将携带着有用的信号被传送出去，到达用户接收机。

GPS 卫星会发射 L 波段的两种载波信号，分别为 L_1 载波和 L_2 载波。L_1 载波是基准频率 f_0 的 154 倍频，L_2 载波是基准频率 f_0 的 120 倍频，其频率（f）和波长（λ）分别如下：

（1）$f_{L_1} = 154 \times f_0 = 1575.42\text{MHz}$，$\lambda_1 = 19.03\text{cm}$；

（2）$f_{L_2} = 120 \times f_0 = 1227.60\text{MHz}$，$\lambda_2 = 25.42\text{cm}$。

GPS 定位采用两个不同频率载波的目的主要是消除电离层的延迟误差。在一般的通信中，当调制波到达用户接收机并被解调出有用的信息后，载波的任务就完成了；但在 GPS 中，载波除能更好地传送测距码和数据码信息外，还可以在载波相位测量中被当作一种测距信号来使用，以完成高精度的定位。

2）测距码

测距码是用于测定卫星至接收机距离的二进制码。GPS 卫星中所用的测距码从性质上讲属于伪随机噪声码。它们看似是一组杂乱无章的随机噪声码，但其实是按照一定规律编排起来的、可以复制的周期性二进制序列，且具有类似于随机噪声码的自相关特性。

GPS 卫星采用两种测距码，即 C/A 码和 P 码。

(1)C/A 码：用于捕获卫星信号和粗测距，也称为"粗码"或"捕获码"。C/A 码被调制在 L_1 载波上，它的码率是基准频率 f_0 的 10 分频，即 $f_{C/A} = f_0 \div 10 = 1.023 \text{MHz}$。C/A 码的码元宽度较大，所对应的距离为 293.05m。若码元对齐误差是码元宽度的 1/10～1/100，则 C/A 码的测距误差为 29.3～2.93m，所以被称为粗码。

(2)P 码：用于精确地测定从 GPS 卫星到接收机的距离，也称为"精码"。P 码被同时调制在 L_1 和 L_2 载波上，它的码率是 C/A 码的 10 倍，即 $f_P = f_0 = 10.23 \text{MHz}$。P 码的码元宽度仅为 C/A 码的 1/10，相当于距离 29.3m。若码元对齐误差是码元宽度的 1/10～1/100，则 P 码的测距误差为 2.93～0.293m，仅为 C/A 码的 1/10，所以被称为精码。

3）数据码

数据码(也称为"D 码")是用户利用 GPS 进行定位和导航的数据基础。它主要包括卫星星历、时钟改正、电离层时延改正、工作状态信息以及 C/A 码转换为 P 码时的信息，这些信息是以二进制码的形式、按规定格式编码以及按帧被发送给用户接收机的，因而数据码也称为"导航电文"。导航电文的码率是基准频率 f_0 的 204600 分频，即 $f_D = f_0 \div 204600 = 50 \text{Hz}$。当用户捕获一颗 GPS 卫星后，可从其导航电文中了解其他卫星的概略位置、星钟的概略改正数以及卫星的工作状态等。

2. GPS 卫星星历

卫星星历是描述卫星运动轨道的信息。有了卫星星历就可以计算出任一时刻的卫星位置及其速度。GPS 卫星星历分为预报星历和后处理星历。

预报星历是一种外推星历，也称为"广播星历"。该种星历通常包括相对某一参考历元的开普勒轨道参数和必要的轨道摄动改正项参数。相应参考历元的卫星开普勒轨道参数也称为"参考星历"，它只代表卫星在参考历元的轨道参数，在摄动力的影响下，卫星的实际轨道将偏离参考轨道，偏离程度主要取决于观测历元与所选参考历元之间的时间差。如果用轨道参数的摄动项对已知的卫星参考星历加以改正，那么可以外推出任一观测历元的卫星星历。为了保持预报星历的必要精度，一般会采用限制预报星历外推时间间隔的方法。因此，GPS 卫星发射的广播星历会每小时更新一次，以供用户使用；广播星历的精度一般为 20～40m。由于预报星历是根据某一参考历元的观测资料向外推算出来的，因此包含了外推误差，很难满足高精度的定位要求；但其优点是用户在观测的同时可得到实时的星历参数和卫星位置，这对于导航和实时定位是非常必要的。

后处理星历是一些国家的某些部门根据各自建立的卫星地面跟踪站获得的 GPS 卫星精密观测资料进行计算而得到的卫星星历。它是一种不包含外推误差的实测星历，也是可以为用户提供观测时刻的卫星精密星历，其精度可以达到米级，以后有望得到进一步提高。

由于这种星历是在事后向用户提供其观测时间内的精密轨道信息，因此被称为"后处理星历"或"精密星历"。后处理星历不是通过 GPS 卫星的导航电文来向用户传递，因而难以在用户观测期间获得（通常是在用户完成观测后的一段时间内才能通过磁带、电视、电传或卫星通信等方式获得），所以它对导航和实时定位的意义不大；优点是可满足精密定位的要求。

3.2.2.4　GPS 定位原理

GPS 定位是先由 GPS 接收机不间断地接收卫星发送的星历参数和时间信息，然后经过计算得出接收机天线位置的三维坐标、三维方向以及运动速度和时间信息。

1. GPS 定位原理

GPS 定位的基本原理：以 GPS 接收机天线与 GPS 卫星之间的距离观测量为基础，根据已知的卫星瞬时坐标确定接收机天线的位置，即观测站的位置。其实质是测量学中的空间距离后方交会定位。

如图 3-33 所示，当 GPS 接收机在某一时刻接收到 4 颗卫星 A、B、C、D 的信号时，就测量出了 GPS 接收机天线与各卫星之间的距离 S_1、S_2、S_3、S_4，通过 GPS 电文可解译出 4 颗卫星的三维坐标 (X_i, Y_i, Z_i) $(i=1,2,3,4)$。用空间距离后方交会的方法，可以列出 GPS 接收机天线位置三维坐标 (X, Y, Z) 的观测方程式为

$$
\left.
\begin{aligned}
S_1 &= \sqrt{(X_1 - X)^2 + (Y_1 - Y)^2 + (Z_1 - Z)^2} + C\delta_t \\
S_2 &= \sqrt{(X_2 - X)^2 + (Y_2 - Y)^2 + (Z_2 - Z)^2} + C\delta_t \\
S_3 &= \sqrt{(X_3 - X)^2 + (Y_3 - Y)^2 + (Z_3 - Z)^2} + C\delta_t \\
S_4 &= \sqrt{(X_4 - X)^2 + (Y_4 - Y)^2 + (Z_4 - Z)^2} + C\delta_t
\end{aligned}
\right\}
\tag{3-29}
$$

式中，c 表示光速；δ_t 表示 GPS 接收机的钟差。

由式 (3-29) 可解算出待测点（接收机天线的位置）的三维坐标和接收机的钟差。这里的钟差是由接收机钟与卫星钟不同步造成的。卫星钟是铯原子钟，其精度高、价格昂贵，不可能在每个接收机上都安装此钟，所以一般安装的是石英钟，两者难以保持严格的同步。用于实际观测的测站与卫星之间的距离会受到卫星钟与接收机钟同步差的影响。关于卫星的钟差，可以应用导航电文中给出的有关钟差参数加以修正；而接收机的钟差，一般难以预先确定，通常会把它作为一个未知数来与观测站的坐标在数据处理中一并求解。因此，在 1 个观测站上，为了求解 4 个未知参数（3 个为点的三维坐标，1 个为钟差参数），至少需要观测 4 颗卫星。

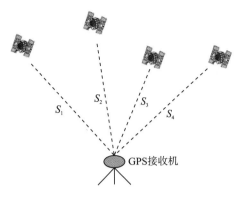

图 3-33　GPS 定位原理

2. GPS 定位方法的分类

GPS 定位的方式有多种，可依据不同的分类标准做如下划分。

(1) 按照参考点位置的不同，可分为绝对定位和相对定位。绝对定位，又称为"单点定位"，是以地球质心为参考点来确定观测站在协议地球坐标系中相对于地球质心的位置；相对定位是在协议地球坐标系中确定观测站与某一地面参考点的相对位置。

(2) 按照接收机运动状态的不同，可分为静态定位和动态定位。静态定位是指在定位过程中，接收机处于静止状态。严格地讲，静止状态是相对的，如果周围的点位不发生位移或在观测期内的变化极其缓慢以至于可以被忽略，那么就可以被认为是处于静止状态；动态定位是指在定位过程中，接收机处于运动状态。

(3) 按照定位采用观测量的不同，可分为伪距测量和载波相位测量。伪距测量所采用的观测量为 GPS 的测距码 (C/A 码或 P 码)；载波相位测量所采用的观测量为 GPS 的载波相位，即 L_1、L_2 载波或它们的某种线性组合。

(4) 按照获取定位结果时间的不同，可分为实时定位和非实时定位。实时定位是根据接收机观测到的数据实时地解算接收机天线的位置；非实时定位又称为"后处理定位"，是通过对接收机接收到的数据进行后处理以进行定位的方法。

3. GPS 的测距方式

在利用 GPS 定位时，不管采用何种方法，都要以观测站与 GPS 卫星之间的距离观测为基础来确定观测站的位置。对于 GPS 卫星到观测站的观测距离，由于各种误差源的影响，它并不能真实地反映卫星到用户观测站的几何距离，而是含有误差，这种带有误差的 GPS 量测距离称为"伪距"。测定观测站与 GPS 卫星之间伪距的方式主要有两种：一种是利用测距码的伪距测量，另一种是利用 L_1 和 L_2 载波相位观测值的载波相位测量。

1) 伪距测量

利用测距码的伪距测量原理如下。某一时刻，GPS 卫星在卫星钟的控制下发出具有某一结构的测距码 (C/A 码或 P 码)；与此同时，接收机在接收机钟的控制下产生 (或者复制出)一组与之结构完全相同的测距码(以下简称为复制码)。卫星产生的测距码,经过 Δt 时间的传播后到达接收机,并被接收机接收;由接收机产生的复制码经过一个时间延迟器延迟了时间 τ 后与接收到的卫星信号进行对比。如果这两个信号尚未对齐,那么就调整延迟时间 τ,直到两个信号完全对齐为止。此时,复制码的延迟时间 τ 就等于卫星信号的传播时间 Δt,将其乘以卫星信号的传播速度后即可得到观测站与卫星之间的距离。由于 GPS 卫星的信号传播是一种无线电信号传播,其速度等于光速 c,因此观测站与 GPS 卫星之间的伪距 S 为

$$S = \tau \times c = \Delta t \times c \tag{3-30}$$

用 C/A 码测量的伪距为 C/A 码伪距,用 P 码测量的伪距为 P 码伪距。如前面所述,C/A 码的码元宽度是 293.05m,P 码的码元宽度是 29.3m。若码元对齐误差是码元宽度的 1/100,则 C/A 码的测距精度为 2.93m,P 码的测距精度为 0.293m。利用测距码进行伪距测量是 GPS 的基本测距方法;然而测距码的码元宽度较大,对于高精度应用而言其测距精度难以满足需求。

2) 载波相位测量

载波的波长较短($\lambda_{L_1} = 19\text{cm}$,$\lambda_{L_2} = 24\text{cm}$),如果把载波作为测距信号使用,那么可达到很高的精度。目前测量型接收机的载波相位测量精度一般为 1~2mm;有的精度更高,为 0.2~0.3mm。其测距精度比利用测距码的伪距测量精度高 2~3 个数量级。

载波相位测量原理如下:若某卫星 S 发出一载波信号(此处将载波当作测距信号使用),则该信号会向各处传播。某一瞬间,该信号在接收机 m 处的相位是 φ_m,在卫星 S 处的相位是 φ_s(此处的 φ_m 和 φ_s 是从同一起点开始计算的包括整周数在内的完整载波相位)。为方便计算,相位一般以"周"为单位,而不是以弧度或角度为单位,则观测站与 GPS 卫星之间的伪距 ρ 为

$$\rho = \lambda(\varphi_s - \varphi_m) \tag{3-31}$$

式中,λ 表示载波的波长;相位差 $(\varphi_s - \varphi_m)$ 既包含不足一周的小数部分,也包含整周波段数。载波相位测量实际上就是以波长 λ 为长度单位、载波为一把"尺子"来量测卫星与接收机之间的距离。

但上述方法实际上无法实施,因为 GPS 卫星并不量测载波相位 φ_s。如果接收机中的振荡器能产生一组与卫星载波频率及初相完全相同的基准信号(即用接收机复制载波),那么问题就能迎刃而解。也就是说,只要接收机钟与卫星钟保持严格的同步且选用同一起算时刻,那么就能用接收机产生的基准振荡信号(复制的载波)取代卫星所产生的载波。因为在这种情况下,任一时刻接收机处基准振荡信号的相位 Φ_m 都等于卫星处的载波相位 φ_s,于是有 $\varphi_s - \varphi_m = \Phi_m - \varphi_m$。某一瞬间的载波相位观测值指的是该瞬间接收机产生的基准信号相位 Φ_m 与接收到的来自卫星的载波相位 φ_m 的差 $(\Phi_m - \varphi_m)$。如果能求得完整的相位差 $(\Phi_m - \varphi_m)$,那么就可以求得观测站与 GPS 卫星之间的伪距 ρ:

$$\rho = \lambda(\varphi_s - \varphi_m) = \lambda(\Phi_m - \varphi_m) \tag{3-32}$$

在进行载波相位观测时，GPS 接收机能提供用户如下的观测值。

(1) 跟踪到卫星信号后的首次量测值。

假设接收机已跟踪上卫星信号，并在 t_0 时刻进行首次载波相位测量，此时由接收机产生的基准振荡信号的相位是 Φ_m^0，接收到的来自卫星的载波信号的相位是 ϕ_s^0。假设两个相位之差由 N 个整周和不足一整周的部分 $Fr(\varphi)$ 组成，则

$$\Phi_m^0 - \Phi_s^0 = \varphi_s - \varphi_m = N + Fr(\varphi) \tag{3-33}$$

载波信号是一种周期性的正弦信号，而相位测量只能测定其不足一整周的部分 $Fr(\varphi)$，因此用户需要设法解出整周未知数(整周模糊度)N 后，才能求出观测站与 GPS 卫星之间的伪距 ρ。

(2) 其余各次的观测值。

随着卫星运动，卫星与接收机的距离不断地变化，相应地，上述两个信号的相位之差也不断地变化。如图 3-34 所示，在初始时刻 t_0 接收机锁定卫星信号并进行首次载波相位测量，然后继续跟踪卫星信号，不断地测定不足一整周的相位差 $Fr(\varphi)$，并利用接收机的整周计数器记录从 t_0 到 t_i 时间内的整周数 $\text{Int}(\varphi)$。令接收机提供的实际观测值为 $\tilde{\varphi}$，则

$$\tilde{\varphi} = \text{Int}(\varphi) + Fr(\varphi) \tag{3-34}$$

N、$\text{Int}(\varphi)$ 和 $Fr(\varphi)$ 的几何意义如图 3-34 所示。

综合 (1) 和 (2) 可以看出，载波相位测量的实际观测值 $\tilde{\varphi}$ 是由不足一整周的相位差 $Fr(\varphi)$ 和整周计数 $\text{Int}(\varphi)$ 这两部分组成的。首次观测时 $\text{Int}(\varphi)$ 一般为 0，在随后的各次观测中，$\text{Int}(\varphi)$ 可以是正整数，也可以是负整数。完整的载波相位观测值应该由式 (3-35) 所示的这三部分组成：

$$\tilde{\Phi} = \tilde{\varphi} + N = \text{Int}(\varphi) + Fr(\varphi) + N \tag{3-35}$$

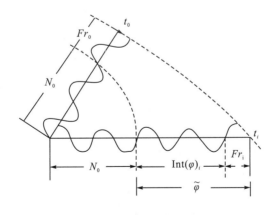

图 3-34　载波相位测量的实际观测值

接收机无法给出 N 值，N 值需要通过其他途径求出。例如，利用测距码的伪距测量结果可以作为载波相位测量中解决整周数不确定问题的辅助资料。

虽然载波相位测量的精度较高，但由于相位测量只能测定不足一个波长的部分，因而

存在整周数不确定的问题。另外，在卫星信号被遮挡、多路径效应、外界噪声等因素的干扰下，还可能出现整周跳变现象，使得对整周未知数的确定变得更加复杂。相对而言，伪距测量更容易一些。

3.2.3　差分 GPS 定位的原理

差分技术的目的是消除公共误差，提高定位精度。在 GPS 定位过程中存在三部分误差：与卫星有关的误差、与信号传输有关的误差、与接收机有关的误差。利用差分技术，第一部分误差可以被完全消除，第二部分误差大部分可以被消除（主要取决于基准站与用户之间的距离），第三部分误差无法被消除。前两部分误差主要包括卫星星历误差、电离层延迟误差、对流层延迟误差和卫星的钟差等，这些误差具有较好的空间相关性，相距不太远的两个测站在同一时间分别进行单点定位时，受上述误差的影响大体相同。如果在已知点（又称为"基准站"）上配备一台 GPS 接收机并和用户一起进行 GPS 观测，能求得每个观测时刻由上述误差造成的影响，然后基准站通过数据通信链把求得的误差改正数及时地发送给在附近工作的用户，那么在用户施加了上述改正数后，其定位精度就能得到大幅度的提高，这就是差分 GPS 的基本工作原理。

差分 GPS 可分为单基准站差分以及具有多个基准站的局部区域差分和广域差分三种类型。单站差分，根据差分 GPS 基准站发送改正数的内容不同，可分为三类：位置差分、伪距差分和载波相位差分。无论哪种差分，其基本工作原理均是基准站发送改正数、用户站接收改正数并将该改正数用于对测量结果的改正，以获得精确的定位结果。

1. 位置差分的原理

位置差分 GPS 是一种最简单的差分方法。安装在基准站上的 GPS 接收机，在观测到 4 颗卫星后可进行三维定位，解算出基准站的坐标 (X, Y, Z)。由于各种误差的影响，该坐标和基准站的已知坐标 (X_0, Y_0, Z_0) 不一致，存在误差。误差改正数计算如下：

$$
\begin{aligned}
\Delta X &= X_0 - X \\
\Delta Y &= Y_0 - Y \\
\Delta Z &= Z_0 - Z
\end{aligned}
\tag{3-36}
$$

基准站将此改正数发送给用户站，并且对解算出的用户站坐标 (X_i', Y_i', Z_i') 进行改正，以得到改正后的用户站坐标 (X_i, Y_i, Z_i)：

$$
\begin{aligned}
X &= X_i' + \Delta X \\
Y_i &= Y_i' + \Delta Y \\
Z_i &= Z_i' + \Delta Z
\end{aligned}
\tag{3-37}
$$

改正后的用户站坐标 (X_i, Y_i, Z_i) 已消去了基准站与用户站的共同误差。位置差分 GPS 的优点是计算简单，适用于各种型号的 GPS 接收机；缺点是基准站与用户站必须观测同一组卫星，这在近距离时可以做到，但距离较长时很难满足。此外，位置差分的定位效果不如伪距差分。

2. 伪距差分的原理

伪距差分是目前用途最广的差分定位技术。其基本原理是：先在基准站上利用已知坐标求出测站与卫星的距离，然后将其与接收机测定的含有各种误差的伪距进行比较并求出伪距改正数，最后将所有卫星的伪距改正数传输给用户站，用户站利用伪距改正数改正测量出的伪距，求出用户站自身的坐标。

设基准站的已知坐标为 (X_0, Y_0, Z_0)，在进行差分定位时，基准站的 GPS 接收机根据导航电文钟的星历参数计算其观测到的全部 GPS 卫星在协议地球坐标系中的坐标值 (X^j, Y^j, Z^j)，并按式 (3-38) 求出每颗卫星每一时刻与基准站的真正距离。

$$\rho_0^j = \sqrt{(X^j - X_0)^2 + (Y^j - Y_0)^2 + (Z^j - Z_0)^2} \tag{3-38}$$

另外，基准站上的 GPS 接收机利用测码伪距法可以测量出星、站之间的伪距 $\rho_0'^j$，该伪距包含各种误差源的影响。由观测伪距和真正距离可以计算出伪距改正数：

$$\Delta\rho_0^j = \rho_0^j - \rho_0'^j \tag{3-39}$$

伪距改正数的变化率为

$$\mathrm{d}\rho_0^j = \Delta\rho_0^j / \Delta t \tag{3-40}$$

通过基准站将 $\Delta\rho_0^j$ 和 $\mathrm{d}\rho_0^j$ 发送给用户站，用户站在测出的伪距 $\rho_0'^j$ 上加以改正，以求出改正后的伪距：

$$\rho_i^j(t) = \rho_0'^j(t) + \Delta\rho_0^j(t) + \mathrm{d}\rho_0^j(t - t_0) \tag{3-41}$$

并按照式 (3-42) 计算用户站坐标 (X_i, Y_i, Z_i)：

$$\rho_p^j = \sqrt{(X^j - X_i)^2 + (Y^j - Y_i)^2 + (Z^j - Z_i)^2} + c \times \delta t + V_i \tag{3-42}$$

式中，δt 表示用户站接收机钟相对于基准站接收机钟的钟差；V_i 表示用户站接收机噪声。

伪距差分的优点是：基准站提供了所有卫星的改正数，用户接收机只要能观测到任意 4 颗卫星就可以完成定位。其缺点是：差分精度随基准站与用户距离的增加而降低。

3. 载波相位差分的原理

载波相位差分技术又称为"实时动态 (Real Time Kinematic，RTK) 差分技术"，是实时处理两个测站载波相位观测量的差分方法。其基本原理是：由基准站通过数据链实时地将载波相位观测量和基准站坐标信息一同发送给用户站，并将它们与用户站的载波相位观测量进行差分处理，实时地给出用户站的三维坐标。

载波相位差分 GPS 有两种定位方法：一种是基准站将载波相位的改正量发送给用户站，并对用户站的载波相位进行改正以实现定位，即"修正法"；另一种是将基准站的载波相位发送给用户站，由用户站对观测值求差并进行坐标解算，即"求差法"。可见，修正法为准 RTK，求差法为真正的 RTK。将式 (3-42) 写成载波相位观测量的形式，即

$$\rho_0^j + \lambda(N_{i0}^j - N_0^j) + \lambda(N_i^j - N^j) + \varphi_i^j - \varphi_0^j$$
$$= \left[(X^j - X_i)^2 + (Y^j - Y_i)^2 + (Z^j - Z_i)^2 \right]^{1/2} + \Delta\mathrm{d}\rho \tag{3-43}$$

式中，N_{i0}^j 表示用户接收机的起始相位模糊度，N_0^j 表示基准站接收机的起始相位模糊度；N_i^j 表示用户接收机起始历元至观测历元的相位整周数，N^j 表示基准站接收机起始历元至观测历元的相位整周数；φ_i^j 表示用户接收机测量相位的小数部分，φ_0^j 表示基准站接收机测量相位不足一整周的部分；$\Delta\mathrm{d}\rho$ 表示同一观测历元的各项残差；其他参数同前。

　　RTK 技术也同样受到了基准站与用户距离的限制，为解决此问题，将 RTK 技术发展成局部区域差分和广域差分定位技术。位置差分和伪距差分能满足米级的定位精度，已广泛应用于导航、水下测量等；而载波相位差分，可使实时的三维定位精度达到厘米级。单站差分 GPS 的系统结构和算法简单，技术上也较为成熟，主要用于小范围的差分定位工作。对于较大范围的区域，应用的是局部区域差分技术；对于一个或几个国家范围内的广大区域来说，应使用广域差分技术。

3.3　遥　感　技　术

3.3.1　遥感的基本概念和特性

1. 遥感的基本概念

　　遥感是一种在 20 世纪 60 年代发展起来的对地观测综合性技术。"遥感"一词来自英语"remote sensing"，即"遥远的感知"，通常有广义和狭义之分。

　　广义的遥感是在不直接接触的情况下，对目标物或自然现象进行远距离感知的一种探测技术。它泛指一切无接触的远距离探测，包括对电磁场、力场、机械波（声波、地震波）等的探测。在实际工作中，对重力、磁力、声波、地震波等的探测被划为物探（物理探测）范畴；只有电磁波探测属于遥感范畴。

　　狭义的遥感是应用探测仪器而不与探测目标接触，从远处把目标的电磁波特性记录下来，通过分析揭示物体的特征性质及其变化的综合性探测技术。

　　遥感数据的获取过程如图 3-35 所示。遥感先通过对地面目标进行探测获取目标的信息，再对获取到的信息进行处理，以实现对目标的了解和描述。获取信息是通过传感器来实现的，传感器之所以能收集地表信息，是因为地表任何物体的表面都会辐射电磁波，同时也会反射入照的电磁波。这种入照的电磁波可以是太阳的直射光、天空和环境的漫射光，也可以是有源遥感器的"闪光灯"。总之，地表任何物体的表面，根据其材料、结构、物理或化学特性的不同，会呈现出各自的波谱辐射亮度。这些不同亮度的辐射，会向上穿过大气层，经大气层的吸收衰减和散射后穿透大气层，到达传感器。传感器的类型有很多，可以是成像式传感器，如摄影机、多光谱扫描仪、合成孔径雷达等；也可以是非成像式传感器，如微波散射计、激光高度计等。

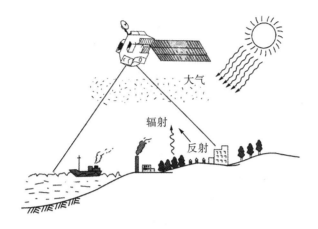

图 3-35　遥感数据的获取过程

2. 遥感的特性

(1) 空间特性。通过遥感技术获得的地面影像比地面上观察到的视域范围大得多，这为宏观研究地面上的各种自然现象及其分布规律提供了条件。目前根据探测距离的远近，遥感可以提供不同空间范围和宏观特性的图像。例如，美国陆地卫星 5 号(Landsat-5)距离地面的高度约为 705km，对地球表面的扫描宽度是 185km，一幅专题制图仪(thematic mapper，TM)图像代表的地表面积为 185km×185km，这为区域的宏观性研究提供了有利的条件。

(2) 时相特性。利用遥感技术能够周期性地成像，有利于动态监测和研究。遥感卫星的成像周期短，可以获得多时段的遥感影像。例如，Landsat-5 每天环绕地球 14.5 圈，覆盖地球一圈的时间仅为 16 天；如果两颗卫星同时运行，则只需要 8 天。气象卫星的成像周期更短，只有 0.5 天。通过遥感的周期性成像，可以反映地表的动态变化，如洪水、污染、火灾和土地利用变化等。

(3) 波谱特性。遥感的探测波段扩大了人们对地物特性的研究范围。目前遥感能探测到的电磁波段有紫外线、可见光、红外线、微波。地物在各波段中的性质差异很大，遥感可以探测到人眼观察不到的一些特性和现象，这扩大了人类的观测范围，加深了人类对地物的认识。例如，植物在近红外波段的高反射特性是人眼无法识别出来的，但是在彩色红外航片和 TM 的近红外波段图像上能被清晰地反映出来。

遥感的上述特性决定了它具有信息量巨大、受地面限制条件少、经济效益好、用途广等优势。

3.3.2 遥感电磁辐射的基础

遥感技术是建立在物体电磁波辐射理论基础上的。任何物体都具有发射、吸收和反射电磁波的能力，这是物体的基本特性。遥感就是利用传感器所接收到的目标物的电磁波及电磁波中传递出来的信息来识别目标，达到探测目标物的目的。

3.3.2.1 电磁波与电磁辐射

1. 电磁波及其特性

电磁波是通过传播电磁场的振动来传输电磁能量的波，也称为"电磁辐射"。电磁波即使在真空中也能传播，其传播方向与电磁振荡方向垂直，如图 3-36 所示。电磁波是横波，在真空中的传播速度等于光速（$c = 3 \times 10^8 \, \text{m·s}^{-1}$）。

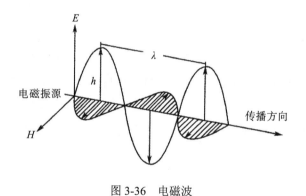

图 3-36 电磁波

电磁波具有波动性和粒子性两种性质。电磁辐射在传播过程中主要表现为波动性，而在与物质相互作用时主要表现为粒子性，也称为磁波的"波粒二相性"。遥感传感器可以探测目标物在单位时间内的辐射能量，正是由于电磁辐射的粒子性，才使得某时刻到达遥感传感器的电磁辐射能量具有统计性。

电磁波的波长不同，其表现出来的波动性和粒子性程度也不同。一般来说，波长越短，电磁波的粒子性越明显；波长越长，则波动性越明显。遥感技术正是利用电磁波的波粒二相性才探测到目标物的电磁辐射信息。

电磁波的波长、传播方向、振幅和偏振面与遥感信息探测之间具有对应关系。波长在可见光中对应于目标物的颜色，利用传播方向和振幅可以探测出目标物的形状与位置信息；偏振面主要应用于微波遥感。

2．电磁波谱

把电磁波按波长或频率的大小顺序排列成图表，即为"电磁波谱"（图3-37）。电磁波按照波长由短至长依次为：γ射线、X射线、紫外线、可见光、红外线、微波和无线电波。电磁波可以用波长表示，也可以用频率表示。习惯上用波长表示短波（如γ射线、X射线、紫外线、可见光、红外线等），用频率表示长波（如微波、无线电波等）。

γ射线	X射线	紫外线	可见光	红外线	微波	无线电波
$10^{-6}\mu m$	$10^{-3}\mu m$	$0.38\mu m$	$0.76\mu m$	$1000\mu m$		$1m$

图 3-37　电磁波谱

3．遥感常用的电磁波段

目前，遥感能使用的电磁波段主要是紫外线、可见光、红外线和微波，它们的波段如图3-38所示。

名称		波段
紫外线		$0.01\sim0.38\mu m$
可见光		$0.38\sim0.76\mu m$
红外线	近红外	$0.76\sim3\mu m$
	中红外	$3\sim6\mu m$
	远红外	$6\sim15\mu m$
	超远红外	$15\sim1000\mu m$
微波	毫米波	$1\sim10mm$
	厘米波	$1\sim10cm$
	分米波	$10\sim100cm$

紫 $0.38\sim0.43\mu m$
蓝 $0.43\sim0.47\mu m$
青 $0.47\sim0.50\mu m$
绿 $0.50\sim0.56\mu m$
黄 $0.56\sim0.59\mu m$
橙 $0.59\sim0.62\mu m$
红 $0.62\sim0.76\mu m$

图 3-38　遥感电磁波段的波长范围

遥感常用的各光谱段的主要特性介绍如下。

1）紫外线

紫外线的波段 $0.01\sim0.38\mu m$。太阳辐射中只有波段为 $0.30\sim0.38\mu m$ 的紫外线能穿过大气层并到达地面，且能量很少。紫外波段在遥感中的应用比其他波段晚，目前主要被用于探测碳酸盐岩的分布和水面油膜。碳酸盐岩在 $0.4\mu m$ 以下的短波区域对紫外线的反射比其他类型的岩石强。水面漂浮的油膜比周围水面对紫外线的反射强烈，因此可用于油污染监测。紫外波段可探测到的高度大致在 2000m 以下，因此在高空遥感中不宜采用。

2)可见光

可见光的波段 0.38~0.76 μm。人眼对可见光有敏锐的感觉，所以可见光是遥感中最常用的波段。在遥感技术中，常用光学摄影的方式接收和记录地物对可见光的反射特征；也可以将可见光分成若干个波段，在同一瞬间对同一景物进行同步摄影以获得不同波段的像片，或采用扫描方式接收和记录地物对可见光的反射特征。

3)红外线

红外线的波段 0.76~1000 μm，为了实际应用起来方便，又将其划分为近红外（0.76~3 μm）、中红外（3~6 μm）、远红外（6~15 μm）和超远红外（15~1000 μm）。近红外在性质上与可见光相似，主要是地表面所反射的太阳的红外辐射，故又称为"反射红外"。在遥感技术中，采用摄影和扫描方式接收和记录地物对太阳辐射的红外反射。近红外波段常被用于对植被、水体以及水体污染的监测，在遥感技术中也是常用波段。

中红外、远红外和超远红外是产生热感的原因，又称为"热红外"。自然界中的任何物体，当其温度高于绝对温度（−273.15℃）时，均能向外辐射红外线。物体在常温范围内发射的红外线的波段多为3~4 μm，而15 μm以上的超远红外线易被大气和水分子吸收，所以在遥感技术中主要利用的是3~15 μm波段，更多的是3~5 μm和8~14 μm两个波段。红外遥感采用热感应方式探测地物本身的辐射（如热污染、火山、森林火灾等），具有全天时遥感能力，可以昼夜工作。

4)微波

微波的波段为 1mm~1m。微波又可以分为毫米波、厘米波和分米波。微波的波长比可见光和红外线的长，能穿透云、雾而不受天气影响，可用于全天候、全天时的遥感探测。微波遥感可以采用主动或被动方式成像。微波对某些物质具有一定的穿透能力，能直接透过植被、冰雪、土壤等表层覆盖物。因此，微波在遥感技术中是一个很有发展潜力的遥感波段。

4. 电磁辐射源

电磁辐射源可分为天然辐射源和人工辐射源。自然界中的一切物体都是辐射源，且太阳和地球是自然界中最大的天然辐射源，也是遥感探测中被动遥感的主要辐射源。太阳辐射是可见光及近红外遥感的主要辐射源，地球是远红外遥感的主要辐射源。主动式遥感采用的是人工辐射源，它是微波遥感的主要辐射源。

1)太阳辐射

太阳表面的温度约有6000K，其辐射能量遍布整个电磁波谱范围，其中90%集中在紫外、可见光和红外波段。可见光波段的能量最为集中，约占太阳总辐射能量的43.5%，最大的辐射能量位于 0.48 μm（可见光中的绿光波段）。

2)地球辐射

地球辐射主要指地球自身的热辐射。地球表面的平均温度大约是300K，最强地球辐射的波长是 9.66μm(远红外波段)。由于这种辐射与地表热有关,所以也称为"热红外遥感",广泛应用于对地表热异常的探测、城市热岛效应和水体热污染研究等。

太阳辐射和地球辐射的分段特性见表 3-2。在 0.3~3μm 波段,传感器探测到的目标地物的电磁辐射主要是地表反射的太阳辐射;在 3~6μm 波段,是两种辐射共同起作用的部分,地表反射的太阳辐射和地表物体自身的热辐射都不能被忽略;在 6μm 以上的波段,电磁辐射以地表物体自身的热辐射为主,太阳辐射的影响几乎可以忽略不计。

表 3-2 太阳辐射和地球辐射的分段特性

波段/μm	波段名称	辐射特性
0.3~3	可见光和近红外	以地表反射的太阳辐射为主
3~6	中红外	包括地表反射太阳辐射和地表物体自身的热辐射
>6	热红外	以地表物体自身的热辐射为主

3) 人工辐射源

人工辐射源指人为发射的具有一定波长(或一定频率)的波束,主动式遥感就采用了人工辐射源。工作时根据接收地物散射该光束时返回的后向反射信号强弱,探知地物或测距的方式被称为"雷达探测"。雷达可分为微波雷达和激光雷达。

微波辐射源在微波遥感中常用的波段为 0.8~30cm。微波遥感具有全天候、全天时的探测能力,在海洋遥感及多云、多雨地区得到了广泛应用。

激光辐射源在遥感技术中也逐渐得到了应用,其中应用较广的为激光雷达。它可以测量地形、记录海面波浪情况,还可以利用物体的散射性以及荧光、吸收等性能监测污染和勘查资源。

3.3.2.2 地物的波谱特性

自然界中的任何地物都具有反射和发射电磁辐射的能力,但在不同波长处反射和发射电磁辐射的能力不同。这种地物辐射能力随波长而变化的规律就是地物的波谱特性,包括反射波谱特性和发射波谱特性。

1. 地物的反射波谱特性

1) 反射率和反射类型

不同的地物对入射电磁波的反射能力不同,通常采用反射率(反射系数、亮度系数)表示。反射率是地物对某一波段的电磁波的反射能量与入射总能量之比,其数值用百分率表示。

地物反射率的大小,与入射电磁波的波长、入射角的大小以及地物表面的颜色和粗糙度等有关。一般来说,当入射电磁波的波长一定时,反射能力强的地物的反射率大,在黑白遥感图像上呈现出来的色调浅；反之，反射能力弱的地物的反射率小，在黑白遥感图像上呈现出来的色调深。在遥感图像上，色调的差异是判读遥感图像的重要标志。

物体表面的状况不同，反射率也不同。物体表面往往是粗糙不平的，根据其对反射的影响可分为光滑表面和粗糙表面，反射类型可分为镜面反射、漫反射和实际物体表面的反射（方向反射），如图 3-39 所示。

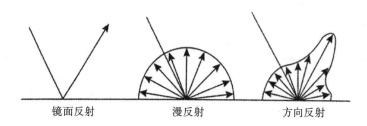

镜面反射   漫反射   方向反射

图 3-39　反射类型

镜面反射指由光滑表面产生的反射，反射时满足反射定律，入射波和反射波在同一平面内，入射角与反射角相等。当发生镜面反射时，如果入射波为平行入射，那么只有在反射波射出的方向上才能探测到电磁波，而其他方向上探测不到。自然界中真正的镜面很少，非常平静的水面可以近似地被看作镜面。

漫反射是在粗糙表面上产生的反射，在物体表面的各个方向上都有反射，任何方向的反射率均相等，这种反射面称为"朗伯面"。自然界中真正的朗伯面很少，对于可见光辐射来说，均匀一致的草场表面可以近似地被看作朗伯面。

实际的物体表面既非镜面，也非粗糙表面，电磁辐射在各个方向上都有反射，但某一方向上的反射率要大一些，这种现象被称为"方向反射"。方向反射相当复杂，其反射率的大小既与入射方向的入射方位角和天顶角有关，也与反射方向的方位角和天顶角有关。

2）地物的反射波谱曲线

地物的反射率随入射波波长变化的规律，被称为"地物反射波谱"。以波长为横坐标、反射率为纵坐标，把地物的反射率随波长的变化绘制成曲线，即为"地物的反射波谱曲线"。物质的组成和结构不同，因此不同的地物具有不同的反射波谱特性，这为遥感识别地物提供了重要依据，也是遥感的基本出发点。

图 3-40 是 4 种地物的反射波谱曲线。可以看出，第 1 波段上雪的反射率很高，在遥感图像上易于与其他地物区分开；第 2 波段上雪、小麦、沙漠和湿地这 4 种地物反射率的差距较大，在遥感图像上也易于区分开；第 3 波段上小麦和湿地的差异最大，沙漠和雪几乎没有差异，因此在该波段的遥感图像上很难区分开这两类地物，但这两类地物与小麦和湿地却很容易被区分开；第 4 波段上沙漠、雪和小麦的反射率很接近，在遥感图像上的色调差别较小，不容易被区分开，但它们与湿地之间还是很容易被区分开的。因此，区分图中这 4 种地物的最佳波段是第 2 波段。

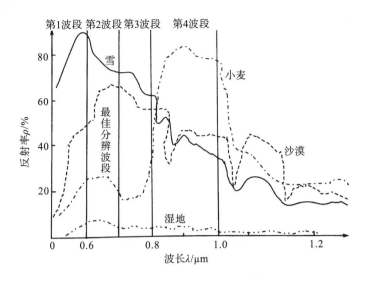

图 3-40　不同地物的反射波谱曲线

可见，地物的反射光谱曲线是进行遥感分析的重要基础，必须熟悉常见地物类型的反射光谱曲线，这是遥感图像判读和分析以及计算机图像增强和分类等应用的基本原理和基础。

3) 常见地物的反射波谱曲线

植被波谱特征的规律性非常明显（图 3-41）。叶绿素对蓝光和红光的吸收作用较强，而对绿光的反射作用较强。因此植被的反射波谱曲线在可见光的波段范围内有一个反射峰，其位置大约在绿色波段（0.55 μm）；两边的蓝波段和红波段有两个吸收带，在曲线上表现为波谷。在近红外波段的 0.7 μm 处反射率迅速地增大，1.1 μm 附近有一个峰值，这是植被独有的特征。

水体的反射率总体上很低，小于 10%（图 3-42）。水体的反射主要发生在蓝、绿光波段，其他波段的吸收作用都很强，特别是近红外波段，其反射率几乎等于 0，所以在近红外遥感影像上水体会呈现黑色；但当水中含有其他物质时，其反射光谱曲线会发生变化。影响水体反射率的主要因素是水的混浊度、深度、波浪起伏、水面污染、水生生物等。当水深、水中的泥沙含量以及叶绿素含量发生变化时，水体的反射率也会发生变化。因此，可以利用水体波谱曲线的变化监测水体污染。

土壤的反射波谱曲线比较平滑（图 3-43），自然状态下土壤表面的反射率没有明显的峰值和谷值；但土壤类型的不同以及土壤的质地、含水量、有机质含量等都会影响土壤的反射波谱特性。一般来讲，土质越细，土壤的反射率越高；有机质的含量、含水量越高，土壤的反射率越低。因此，可以利用土壤的反射波谱特性分析土壤的含水量和肥力状况。

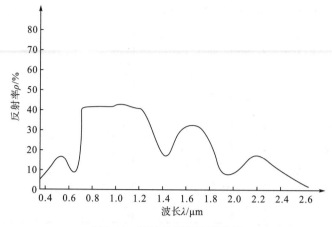

图 3-41 　植被的反射波谱曲线

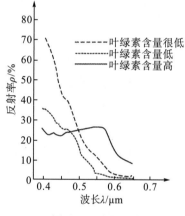

图 3-42 　水的反射波谱曲线

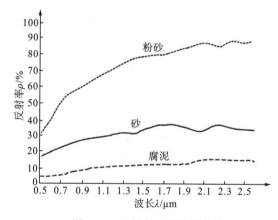

图 3-43 　土壤的反射波谱曲线

　　岩石的反射波谱曲线都较为平缓，没有明显的波段起伏，但反射率相差很大（图3-44）。岩石表面反射率的大小因矿物成分、矿物含量、风化程度、含水状况、颗粒大小以及表面的光滑度和色泽度等而异。总体来说，岩石在近红外波段易于区分。

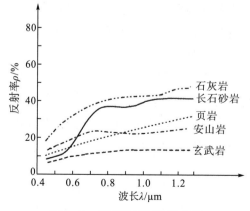

图 3-44 　岩石的反射波谱曲线

2. 地物的发射波谱特性

任何地物当其温度高于绝对温度（−273.15℃）时都具有发射电磁辐射的能力。通常，地物发射电磁辐射的能力是以发射率来作为衡量标准的；地物的发射率则以黑体辐射作为基准。

1) 黑体辐射

黑体是一个完全的辐射吸收和辐射发射体，即在任何温度下，对所有波长的辐射都能完全地吸收，同时它是能够最大限度地把热能变成辐射能的理想辐射体。黑体是研究物体发射的计量标准，自然界并不存在绝对的黑体，实际应用中的黑体是由人工方法制成的。

2) 发射率

发射率是地物的辐射能量与相同温度下黑体辐射能量的比，也称为"比辐射率"。每种地物在一定温度下都有一定的发射率，不同地物的发射率不同。这种地物发射率差异是热红外遥感的重要依据和解译原理。

地物的发射率与地物的性质、表面状况(如粗糙度、颜色等)和热惯性等有关。同一地物，其表面粗糙或颜色较深的，发射率往往较高；其表面光滑或颜色较浅的，发射率则较低。不同温度的同一地物，有不同的发射率。比热大、热惯量高、具有保温作用的地物，发射率大；反之，发射率就小。例如，水体的水面在白天光滑明亮，水体表面的反射作用较强而温度较低，其发射率也较低；到了夜间，水的比热大、热惯量高，故其发射率也较高。因此，利用热红外遥感来探测地热、水体污染和城市热岛等是非常有效的手段。地物发射率之间的差异也是遥感探测的基础和出发点。

3) 地物的发射波谱曲线

地物的发射率随波长变化的规律，被称为"地物发射波谱"。以波长为横坐标、发射率为纵坐标，把地物的发射率随波长的变化绘制成曲线，即为"地物的发射波谱曲线"。

通常，根据发射率与波长的关系，将地物分为 3 种类型：①黑体或绝对黑体，其发射率等于 1；②灰体，其发射率小于 1 且为常数；③选择性辐射体，其发射率小于 1 且随波长变化。自然界中的地物均不是黑体(大多是选择性辐射体)，一般的金属材料可以被近似地看成是灰体，在红外遥感传感器的设计中可以把一些红外辐射体看作灰体。

图 3-45 是若干种岩浆岩的发射波谱曲线。从图中可以看出，造岩硅酸盐矿物的吸收峰值主要出现在 9～11 µm 波段。岩石中二氧化硅(SiO_2)的含量对发射光谱的特征有直接的影响。随着岩石中 SiO_2 含量的减小，发射率的最低值(吸收的最大值)向长波方向迁移。其中，英安岩(SiO_2 含量为 68.72%)的吸收带位于 9.3 µm 附近；粗面岩(SiO_2 含量为 68.60%)的强吸收带位于 9.6 µm 附近；霞石玄武岩和蛇纹岩(SiO_2 含量分别为 40.32%、39.14%)的强吸收带则分别在 10.8 µm 附近和 11.3 µm 附近。岩石的这种发射波谱特征，正是其热红外遥感探测波段的选择依据。

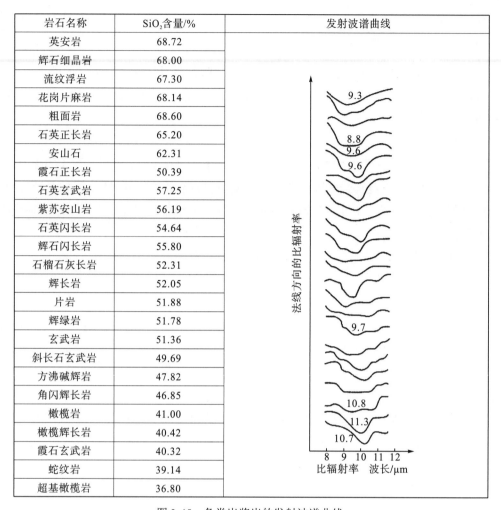

岩石名称	SiO_2含量/%	发射波谱曲线
英安岩	68.72	
辉石细晶岩	68.00	
流纹浮岩	67.30	
花岗片麻岩	68.14	
粗面岩	68.60	
石英正长岩	65.20	
安山石	62.31	
霞石正长岩	50.39	
石英玄武岩	57.25	
紫苏安山岩	56.19	
石英闪长岩	54.64	
辉石闪长岩	55.80	
石榴石灰长岩	52.31	
辉长岩	52.05	
片岩	51.88	
辉绿岩	51.78	
玄武岩	51.36	
斜长石玄武岩	49.69	
方沸碱辉岩	47.82	
角闪辉长岩	46.85	
橄榄岩	41.00	
橄榄辉长岩	40.42	
霞石玄武岩	40.32	
蛇纹岩	39.14	
超基橄榄岩	36.80	

图 3-45　各类岩浆岩的发射波谱曲线

3.3.2.3　太阳辐射与大气的相互作用

太阳辐射通过地球大气照射到地面，经过地面物体的反射后，又经过大气层才被航空或航天平台上的传感器接收。因此，太阳辐射与大气的相互作用对遥感的影响很大。

1. 大气的成分

地球大气是由多种气体以及固态、液态状悬浮的微粒混合组成的。大气中的主要气体包括 N_2、O_2、H_2O、CO、CO_2、N_2O、CH_4 和 O_3。悬浮在大气中的微粒有尘埃、冰晶、水滴等，这些弥散在大气中的悬浮物统称为"气溶胶"，它们形成霾、雾和云。以地表面为起点，在高度为 80km 以下的大气中，除 H_2O、O_3 等少数可变气体外，其余的各种气体均匀地混合，所占的比例几乎不变，即"均匀层"。在该层中大气物质与太阳辐射相互作用，这是导致太阳辐射衰减的主要原因。

2．大气的结构

地球的大气层包围着地球，大气层没有一个确切的界限，它的厚度一般取 1000km，在垂直方向上分层。大气自下而上大致可分为对流层、平流层、中间层、电离层和外大气层(散逸层)，各层之间逐渐过渡，没有截然的界线。

对流层的上界随纬度、季节等因素变化，极地上空对流层的厚度仅为 7～8km，赤道上空 16～19km。对流层内经常会发生气象变化，但却是现代航空遥感的主要活动区域。大气条件及气溶胶的吸收作用会使电磁波的传输受到削弱，因此在遥感中侧重于研究电磁波在该层内的传输特性。

平流层的范围从对流层顶至地表上空 50km 处。平流层没有明显的对流，是几乎没有天气现象的一层。该层内电磁波的传输特性与对流层内的一样，只不过其传输表现较为微弱。平流层有对人类十分重要的臭氧层，由于臭氧层能够对紫外光进行吸收，因此在地面上观测不到 0.29 μm 波长的太阳辐射。

中间层的范围为 50～80km，其温度随高度的增加而递减，故又称为"冷层"。中间层的温度大约在地表上空 80km 处降到最低点，约为178K，这也是整个大气温度的最低点。

电离层的范围为 80～1000km。该层中的大气十分稀薄，处于电离状态，故称为电离层。电离层内的气温随高度的增加而急剧地递增，它对遥感中使用的可见光、红外直至微波波段的影响较小，基本上是透明的。正因为如此，无线电波才能绕地球进行远距离传递。电离层受太阳活动的影响较大，它是人造地球卫星绕地球运行的主要空间。

外大气层离地面 1000km 以上直至扩展到几万千米处，与星际空间融为一体。层内的空气极为稀薄，并不断地向星际空间散逸，该层对卫星运行基本没有影响。

3．大气对太阳辐射的影响

太阳辐射在进入地球之前必然通过大气层，其与大气的相互作用使能量不断地减弱。约30%的太阳辐射被云层和其他的大气成分反射回宇宙空间，约17%被大气吸收、22%被大气散射，仅31%到达地面。其中，反射作用的影响最大，这是因为云层的反射作用对电磁波的各波段均有强烈影响，这对遥感信息的接收造成了严重障碍。因此，目前在大多数的遥感方式中，都只考虑无云天气情况下大气散射和吸收的衰减作用。

1) 大气的吸收作用

在太阳辐射通过大气层时，大气层中的某些成分会对太阳辐射产生选择性吸收，即把部分的太阳辐射能转换为自身的内能，从而使温度升高。大气中各种气体及固体杂质对太阳辐射的吸收特性不同，几种主要成分对太阳辐射的吸收情况如下。

(1) 氧(O_2)：大气中的氧含量约占 21%，它主要吸收的是小于 0.2 μm 的太阳辐射能量，在波长 0.155 μm 处的吸收能力最强。由于氧的吸收作用，在低层的大气内几乎观测不到波长小于 0.2 μm 的紫外线，因此在高空遥感中很少应用紫外波段。

(2)臭氧（O_3）：在大气中的含量很少，在 0.2～0.3 μm 的波长之间臭氧对太阳辐射中的紫外线形成了一个强吸收带，使波长小于 0.29 μm 的紫外线几乎不能到达地面，避免了紫外线对地球生物的伤害。臭氧在 0.6 μm 和 9.6 μm 附近的吸收带，也是太阳辐射中最强的部分。臭氧主要分布在 20～30km 高度附近，因而对高度小于 10km 的航空遥感影响不大，主要是对航天遥感有影响。

(3)水（H_2O）：在大气中以气态和液态的形式存在，它是吸收太阳辐射能量最强的介质。从可见光、红外直至微波波段，到处都有水的吸收带，其主要的吸收带是处于红外和可见光中的红光波段，其中处于红外部分的吸收能力最强。因此，水汽对红外遥感有很大影响，而且水汽的含量随时间、地点变化。

(4)二氧化碳（CO_2）：在大气中的含量也很少，它的吸收作用主要在红外区内。例如，在 1.35～2.85 μm 处有 3 个宽弱吸收带，另外在 2.7 μm、4.3 μm 以及 14.5 μm 处有强吸收带。由于太阳辐射在红外区的能量很少，因此对于太阳辐射而言，这一吸收带可忽略不计。

图 3-46 为大气中几种主要成分对太阳辐射的吸收率。最下面的一条曲线综合了大气中几种主要成分的吸收作用，反映了大气吸收带的分布规律。

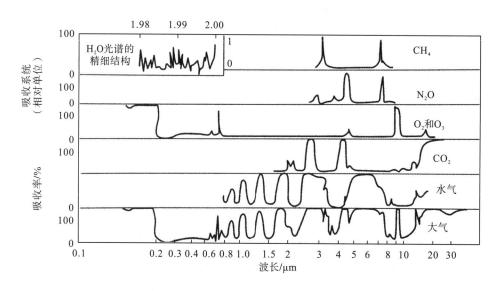

图 3-46 大气的吸收带

2)大气的散射作用

太阳辐射在传播过程中遇到小微粒时会改变传播方向，并向各个方向散开，该现象被称为"散射"。散射使原传播方向上的辐射强度减弱，但增加了其他各方向上的辐射。大气中的云、雾、小水滴等微粒，与太阳辐射会发生散射作用，该散射作用主要发生在可见光区。大气散射的太阳辐射会到达地面，也会返回太空被传感器接收，成为叠加在目标地物信息上的噪声，从而降低了遥感图像的质量，造成影像模糊，影响对遥感资料的判读。

大气的散射作用主要发生在太阳辐射能量较强的可见光区，这是造成太阳辐射衰减的主要原因。根据太阳辐射的波长与散射微粒大小之间的关系，散射作用可分为瑞利散射、米氏散射和非选择性散射。

(1)瑞利散射：当微粒直径比辐射波长小得多时，此时的散射为瑞利散射。瑞利散射主要是由大气分子对可见光的散射引起的，所以也称为"分子散射"。散射系数与波长的 4 次方成反比，当波长大于 1 μm 时，瑞利散射基本可以忽略不计。因此，红外线、微波波段可以不考虑瑞利散射的影响；但对于可见光来说，由于波长较短，因此瑞利散射对它的影响较大。例如，晴朗天空呈现碧蓝色，就是大气中的气体分子把波长较短的蓝光散射到天空中的缘故。

(2)米氏散射：当微粒直径与辐射波长差不多时，此时的散射为米氏散射，它是由大气中的气溶胶所引起的散射。由于大气中云、雾等悬浮粒子的大小与 0.76～15 μm 的红外线的波长差不多，因此它们对红外线的米氏散射不可忽视。

(3)非选择性散射：当微粒直径比辐射波长大得多时所发生的散射即为非选择性散射。它与波长无关，即任何波长的散射强度相同。大气中的水滴、雾、烟、尘埃等气溶胶对太阳辐射常常产生这种散射。常见的云或雾都是由比较大的水滴组成的，云或雾之所以看起来呈白色，是因为对各种波长可见光的散射均相同。对于近红外、中红外波段来说也属于非选择性散射，这种散射将使传感器接收到的数据产生严重的衰减。

综上所述，太阳辐射的衰减主要是由散射造成的，散射衰减的类型和强弱与波长密切相关。太阳辐射通过大气时会发生散射和吸收，地物反射光在进入传感器前，还要经过大气并被散射和吸收，这将造成遥感图像的清晰度下降。所以，在选择遥感工作波段时，必须要考虑大气层的散射和吸收影响。

4. 大气窗口

太阳辐射在经过大气层时，要发生反射、吸收和散射，从而衰减了辐射强度。通常把受到大气衰减作用较轻、透射率较高的电磁辐射波段称为"大气窗口"(图 3-47)。

遥感传感器选择的探测波段应包含在大气窗口内。主要的大气窗口及目前使用的探测波段见表 3-3，常用的光谱波段主要有以下几种。

(1)0.3～1.3 μm，即紫外、可见光、近红外波段，也就是地物的反射光谱。该窗口对电磁波的透射率达 90%以上，是摄影成像的最佳波段，可以采用摄影方式成像，也可以用扫描方式成像。目前胶卷感光条件最好的波段是 0.32～1.3 μm，超出这个范围时不能采用摄影方式的传感器。

(2)1.5～1.8 μm、2.0～3.5 μm，即近红外、近-中红外波段，仍属于地物的反射光谱，但不能用胶片摄影，只能用光谱仪和扫描仪来记录地物的电磁波信息。它们的透射率都接近 80%。近红外窗口中某些波段对于区分蚀变岩石有较好的效果，因此在遥感地质应用方面很有潜力。例如，TM 的 5、7 波段等能用于探测植物的含水量以及云和雪或用于地质制图。

（3）3.5～5.5 μm，即中红外波段，此时物体的热辐射较强。通过这个窗口的既可以是地物的反射光谱，也可以是地物的发射光谱，属于混合光谱范围。中红外窗口的应用很少，目前只能用扫描方式成像。

（4）8～14 μm，即远红外波段。主要来自物体热辐射的能量，适于夜间成像以及测量探测目标的地物温度。该窗口的透射率仅为 60%～70%。

（5）0.8～25 cm，即微波波段，属于发射光谱的范围。该窗口不受大气干扰，完全透明，透射率可达 100%，为全天候的遥感波段。

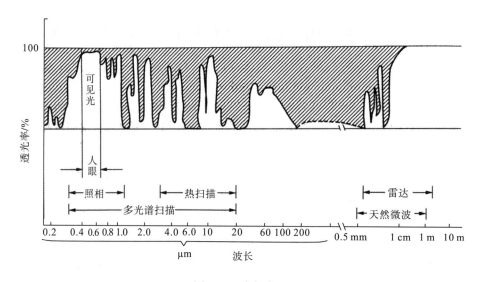

图 3-47 大气窗口

表 3-3 主要的大气窗口与探测波段

大气窗口	波段	应用举例
紫外、可见光、近红外	0.3～1.3 μm	TM1-4、SPOT 的 HRV
近红外	1.5～1.8 μm	TM5
近-中红外	2.0～3.5 μm	TM7
中红外	3.5～5.5 μm	NOAA 的 AVHRR
远红外（热红外）	8～14 μm	TM6
微波	0.8～25 cm	Radarsat

3.3.2.4 太阳辐射与地面的相互作用

当太阳辐射能量入射到地物表面时，会出现 3 种过程（图 3-48）：一部分入射能量被地物反射；一部分入射能量被地物吸收，成为地物本身的内能或部分再发射出来；一部分入射能量被地物透射。根据能量守恒定律，有

$$E_I = E_R + E_A + E_T \tag{3-44}$$

式中，E_I 表示入射总能量；E_R 表示反射能量；E_A 表示吸收能量；E_T 表示透射能量。

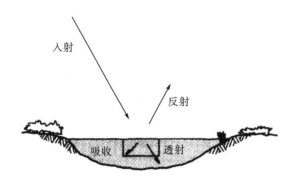

图 3-48　太阳辐射与地面的相互作用

一般而言，绝大多数物体对可见光都不具备透射能力；而有些物体如水，对一定波长电磁波的透射能力较强，特别是对 0.45～0.56 μm 的蓝、绿光波段，水体的透射深度一般为 10～20m，清澈水体可达 100m。在反射、吸收、透射中能量被使用最多的是反射。遥感探测常用的是可见光与近红外波段，主要以地物反射太阳辐射能量为主。为了更好地识别地物及进行遥感定量研究，必须详细地分析每种地物的反射波谱特性。

3.3.3　遥感技术的分类及特点

1. 遥感技术的分类

目前遥感主要按照以下 6 个方面进行分类。

(1) 遥感探测的对象。①宇宙遥感：对宇宙中的天体和其他物质进行探测的遥感。②地球遥感：对地球和地球上的事物进行探测的遥感。在地球遥感中，以地球表层环境（包括大气圈、陆海表面和陆海表面下的浅层）为对象的遥感，称为"环境遥感"。在环境遥感中，以地球表层资源为对象的遥感，称为"地球资源遥感"。

(2) 遥感平台。①航天遥感：在航天平台上进行的遥感。航天平台有探测火箭、卫星、宇宙飞船和航天飞机；其中，以卫星为平台的遥感称为"卫星遥感"。航天平台一般处于高度高于 150km 的空中。②航空遥感：在航空平台上进行的遥感。航空平台包括飞机和气球，其中飞机是主要平台。航空平台一般处于高度低于 12km 的空中。③地面遥感：平台处于地面或近地面的遥感。地面平台有三脚架、遥感车、遥感塔和船等。地面遥感一般只作为航空和航天遥感的辅助手段，为它们提供地面试验的参考数据。

(3) 信息记录的表现形式。①成像方式遥感：能获取遥感对象影像的遥感。一般有摄影和扫描方式两种：摄影方式遥感，是以照相机或摄影机进行的遥感；扫描方式遥感，是以扫描方式获取影像的遥感，如多光谱扫描仪、线性阵列扫描仪、合成孔径雷达等。②非成像方式遥感：不能获取遥感对象影像的遥感。如光谱辐射计、激光高度计等，获取的是遥感对象的参数或高度信息，而非影像。

(4)传感器的工作方式。①主动遥感：先由传感器向目标物发射电磁波，然后接收目标物的回射，如雷达遥感等。②被动遥感：不由传感器向目标物发射电磁波，只接收目标物自身发射和对天然辐射源(主要是太阳)反射的能量，如航空摄影遥感等。目前主要的遥感方式是被动遥感。

(5)传感器探测的电磁波段。以传感器探测的电磁波段进行分类，可分为：可见光遥感、红外遥感、微波遥感、紫外遥感等。现在常用的是前3种，紫外遥感只用于某些特殊场合，如监测海面的石油污染情况等。

(6)遥感应用。以应用进行分类，可分为：地质遥感、地貌遥感、农业遥感、林业遥感、草原遥感、水文遥感、测绘遥感、环保遥感、灾害遥感、城市遥感、土地利用遥感、海洋遥感、大气遥感、军事遥感等。

2. 遥感技术的特点

(1)探测范围广。遥感可进行大面积的同步观测。遥感平台越高，视角越广，同步探测的范围越大。

(2)时效性。遥感获取信息的速度快、周期短。

(3)周期性。遥感可以在短时间内对同一地区进行重复探测，这非常有利于动态监测和分析，如对台风、洪水等灾害的动态监测等。

(4)综合性。遥感可以提供多时相、多波段、多分辨率的观测信息，帮助人们更全面、更深入地观察和分析客观世界。

(5)约束少。遥感不受地理条件的限制，可以获取任何区域的信息，尤其是自然条件恶劣、人类难以到达的沙漠、沼泽、深山峻岭等。

(6)手段多、信息量大。根据不同的任务，遥感可选用不同的波段和传感器来获取丰富的信息。

(7)经济性。相比地面测量，遥感具有成本低、效益高的特点。

3.3.4 遥感平台及传感器

3.3.4.1 遥感平台

遥感中搭载传感器的工具被统称为"遥感平台"。遥感平台的种类很多，按平台距地面高度的大小可分为地面平台、航空平台和航天平台3类。

1．地面平台

地面遥感平台用于安置传感器的三脚架、遥感塔、遥感车等，高度在 100m 以下。通常三脚架的放置高度在 0.75～2.0m，在三脚架上可以放置地物波谱仪、辐射计、分光光度计等地物光波测试仪器，以测定各类地物的野外波谱曲线。遥感车、遥感塔上的悬臂常被安置在 6～10m 甚至更高的高度上，在这样的高度上对各类地物进行波谱测试可测出它们的综合波谱特性。为了便于研究波谱特性与遥感影像之间的关系，也可将成像传感器置于同高度的平台上，以在测定地物波谱特性的同时获取地物的影像。

2．航空平台

航空平台主要指高度在 30km 以内的遥感飞机等。按照飞机飞行高度的不同，又可分为低空平台、中空平台和高空平台。

(1)低空平台在离地面 2000m 以内的对流层下层飞行。航空飞机在此高度上飞行，是为了获取中比例尺或大比例尺的航空遥感图像。一般来说，直升机可以进行离地面 10m 以上的遥感，侦察飞机可以在 300～500m 的高度上实施低空遥感，而遥感试验通常在 1000～1500m 的高度范围内进行。

(2)中空平台在离地面 2000～6000m 的对流层中层飞行。通常使用这种高度的平台获取中比例尺或小比例尺的航空遥感图像。

(3)高空平台在离地面 12km 左右的对流层顶层和同温层下层飞行。军用高空侦察飞机以及部分用于航空遥感的有人驾驶飞机一般在此高度上飞行，而一般的航空遥感飞机达不到这个高度。无人驾驶飞机的飞行高度一般在 20～30km。

3．航天平台

航天平台是指飞行高度在 150km 以上的人造地球卫星、宇宙飞船、空间轨道站和航天飞机等。在航天平台上进行的遥感，称为"航天遥感"。航天遥感可以对地球进行宏观、综合、动态和快速的观察。目前对地观测中使用的航天平台主要是人造地球卫星。

人造地球卫星按照运行轨道的高度和寿命，可分为 3 种类型。

(1)低高度、短寿命卫星。其轨道高度为 150～350km，寿命只有几天到几十天。这类卫星可获得较高地面分辨率的图像，其中多数被用于军事侦察，最近正在发展的高空间分辨率小卫星遥感多采用此类卫星。

(2)中高度、长寿命卫星。其轨道高度为 350～1800km，寿命一般为 3～5 年。属于这类卫星的有陆地卫星、海洋卫星、气象卫星等，目前它们是遥感卫星的主体。

(3)高高度、长寿命卫星。这类卫星也称为"地球同步卫星"或"静止卫星"，其高度约为 36000km，寿命长达十年以上，已被大量用作通信卫星、气象卫星，也用于地面动态监测，如监测火山、地震、林火以及预报洪水等。

这 3 种类型的卫星，各有不同的优、缺点。其中，高高度、长寿命卫星的突出特点是在一定的周期内，对地面的同一地区可以进行重复探测。在这类卫星中，气象卫星以研究全球大气要素为目的，海洋卫星以研究海洋资源和环境为目的，陆地卫星以研究地球资源和进行环境动态监测为目的。这三类卫星构成了地球环境卫星系列，在实际应用中互相补充，使人们能从不同的角度对大气、陆地和海洋等及其之间的相互联系进行研究；同时它们也可以用于研究地球或某一区域各地理要素之间的内在联系和变化规律。

4. 卫星轨道的类型

1) 地球静止轨道

地球静止轨道的运行周期等于地球的自转周期，即卫星与地球转动的角速度相同，其传感器总是朝向地球固定的位置，从地面上的各个地方看过去，卫星是在赤道上的一个点且静止不动，所以称为"静止轨道"(图 3-49)。地球静止轨道上的卫星的高度很高，大约为 36000km，因此可以对地球上的特定区域进行不间断的重复观测，并且观测范围很大，被广泛应用于气象和通信领域中。

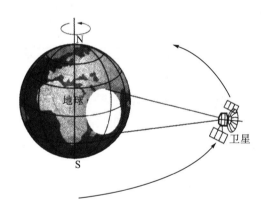

图 3-49　地球静止轨道

2) 太阳同步轨道

太阳同步轨道指卫星的轨道面绕地球的自转轴旋转，其旋转方向与地球的公转方向相同，并且旋转的角速度等于地球公转的平均角速度，即卫星的轨道面始终与当时的地心—日心连线保持恒定的角度(图 3-50)。因此，在太阳同步轨道上，卫星经过同一纬度任何地点的地方时相同，从而保证了太阳的入射角几乎固定，这对于利用太阳反射光的被动式传感器来说，可以在近似相同的光照条件下获取同一地区、不同时间的遥感图像，对监测同一地区的地表变化非常有益。

太阳同步轨道通常属于近极轨道，即卫星旋转方向与地球自转方向接近垂直，轨道面接近南、北极方向。采用近极轨道，有利于卫星在一段时间内获取包括南、北极在内的覆盖全球的遥感影像。

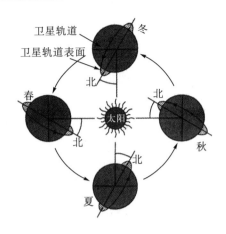

图 3-50 太阳同步轨道

3.3.4.2 传感器

传感器是收集、探测、记录地物电磁波辐射能量的装置，是遥感技术的核心部分。传感器对电磁波波段的响应能力(如探测灵敏度和波谱分辨率等)、传感器的空间分辨率和图像的几何特性、传感器获取地物电磁波信息量的大小和可靠程度等决定了遥感的能力。

1. 传感器的分类

传感器的种类繁多，其分类方法也多种多样，图 3-51 是传感器详细的分类情况。常见的分类方式有以下 3 种。

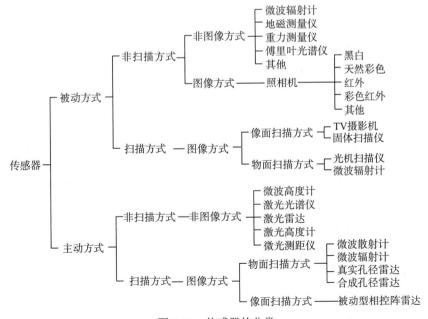

图 3-51 传感器的分类

(1) 按电磁波辐射来源的不同，分为主动式和被动式传感器。主动式传感器先向目标发射电磁波，然后收集从目标反射回来的电磁波信息，如合成孔径侧视雷达等；被动式传感器收集的是地面目标反射的太阳光能量或目标自身辐射出的电磁波能量，如摄影相机和多光谱扫描仪等。

(2) 按成像原理和所获取图像性质的不同，分为摄影机、扫描仪和雷达 3 种类型。摄影机按所获取图像的特性可细分为框幅式、缝隙式、全景式 3 种；扫描仪按扫描成像的方式可分为光机扫描仪和推帚式扫描仪；雷达按其天线形式可分为真实孔径雷达和合成孔径雷达。

(3) 按记录电磁波信息方式的不同，分为成像方式和非成像方式传感器。成像方式传感器的输出结果是目标的图像，而非成像方式传感器的输出结果是研究对象的特征数据，如微波高度计记录的是目标距离平台的高度数据。

2. 传感器的组成

传感器主要由收集器、探测器、处理器和输出器四部分组成，如图 3-52 所示。

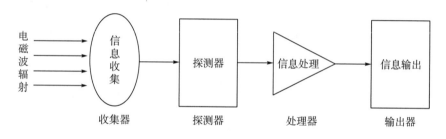

图 3-52 传感器的组成

各部分的主要功能如下。

(1) 收集器：收集来自目标地物的电磁波能量，如航空摄影机的透镜、扫描仪的反射镜等。对于多波段，还需要进行分光处理，即把光分解成不同波长的波段范围。

(2) 探测器：将收集的辐射能转变成化学能或电能，如摄影感光胶片、光电管、光电倍增管、光电二极管、光电晶体管等光敏探测元件，以及锑化铟、碲镉汞、热敏电阻等热敏探测元件。

(3) 处理器：将探测到的化学能或电能等信号进行处理，如胶片的显影及定影、电信号的放大处理、滤波、调制、变换等。

(4) 输出器：输出获得的图像、数据，如摄影胶片、磁带记录仪、扫描晒像仪、阴极射线管、电视显像管、彩色喷墨记录仪等。

3. 传感器的特性

对于电磁波遥感传感器，传感器所能获取的信息包括目标地物的大小、形状及空间分布特点、目标的属性特点、目标的运动变化特点。这些特点表现为传感器的 4 个特征：遥感影像的空间分辨率、光谱分辨率、辐射分辨率、时间分辨率。这些特性决定了遥感影像的应用能力和需求，传感器的发展往往体现在对这 4 个指标的改善上。

(1) 空间分辨率。传感器瞬时视场内观察到的地面大小，称为"空间分辨率"，空间分辨率的值由传感器的瞬时视场角和平台高度确定，其大小决定了对影像上地物细节的再现能力。传感器的空间分辨率决定了遥感影像的成图比例尺，Landsat TM 多光谱影像的空间分辨率(即每个像元在地面上的大小)为 30m×30m；SPOT-5 全色波段影像的空间分辨率可以达到 2.5m×2.5m；Geoeye 影像的全色波段空间分辨率已经达到 0.41m×0.41m。

(2) 光谱分辨率。光谱分辨率为传感器探测光谱辐射能量的最小波长间隔，也称为"波谱分辨率"。波长间隔越小，分辨率越高。在实际使用中，由于波段太多、输出的数据量太大，因此增加了处理工作量和进行判读的难度。解决这个问题最有效的方法是根据被探测目标的特性来选择一些最佳探测波段。所谓最佳探测波段，是指在这些波段中探测各种目标以及目标与背景之间有最好反差或波谱响应特性差别的波段。

(3) 辐射分辨率。辐射分辨率是指传感器能区分两种辐射强度最小差别的能力，在遥感影像上表现为每像元的辐射量化等级，一般用量化比特数表示最暗至最亮灰度值之间的分级数目。传感器的辐射分辨率决定了某个波段中各类地物的细节，在可见光波段、近红外波段用噪声等效反射率表示，在热红外波段用噪声等效温差、最小可探测温差和最小可分辨温差表示。

(4) 时间分辨率。时间分辨率是指对同一地区重复获取影像所需要的最短时间间隔，它决定了传感器对应用对象变化的检测能力。时间分辨率与探测目标的动态变化有直接的关系。各种传感器的时间分辨率与卫星的重访周期及传感器在轨道间的立体观察能力有关。时间分辨率越高的影像，越能详细地呈现地面物体或现象的动态变化。未来的遥感小卫星群将在更短的时间间隔内获得影像。与光谱分辨率一样，时间间隔也并非越短越好，需要根据物体的时间特征来选择一定时间间隔的影像。

3.3.4.3　主要的遥感卫星

1. 地球资源卫星

1) Landsat 卫星系列

Landsat 卫星是美国发射的地球资源卫星系列，以探测地球资源为主要目的。1972 年 7 月 23 日，第一颗 Landsat 卫星(Landsat-1)成功发射。目前，美国已先后发射 8 颗 Landsat 系列卫星，对地球的连续观测已达 40 多年，记录了地球表面的大量数据，扩大了人类的视野，该系列卫星已成为环境与资源调查、评价与监测的重要信息源。表 3-4 是 8 颗 Landsat 卫星的基本情况。

Landsat 卫星在地面上空的 700～900km 处运行，其轨道属于中高轨道，且是接近圆形的近极地/太阳同步轨道。卫星绕地球一周所需要的时间，称为"卫星运行周期"。Landsat-1～Landsat-3 每天可围绕地球转 14 圈，形成了 14 条间隔为 2875km 的条带，条带宽度为 185km。Landsat-1～Landsat-3 的重访周期为 18 天，Landsat-4～Landsat-8 为 16 天。

表 3-4　Landsat 系列卫星简况

	卫星名称	发射日期	传感器	卫星高度/km	重访周期/d
第一代	Landsat-1	1972-07-23	RBV /MSS	915	18
	Landsat-2	1975-01-22			
	Landsat-3	1978-03-05			
第二代	Landsat-4	1982-07-16	MSS/TM		
	Landsat-5	1984-03-01	TM		
第三代	Landsat-6	1993-10-05（发射失败）	ETM	705	16
	Landsat-7	1999-04-15（目前仍在轨运行）	ETM+		
第四代	Landsat-8	2013-02-11（目前仍在轨运行）	OLI/TIRS		

Landsat 系列卫星搭载的传感器有反束光导管(RBV)摄像机、多光谱扫描仪(MSS)、专题制图仪(TM)3 种。Landsat-1～Landsat-3 上载有 RBV 和 MSS，Landsat-4、Landsat-5 装载了 TM 和 MSS，Landsat-7 上装有增强型专题制图仪(ETM+)，landsat-8 上搭载了陆地成像仪(OLI)和热红外传感器(TIRS)。Landsat 系列卫星的传感器和数据参数见表 3-5。

表 3-5　Landsat 系列卫星的主要传感器参数

卫星名称	传感器	通道号	波长/μm	空间分辨率/m
Landsat-1 Landsat-2	RBV	1	0.475～0.575	80
		2	0.580～0.680	
		3	0.690～0.830	
	MSS	4	0.5～0.6	80
		5	0.6～0.7	
		6	0.7～0.8	
		7	0.8～1.1	
Landsat-3	RBV	PAN	0.505～0.750	38
	MSS	4、5、6、7	同 Landsat-1、Landsat-2	80
		8	10.4～12.6	240
Landsat-4 Landsat-5	MSS	1、2、3、4	同 Landsat-1、Landsat-2 的 4、5、6、7	80
	TM	1	0.45～0.52	30

卫星名称	传感器	通道号	波长/μm	空间分辨率/m
		2	0.52～0.60	
		3	0.63～0.69	
		4	0.76～0.90	
		5	1.55～1.75	
		6	10.40～12.50	120
		7	2.08～2.35	30
Landsat-7	ETM+	1	0.450～0.515	30
		2	0.525～0.605	
		3	0.630～0.690	
		4	0.775～0.900	
		5	1.550～1.750	
		6	10.40～12.50	60
		7	2.090～2.35	30
		8	0.520～0.900	15
Landsat-8	OLI	1 (Costal)	0.43～0.45	30
		2 (Blue)	0.45～0.51	
		3 (Green)	0.53～0.59	
		4 (Red)	0.64～0.67	
		5 (NIR)	0.85～0.88	
		6 (SWIR1)	1.57～1.65	
		7 (SWIR2)	2.11～2.29	
		8 (PAN)	0.50～0.68	15
		9 (Cirrus)	1.36～1.38	30
	TIRS	10 (TIRS1)	10.6～11.19	100
		11 (TIRS2)	11.5～12.51	

2）SPOT 卫星

SPOT 对地观测卫星系统是由法国空间研究中心联合比利时和瑞典等一些欧洲国家设计、研制和发展起来的。为了确保服务的连续性,从 1986 年 2 月第一颗卫星 SPOT-1 发射以来,该系统每隔几年便发射一颗卫星,迄今已发射 7 颗卫星;其中,SPOT-1 和 SPOT-3 已退役。2012 年 9 月 9 日,SPOT-6 成功发射;2014 年 6 月 30 日,SPOT-7 成功发射。这两颗卫星的性能指标相同,均为高分辨率资源环境卫星。20 多年来,SPOT 对地观测卫星系统已经接收、存档了上千万幅的全球卫星数据,为广大客户提供了准确、丰富、可靠、动态的地理信息源,这些地理信息源被广泛应用于制图、陆地表面的资源与环境监测、构建 DTM 和城市规划等研究领域。

SPOT 系列卫星的轨道特征与 Landsat 系列卫星相同，也属于中等高度、近圆形、近极地/太阳同步轨道。目前正常运行的 SPOT 卫星有 SPOT-2、SPOT-4、SPOT-5、SPOT-6 和 SPOT-7。这 5 颗卫星共同组成了 SPOT 多星对地观测系统，该系统以垂直和倾斜观测这两种模式实现对地观测，从而使地球上 95%的地区每天都能获得系统中某一颗卫星的数据，大大提高了重复观测的能力（从单星的 26 天提高到 1～5 天）。而且 SPOT 多星对地观测系统的倾斜视角观测能力能够在不同的时间以不同的方向获取同一区域的两幅图像，以此形成立体像对，从而有了立体观测、绘制等高线、立体测图和立体显示的可能。

SPOT 系列卫星搭载的传感器包括高分辨率可见光扫描仪（HRV）、高分辨率可见光红外扫描仪（HRVIR）、高分辨率几何成像装置（HRG）和植被探测器 VEG（VEGETATION）以及高分辨率立体成像装置（HRS）。表 3-6 是 SPOT 系列卫星传感器的相关参数。

表 3-6　SPOT 系列卫星的主要传感器参数

卫星名称	传感器	波段	波长/μm	空间分辨率/m	视场宽度/km
SPOT-1 SPOT-2 SPOT-3	HRV	PAN	0.50～0.73	10	60
		xs1	0.50～0.59	20	
		XS2	0.61～0.68		
		XS3	0.78～0.89		
SPOT-4	HRVIR	PAN	0.61～0.68	10	60
		B1	0.50～0.59	20	
		B2	0.61～0.68		
		B3	0.78～0.89		
		MIR	1.58～1.75		
	VEGETATION1	B0	0.45～0.52	1000	2200
		B2	0.61～0.68		
		B3	0.78～0.89		
		MIR	1.58～1.75		
SPOT-5	VEGETATION2	同 SPOT-4 的 VEGETATION1			
	HRG	PAN	0.49～0.69	5	60
		B1	0.50～0.59	10	
		B2	0.61～0.68		
		B3	0.78～0.89		
		MIR	1.58～1.75	20	
	HRS	PA	0.49～0.69	10	120

3）中巴地球资源卫星

中巴地球资源卫星（CBERS-1）由我国与巴西于 1999 年 10 月 14 日合作发射，是我国第一颗与国外联合研制的数字传输型资源卫星，填补了我国地球资源卫星的空白，结束了长期依赖国外地球资源卫星数据的历史。中巴 CBERS 系列地球资源卫星已成功发射 5 颗，其中 CBERS-1、CBERS-2、CBERS-2B 已退役，CBERS-2C 和 CBERS-4 正常工作（CBERS-3 发射失败）。

CBERS-1 卫星采用太阳同步轨道，其轨道高度为 778km，倾角为 98.5°，重访周期为 26 天，相邻轨道间隔时间为 4 天，扫描带宽度为 185km。卫星上搭载了 CCD 传感器、红外多光谱扫描仪（IRMSS）、广角成像仪，提供了 20～256m 分辨率的 11 个波段不同幅宽的遥感数据，是资源卫星系列中有特色的一员。CBERS-2C 卫星搭载了 2 台 HR 相机（空间分辨率为 2.36m，幅宽为 54km）以及全色（PAN）与多光谱（MUX）相机（空间分辨率分别为 5m 和 10m，幅宽均为 60km）。CBERS-4 卫星搭载了 4 台相机，分别为巴西研制的 40m×80m 分辨率的红外多光谱扫描仪（IRMSS）和 73m 分辨率的宽视场成像仪（WFI）以及我国研制的 5m×10m 分辨率的全色相机和 20m 分辨率的多光谱相机。由表 3-7 可知，CBERS-1 在许多方面都与 Landsat 和 SPOT 卫星有相似之处，有些方面的性能指标甚至优于这两类卫星。

表 3-7　CBERS 系列卫星的主要传感器参数

传感器	波长/μm	地面分辨率/m	地面覆盖宽度/km
CCD 相机	B1：0.45～0.521		
	B2：0.52～0.59		
	B3：0.63～0.691	19.5	113
	B4：0.77～0.891		
	B5：0.51～0.731		
红外多光谱扫描仪	B6：0.50～1.10		
	B7：1.55～1.75	77.8	119.50
	B8：2.08～2.35		
	B9：10.4～12.5	156	
广角成像仪	B10：0.63～0.69	256	885
	B11：0.71～0.89		

4)"环境一号"小卫星

环境与灾害监测预报小卫星(简称"环境一号",代号 HJ-1)的 A、B 星(HJ-1-A、HJ-1-B)于 2008 年 9 月 6 日成功发射,为准太阳同步圆轨道,轨道高度 649km,轨道倾角 97.9486°,轨道运行周期 97.5605min。HJ-1-A 和 HJ-1-B 卫星上均装载了两台 CCD 相机,它们的设计原理完全相同,以星下点对称放置,平分视场、并行观测,联合完成的对地扫描宽度为 700km、地面像元分辨率为 30m,有 4 个谱段的推扫成像。此外,HJ-1-A 卫星还搭载了一台高光谱成像仪(HSI),HJ-1-B 卫星搭载了一台红外相机(IRS)。这两颗卫星的轨道完全相同,其相位相差 180°,两台 CCD 相机组网后的重访周期仅为 2 天。HJ-1-A 和 HJ-1-B 卫星传感器的主要参数见表 3-8。

表 3-8 HJ-1 卫星的主要传感器参数

卫星名称	传感器	波段号	光谱范围/μm	空间分辨率/m	幅宽/km
HJ-1-A	CCD 相机	1	0.43~0.52	30	360(单台) 700(两台)
		2	0.52~0.60		
		3	0.63~0.69		
		4	0.76~0.90		
	高光谱成像仪	—	0.45~0.95 (110~128 个谱段)	100	50
HJ-1-B	CCD 相机	1	0.43~0.52	30	360(单台) 700(两台)
		2	0.52~0.60		
		3	0.63~0.69		
		4	0.76~0.90		
	红外多光谱相机	5	0.75~1.10	150	720
		6	1.55~1.75		
		7	3.50~3.90		
		8	10.5~12.5	300	

5)高分辨率卫星

1994 年,美国政府允许私营企业经营图像分辨率不高于 1m 的高分辨率遥感卫星系统,并有条件地允许这些企业向国外提供卫星系统和销售图像。随着 1 m 分辨率卫星的成功发射和运营,2000 年美国太空成像公司和数字全球公司获准经营 0.5m 分辨率的商业成像卫星系统。当前最主要的高分辨率卫星有美国的 IKONOS、QuickBird、OrbView 等。

IKONOS 卫星于 1999 年 9 月 24 日发射成功,是世界上第一颗能够提供高分辨率卫星影像的商业遥感卫星。它的成功发射,不仅开创了崭新的商业化卫星影像标准,同时通过提供 1 m 分辨率的高清晰度卫星影像开拓了一种更快捷、更经济地获取最新基础地理信息的途径。

QuickBird 卫星于 2001 年 10 月由美国的 DigitalGlobe 公司发射,是目前世界上唯一能提供亚米级分辨率的商业卫星，具有引领行业的地理定位精度和海量星上存储，其单景影像比同期其他的商业高分辨率卫星高出 2～10 倍。QuickBird 卫星系统每年能采集 $7500×10^4 km^2$ 的卫星影像数据，且存档数据还在以很高的速度递增。它在我国境内每天至少有 2～3 个过境轨道，存档数据约 $500×10^4 km^2$。

GeoEye 公司的 OrbView-3 卫星是世界上最早提供高分辨率影像的商业卫星之一。该卫星能够提供 1m 分辨率的全色影像和 4m 分辨率的多光谱影像。1m 分辨率的影像能够清晰地反映出地面上的房屋、汽车等地物，并生成高精度的电子地图和三维飞行场景。4m 多光谱影像提供了彩色和近红外波段的信息，可以从高空中更深入地刻画城市、乡村和未开发土地的特征。

这些高分辨率卫星的主要参数见表 3-9。新一代高分辨卫星的图像更适合于对城市公用设施网和电信网的精确绘制、道路设计、设施管理、国家安全以及需要高度详细、精确的视觉和位置信息的其他应用。

表 3-9 主要高分辨率卫星的参数

卫星名称	IKONOS	QuickBird	OrbView-3
发射时间	1999/09/24	2001/10/19	2003/06/27
轨道高度	680km	450km	470km
轨道类型	太阳同步	太阳同步	太阳同步
重访周期	3d	1～6d	<3d
波段	B1: 0.45～0.53μm B2: 0.52～0.61μm B3: 0.64～0.72μm B4: 0.77～0.88μm PAN: 0.45～0.90μm	B1: 0.45～0.52μm B2: 0.52～0.60μm B3: 0.63～0.69μm B4: 0.76～0.90μm PAN: 0.45～0.90μm	B1: 0.45～0.52μm B2: 0.52～0.60μm B3: 0.625～0.695μm B4: 0.76～0.90μm PAN: 0.45～0.90μm
地面分辨率	1m(PAN) 4m(MS)	0.61m(PAN) 2.44m(MS)	1m(PAN) 4m(MS)

2. 气象卫星

1)气象卫星概述

气象卫星是对地球及其大气层进行气象观测的人造地球卫星，它能连续、快速、大面积地探测全球大气的变化情况。从 1960 年美国发射第一颗试验性气象卫星(TIROS-1)以来，全球已经有 100 多颗实验或业务性气象卫星进入不同的轨道。我国早在 20 世纪 70 年代就开始发展气象卫星，目前已发射 7 颗风云气象卫星，实现了极轨卫星和静止卫星的业务化运行，是继美国、俄罗斯之后第三个同时拥有极轨气象卫星和静止气象卫星的国家。

气象卫星有广泛的用途。静止气象卫星在对灾害性天气系统(包括台风、暴雨和植被生态)动态突变的实时连续观测方面具有突出能力。联合国世界气象组织的全球气象监测网计划(World Weather Watch)建立了由5颗静止气象卫星和2颗极轨气象卫星组成的全球观测网,通过该观测网可得到完整的全球气象资料。

气象卫星按所在轨道可分成地球静止轨道气象卫星(geostationary meteorological satellite,GMS)和太阳同步轨道气象卫星两类,后者也称为"极地轨道气象卫星(polar orbiting meteorological satellite,POMS)"。

2)极地轨道气象卫星

极地轨道气象卫星的轨道为低航高、近极地太阳同步轨道,高度为800～1600km,卫星南北向绕地球运转,能对东西宽约2800 km的带状地域进行观测。

极地轨道气象卫星可获得全球资料,能够提供中、长期数值天气预报所需要的数据资料。该卫星每天对全球表面巡视两遍,对某一地区每天进行两次气象观测,其观测间隔在12h左右,具有中等重访周期,但对同一地区不能进行连续观测,所以观测不到风速和变化快且生存时间短的灾害性小尺度天气现象。

目前,世界上主要的极地轨道气象卫星有美国的NOAA卫星、欧洲空间局的METOP卫星、俄罗斯的Meteor卫星以及我国的风云气象卫星等。

NOAA卫星是美国第三代气象卫星。从1970年1月23日发射第一颗NOAA卫星以来,美国已经相继发射了17颗。一颗NOAA卫星每天可以对同一地区观测2次(白天和夜晚),而由两颗NOAA卫星组成的双星系统,每天可以对同一地区获得4次观测数据。NOAA卫星除在气象领域的应用外,还广泛应用于非气象领域,如海洋油污监测、探测火山喷发、测定森林火灾和田野禾草燃烧位置,以及测定海洋涌流、探测植被生产力、农作物长势监测与作物估产、探测湖面水位变化等。NOAA卫星上搭载的主要传感器有甚高分辨率扫描辐射计(AVHRR)和泰罗斯垂直分布探测仪(TIROS operational vertical sounder,TOVS)。

"风云一号"气象卫星(FY-1)属于近极地太阳同步气象卫星,是我国第一代气象观测卫星。该卫星携带了多光谱可见光红外扫描辐射仪,可获取昼夜可见光、红外卫星云冰雪覆盖、植被、海洋水色和海面温度等资料,能够为天气预报、减灾防灾、科学研究和政府部门的决策服务。从1988年开始,我国已经发射了4颗FY-1卫星;其中,FY-1A/1B卫星为试验卫星,FY-1C/1D卫星为业务卫星。目前,FY-1D卫星仍在正常工作。

"风云三号"气象卫星(FY-3)是在FY-1卫星的基础上发展起来的我国第二代极轨气象卫星,能够获取全球、全天候、三维、定量、多光谱的大气、地表和海表特性参数。FY-3A卫星已经于2008年5月7日成功发射。

3)地球静止轨道气象卫星

地球静止轨道气象卫星又称为"高轨地球同步轨道气象卫星",位于赤道上空近36000km高度处。该类卫星的轨道为圆形轨道,轨道倾角为0°,绕地球一周需24h,卫星公转角速度和地球自转角速度相等,与地球相对静止,卫星看起来似乎是固定在天空中的某一点。

地球静止轨道气象卫星可进行连续的观测，所以对天气预报有很好的时效，适用于地区性短期气象业务。对某一固定地区可每隔 20～30min 获得一次观测资料，部分地区由于轨道重叠甚至可以被每隔 5min 观测一次。因此，该类卫星具有很高的时间分辨率，其重访周期极短，有利于捕捉地面上快速且动态变化的信息；同时有利于高密度的动态遥感研究，如日变化频繁的大气、海洋动力现象研究等。

目前主要的地球静止轨道气象卫星有美国的 GOES 卫星、欧洲空间局的 METEOSAT 卫星、日本的 GMS/MITSAT 卫星、俄罗斯的 GOMS 卫星、印度的 INSAT 卫星以及我国的"风云二号"气象卫星。

"风云二号"气象卫星(FY-2)是我国自行研制的第一代静止业务气象卫星。FY-2A、FY-2B 卫星分别于 1997 年 6 月和 2000 年 6 月成功发射；FY-2C 和 FY-2D 卫星分别于 2004 年 10 月 19 日和 2006 年 12 月 8 日成功发射，目前在轨运行并提供应用服务。FY-2 卫星搭载的多通道可见光红外自旋扫描辐射计，可以在非汛期每小时、汛期每半小时获取约覆盖 1/3 地球表面的一幅地球全景图像。利用可见光通道可得到白天的云和地表反射的太阳辐射信息，用红外通道可得到昼夜云和地表发射的红外辐射信息，用水汽通道可得到对流层中、上部大气中的水汽分布信息。

3. 海洋卫星

海洋卫星主要被用于对海洋温度场进行动态监测，包括海流的位置、界线、流向、流速，海浪的周期、速度、波高，水团的温度、盐度、颜色、叶绿素含量，海水的类型、密集度、数量、范围以及水下信息、海洋环境等。

美国于 1978 年 6 月 22 日发射了世界上第一颗海洋卫星 Seasat-1，开创了海洋卫星遥感的新纪元。随后苏联、日本、法国和欧洲空间局等相继发射了一系列大型的海洋卫星。这些卫星一般载有光学传感器(如水色扫描仪、主动区微波遥感器、散射计、SAR 等)和被动式微波传感器等多种海洋遥感有效载荷，可提供全天时、全天候的海况实时资料。

海洋卫星大致可分为 3 类，其用途和搭载的主要传感器见表 3-10。

1)海洋水色卫星

海洋水色卫星的测量对象是离水辐射率，该卫星主要用于对海水叶绿素浓度、悬浮泥沙含量、可溶有机物和污染物等海洋水色要素的探测，以获取海洋初级生产力、水体浑浊度和有机(无机)污染等信息，为了解全球气候、海洋生物资源的开发与利用、海洋污染的监测与防治、河口和航道以及海水养殖场、水下军事工程建设和潜艇的探测与反探测等提供科学依据和基础数据。海洋水色卫星主要有美国的 SeaStar 卫星、欧洲空间局的 ENVISAT 卫星、日本的 ADEOS 卫星、印度的 IRS 卫星、韩国的 Kompsat 卫星以及我国的 HY-1 卫星。

2)海洋地形卫星

海洋地形卫星主要通过卫星上装载的雷达高度计测量海面高度和对海洋地形进行探

测，同时可获得海面风速和有效波高的信息。通过对海面高度的测量可获得大地水准面、海洋重力场、海底地形和地层结构等信息。这些信息对了解全球的气候变化、海洋大中尺度动力过程、灾害性天气、海床构造、海底矿物资源开发至关重要。海洋地形卫星主要有美国和法国合作开发的 Topex/Poseidon 和 Jason-1 卫星以及美国自行研制的 LaserALT-1 和 LaserALT-2 卫星等。

3）海、陆、空多目标的海洋环境卫星

海、陆、空多目标的海洋环境卫星通过搭载雷达高度计、微波散射计、红外辐射计和合成孔径雷达，可以探测海面的风速和风向、测量海面温度以及对海冰、海浪、中尺度过程、浅海地形和溢油污染等进行监测。海、陆、空多目标的海洋环境卫星主要有欧洲空间局的 ERS-1 和 ERS-2 卫星、美国的 QuickSCAT 卫星、加拿大的 Radarsat 卫星以及我国的 HY-2 卫星等。

我国首颗海洋探测卫星"海洋一号"（HY-1）与"风云-1D"气象卫星，于 2002 年 5 月 15 日同时被发射升空。HY-1A 及 HY-1B 卫星载有一台 10 波段海洋水色水温扫描仪（COCTS）和一台 4 波段海岸带成像仪（CZD）。这两颗卫星以可见光和红外线探测水色、水温为主，为海洋环境的监测、海洋生物资源的合理开发与利用、海岸带资源的调查与开发、海洋科学研究等提供基础数据和科学依据。

我国的"海洋二号"卫星（HY-2）为海洋动力环境卫星，于 2011 年 8 月 16 日被发射升空。HY-2 卫星集主、被动微波遥感器于一体，并载有雷达高度计、微波散射计、扫描微波辐射计和校正微波辐射计以及 DORIS、双频 GPS 和激光测距仪，具有高精度测轨、定轨能力以及全天候、全天时的全球探测能力。其主要使命是监测和调查海洋环境，获得包括海面风场、浪高、海流、海面温度等在内的多种海洋动力环境参数，以此直接为灾害性海况预警、预报提供实测数据，为海洋防灾减灾、海洋权益维护、海洋资源开发、海洋环境保护、海洋科学研究以及国防建设等提供支撑服务。

表 3-10　海洋卫星的用途及其传感器

卫星类别	主要用途	主要传感器	典型卫星
海洋水色卫星	探测叶绿素、悬浮泥沙、可溶有机物、海面温度(可选)、污染、海冰、海流等	海洋水色仪、CCD 相机、中分辨率成像光谱仪	SeaStar(美国)(1997 年 8 月发射，现仍在运行)
海洋地形卫星	探测海面高度、大地水准面、洋流、潮汐、冰面拓扑、海床拓扑、海洋重力场、海面风速、有效波高等	雷达高度计、微波辐射计	Topex/Poseidon (美、法)(1992 年 8 月发射，现仍在运行)
海洋环境卫星	除海洋地形卫星的探测项目外，还可以探测海面风场、海面浪场、海面温度、内波、涡旋、水下地形等	合成孔径雷达、雷达高度计、微波辐射计、微波散射计、红外辐射计	ERS-1 和 ERS-2(欧洲空间局)(1991 年 7 月和 1995 年 4 月发射，ERS-2 现仍在运行)

3.4　摄影测量技术

3.4.1　摄影测量学的定义和发展

1. 摄影测量学的定义

摄影测量学的英文名称是"Photogrammetry"，其基本含义是基于像片的量测和解译。传统的摄影测量学是利用光学摄影机获取像片，将其处理后获取被摄物体的形状、大小、位置、特性和相互关系的一门科学与技术。随着摄影测量的发展，摄影测量与遥感之间的界限越来越模糊，而它们之间的结合越来越紧密。王之卓先生说："摄影测量学的发展历史就是遥感的发展历史，它们的目的相同，只是各自所处的科技发展历史时期不同，可以说摄影测量学发展到数字摄影测量阶段就是遥感。"

正因为如此，国际摄影测量与遥感学会(International Society of Photogrammetry and Remote Sensing，ISPRS)于 1988 年在日本京都召开的第十六届大会上给出了摄影测量与遥感的定义，摄影测量与遥感是从非接触传感器系统中获得影像，通过记录、量测、分析与数字表达等处理，获取地球及其环境和其他物体可靠信息的一门工艺、科学和技术。

摄影测量与遥感，两者的理论基础、技术手段、生产设备和应用目的等已趋于一致。在 1980 年的汉堡大会上，国际摄影测量学会正式更名为"国际摄影测量与遥感学会"。摄影测量与遥感在以下几个方面有不同的侧重点：①成像方面——摄影测量侧重于可见光成像，遥感侧重于多光谱成像；②信息处理——摄影测量侧重于提取几何信息，遥感侧重于提取物理信息；③应用方面——摄影测量侧重于提供基础地理信息，遥感侧重于对资源环境的探测与监测；④成果表达——摄影测量的成果表达侧重于大比例尺的普通地形图，遥感侧重于中、小比例尺的专题地图。

2. 摄影测量学的发展

摄影测量学的发展可分为 3 个阶段：模拟摄影测量、解析摄影测量和数字摄影测量。模拟摄影测量是在室内利用光学或者机械的方法模拟摄影过程，它会先恢复摄影时的像片方位、建立实地的缩小模型，然后在模型上进行测量。模拟摄影测量主要依赖摄影测量内业测量设备，其重点是在仪器研制上，仪器的价格非常昂贵。

在计算机出现以后，以利用计算机解算共线方程并交会出目标空间位置的"数字投影"代替了模拟摄影测量阶段的光学机械"物理投影"，摄影测量学进入了解析摄影测量阶段。这个阶段的主要设备是解析测图仪，仪器的价格仍然很贵。

解析摄影测量进一步发展后就是数字摄影测量。数字摄影测量利用的是数字影像，在测量过程中几乎所有的工作都交给计算机完成，只有少量的人工干预。摄影测量学 3 个发展阶段的特点见表 3-11。

表 3-11 摄影测量学 3 个发展阶段的特点

发展阶段	原始资料	投影方式	仪器	操作方式	产品
模拟摄影测量	像片	物理投影	模拟测图仪	作业员手工	模拟产品
解析摄影测量	像片	数字投影	解析测图仪	机助作业员操作	模拟产品 数字产品
数字摄影测量	数字化影像、 数字影像	数字投影	计算机	自动化操作+ 作业员干预	数字产品 模拟产品

3.4.2 摄影测量的基础知识

3.4.2.1 摄影测量的理论基础

通过"摄影"进行"测量"就是摄影测量，具体而言，就是通过量测摄影所获得的影像来获取空间物体的几何信息。它的基本原理来自测量中的前方交会。如图 3-53 所示，在两个已知测站 1、2 中安置经纬仪，并照准同一个目标点 A，测定水平角 α_1、α_2 和垂直角 β_1、β_2，这样就可以根据两个测站的已知坐标 (X_1,Y_1,Z_1) 和 (X_2,Y_2,Z_2) 求得未知点 A 的坐标 (X,Y,Z)。

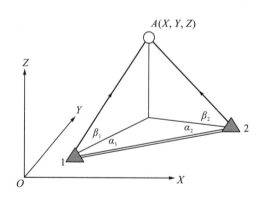

图 3-53 前方交会

摄影测量是把经纬仪换成摄影机，先在两个相邻已知测站(简称"摄站")上对同一目标摄取两张具有一定重叠度的影像(简称"立体像对")，然后在室内利用摄影测量仪器量测这两张影像上的同名点 a_1 和 a_2 (空间中同一个点在左、右影像上的像点，称为"同名点")的影像坐标 (x_1,y_1) 和 (x_2,y_2)，将这两点交会后就得到了空间点 A 的空间坐标 (X,Y,Z)。

摄影测量的前方交会原理如图 3-54 所示，S_1、S_2 表示左、右摄站，p_1、p_2 表示摄取的左、右影像，a_1、a_2 表示空间点 A 在左、右影像上的同名点。通过像点 a_1 能获得摄影光线 S_1a_1 的水平角 α、垂直角 β。它与经纬仪一样，利用两张影像获得的同名光线(同一目标点向不同摄站投射出的构成同名点的一对光线，称为"同名光线"）S_1a_1 和 S_2a_2 能够交会出空间点 A (X,Y,Z)。

与逐"点"测量相比，摄影测量是对"面"（影像）的测量。摄影测量可以先利用在不同位置对同一目标摄取的多张影像（至少一个立体像对）构建物体的三维模型，然后在室内对三维模型进行测量。立体像对是摄影测量进行三维坐标量测的基础。

当把两个已知测站上的经纬仪换成摄影机并摄取立体像对后，若恢复两张影像在摄影时的空间关系，则就能使同名光线相交。此时通过量测这两张影像上的同名点 a_1 和 a_2 的影像坐标 (x_1,y_1) 和 (x_2,y_2)，就能通过同名光线的前方交会求得空间点 A 的坐标 (X,Y,Z)。因此，摄影测量可以被看作是由二维影像坐标量测得到三维空间坐标的科学与技术。

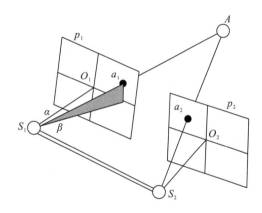

图 3-54　摄影测量的前方交会

3.4.2.2　摄影测量的相关概念

1. 摄影比例尺和摄影航高

摄影比例尺，又称为"像片比例尺"，其严格的定义为：摄影像片上一线段长为 l 的影像与地面上相应线段水平距离 L 的比。由于航空摄影时航摄像片不能严格地保持水平，再加上地形起伏，所以航摄像片上的影像比例尺均不相等。这里所说的摄影比例尺是指平均的比例尺，当取摄区内的平均高程面作为摄影基准面时，摄影机的物镜中心与基准面的距离被称为"摄影航高"，一般用 H 表示。摄影比例尺可表示为

$$\frac{1}{m}=\frac{f}{H} \tag{3-45}$$

式中，f 表示摄影机主距。摄影瞬间摄影机物镜中心相对于平均海水面的航高称为"绝对航高"，而相对于其他某一基准面或某一点的高度均为"相对航高"。

摄影比例尺越大，像片的地面分辨率越高，摄影工作量与费用也越高。因此，应根据测绘地形图的要求来确定摄影比例尺。当选定摄影机和摄影比例尺后（即 f 和 m 已知），根据式（3-45）可以计算出摄影航高 H，航空摄影时要求按照航高开展飞行摄影。当然，飞

机在飞行中很难准确地按设计的航高飞行，但是航高差异一般不得大于 5%；同一航线内，各摄站的航高差异不得大于 50m。

2. 航空摄影过程

在航空摄影前，除了要设计飞机的航高以外，还要提前规划飞机的飞行航线。航空摄影过程是按照事先设计的航高并沿规划的航线一边飞行一边对测图区域进行摄影的过程。航线是相互平行的直线，飞机飞完一条航线后，顺序进入相邻的下一条航线，直到摄完整个测图区域为止，如图 3-55 所示。

图 3-55　航空摄影过程

为了满足测图的需要，在同一条航线上，相邻的两张像片应有一定范围的影像重叠，即"航向重叠"；相邻航线之间的像片也应有足够的重叠，即"旁向重叠"。航向重叠一般要求为 60%～65%，最小不得小于 53%；旁向重叠一般要求为 30%～40%，最小不得小于 15%。否则会出现航摄漏洞，需要在航测外业进行补救。

3. 正射投影与中心投影

在投影中，若投影线相互平行，则称为"平行投影"（图 3-56）；若所有的投影线相互平行且垂直于投影面，则称为"正射投影"（图 3-57）；若投影线会聚于一点 s，则称为"中心投影"，会聚点 s 称为"投影中心"（图 3-58）。航摄像片是地面的中心投影。

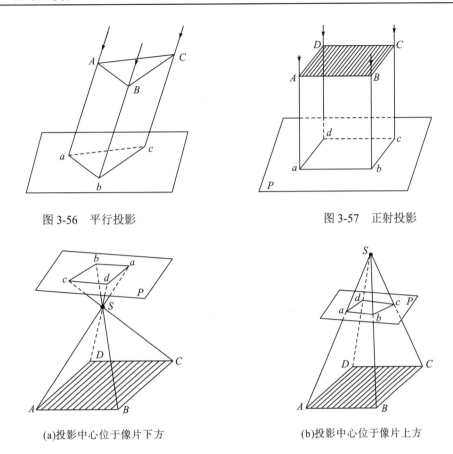

图 3-56　平行投影　　　　　　　　　　　　　图 3-57　正射投影

(a)投影中心位于像片下方　　　　　　　　　(b)投影中心位于像片上方

图 3-58　中心投影

4. 摄影测量中特殊的点、线、面

对于地面水平的倾斜航摄像片，像平面与地平面之间存在着透视对应关系，理解其中一些特殊的点、线和面，有助于分析航摄像片的几何特性。如图 3-59 所示，E 表示地平面，P 表示倾斜像片。过摄影中心 S 作地平面 E 的垂线，其与像片面 P 的交点 n 称为"像底点"，与平面 E 的交点 N 称为"地底点"，S 到 N 的距离为航高 H。过 S 点作像片面 P 的垂线 So，即为"主光轴"。主光轴与像片面 P 的交点 o 称为"像主点"，垂距 f 称为"主距"。过 S 点作 $\angle oSn$ 的平分线，其与像片面 P 的交点 c 称为"等角点"。夹角 $\angle oSn$ 的大小 α 就是像片的倾角。过铅垂线 Sn 与主光轴 So 所作的平面 W，称为像片的"主垂面"。主垂面与像片面 P 的交线 v'，称为像片的"主纵线"。主纵线表示像片面 P 的最大倾斜方向线，其在地面上的投影代表了地面上的摄影方向线。

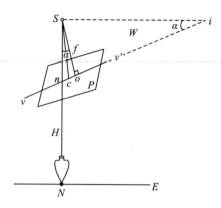

图 3-59　摄影测量中特殊的点、线、面

5. 倾斜误差和投影误差

航摄像片是地面的中心投影。在理想情况下，地面水平，像片也水平(图 3-60)。此时的像片就是地面按摄影比例尺缩小的地图，但不是一般的按地图符号表示的线划图，而是影像，故称为"影像图"。

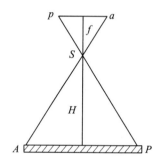

图 3-60　理想情况

在实际中，像片一般不水平，地面也会有起伏，这时候地面点经过中心投影后的像点会偏离正确的位置，即产生了像点位移。像点位移有两种：一种是由像片倾斜引起的像点位移，称为"倾斜误差"；另一种是由地形起伏引起的像点位移，称为"投影误差"。

倾斜误差，如图 3-61 所示。P_0 和 P 是同一个摄站的水平像片和倾斜像片，S 是摄影中心，地面点 A 在水平像片 P_0 上的像点是 a_0、在倾斜像片 P 上的像点是 a。若把水平像片旋转到与倾斜像片重合，则在倾斜像片上，a 和 a_0 并不重合，有一段 aa_0 的距离误差，这就是倾斜误差(由像片倾斜引起)。

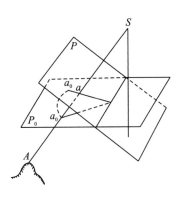

图 3-61 航摄像片的倾斜误差

投影误差, 如图 3-62 所示。 T_0 是起始面, A 点高出起始面。 根据中心投影可知, A 点在像片上的像点是 a , 如果地面没有起伏, 那么 A 点应该在 A_0 点位置, 而 A_0 点在像片上的像点是 a_0 , 显然像片上 a 和 a_0 两点并不重合, aa_0 是由地形起伏引起的像点位移, 也就是地面点 A 的投影误差。

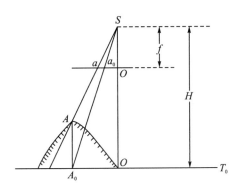

图 3-62 航摄像片的投影误差

如果像点有位移, 那么影像就会几何变形, 此时不能将影像视为影像图。 摄影测量的任务之一, 就是通过单张像片制作影像图。 当地面水平(平坦地区)、 影像不水平时, 只有通过纠正(即将倾斜影像变换为水平影像), 才能使它成为影像图; 当地面不水平(地形有起伏)时, 只有通过正射纠正才能将影像变换为影像图。

3.4.2.3 摄影测量的常用坐标系

摄影测量进行几何处理的任务是根据像片上像点的位置确定相应地面点的空间位置。 因此, 必须选择适当的坐标系来定量地描述像点和地面点, 才能实现坐标系的变换, 利用像方测量值求出相应点在物方的坐标。 摄影测量中常用的坐标系有两类: 一类用于描述像点的位置, 称为"像方坐标系"; 另一类用于描述地面点的位置, 称为"物方坐标系"。

1. 像方坐标系

像方坐标系用于描述像点的平面坐标和空间坐标，它包括以下 3 种坐标系。

1）像平面坐标系

像平面坐标系是以像主点为原点的右手平面坐标系，用于表示像片上的位置，以 $O\text{-}xy$ 表示，如图 3-63(a) 所示；但在实际应用中，常采用框标连线的交点为原点的右手平面坐标系 $P\text{-}xy$，即"像片框标坐标系"，如图 3-63(b) 所示。x、y 轴的方向按需要设定，可选取与航线方向相近的连线为 x 轴；若框标位于像片的 4 个角上，则以对角框标连线交角的平分线确定 x、y 轴。

在摄影测量解析计算中，像点的坐标应采用以像主点为原点的像平面坐标系的坐标。当像主点与框标连线的交点不重合时，需将像片框标坐标系的原点平移至像主点，如图 3-63(c) 所示。若像主点在像片框标坐标系中的坐标为 (x_0, y_0)，则测量出的像点坐标 x、y 经化算后在以像主点为原点的像平面坐标系中的坐标为 $(x - x_0, y - y_0)$。

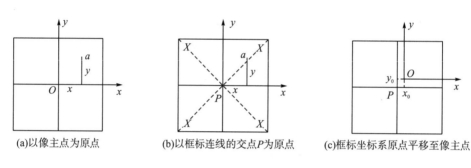

(a)以像主点为原点   (b)以框标连线的交点P为原点   (c)框标坐标系原点平移至像主点

图 3-63   像片平面坐标系

2）像空间坐标系

为了便于像点的空间坐标变换，需要建立能够描述像点在像空间中位置的坐标系，即像空间坐标系。以摄影中心 S 为坐标原点，x、y 轴与像平面坐标系的 x、y 轴平行，z 轴与主光轴重合，可形成像空间右手直角坐标系 $S\text{-}xyz$，如图 3-64 所示。在这个坐标系中，

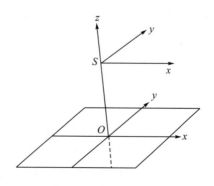

图 3-64   像空间坐标系

每一个像点的 z 坐标都等于 $-f$，而 x、y 坐标就是像点的像平面坐标 x、y，因此像点的像空间坐标可以被表示为 $(x,y,-f)$。像空间坐标系依据像片的空间位置而定，每张像片的像空间坐标系各自独立。

3）像空间辅助坐标系

像点的像空间坐标可以直接从像片平面坐标中得到，但由于每张像片的像空间坐标系不统一，因此给计算带来了困难。于是，需要建立一种相对统一的坐标系，即"像空间辅助坐标系"，用 S-XYZ 表示。此坐标系的原点仍被选在摄影中心 S，对坐标轴的选择可依据需要而定，通常有 3 种选取方法：第一种如图 3-65(a)所示，它取铅垂方向为 Z 轴、航向为 X 轴，由此构成右手直角坐标系；第二种如图 3-65(b)所示，它以每条航线内第一张像片的像空间坐标系作为像空间辅助坐标系；第三种如图 3-65(c)所示，它以每个像片对的左片摄影中心为坐标原点、摄影基线（像片对摄影中心的连线）方向为 X 轴、摄影基线及左片主光轴构成的面作为 XZ 平面，过原点且垂直于 XZ 平面的轴为 Y 轴，由此构成了右手直角坐标系。

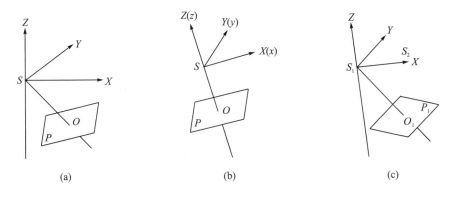

图 3-65　像空间辅助坐标系

2. 物方坐标系

物方坐标系用于描述地面点在物方空间的位置，它包括以下 3 种坐标系。

(1)摄影测量坐标系。将像空间辅助坐标系 S-XYZ 的坐标原点沿着 Z 轴的反方向平移至地面点 P，由此得到的坐标系 $P\text{-}X_PY_PZ_P$ 称为"摄影测量坐标系"，如图 3-66 所示。由于它的坐标轴与像空间辅助坐标系平行，因此很容易由像点的像空间辅助坐标系求得相应地面点的摄影测量坐标系。

(2)地面测量坐标系。地面测量坐标系通常指地图投影坐标系，也就是国家测图中所采用的用于高斯-克吕格投影的平面直角坐标和高程系。由这两者组合而成的空间直角坐标系是左手，用 $T\text{-}X_tY_tZ_t$ 表示，如图 3-66 所示。通过摄影测量方法求得的地面点坐标，最后都要以此种坐标形式提供给用户。

(3)地面摄影测量坐标系。摄影测量坐标系是右手坐标系而地面测量坐标系是左手坐标系，这给由摄影测量坐标到地面测量坐标的转换带来了困难。因此，需要在这两者之间建立一个过渡性的坐标系，即"地面摄影测量坐标系"，用 $D\text{-}X_{tp}Y_{tp}Z_{tp}$ 表示。其坐标原点在测区内的某一地面点上，X_{tp} 轴与 X_P 轴的方向基本一致且为水平，Z_{tp} 轴的方向为铅垂方向，由此构成了右手直角坐标系，如图 3-66 所示。在摄影测量中，先要将摄影测量坐标转换为地面摄影测量坐标，然后将其转换成地面测量坐标。

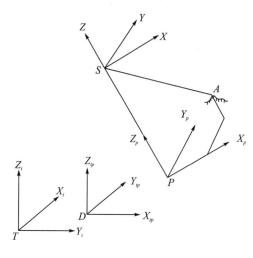

图 3-66   物方坐标系

3.4.2.4   像片的内、外方位元素

当用摄影测量方法研究被摄物体的几何和物理信息时，必须建立该物体与像片之间的数学关系。为此，首先要确定摄影瞬间摄影中心与像片在所选定的物方坐标系中的位置与姿态，而描述这些位置和姿态的参数称为像片的"方位元素"。方位元素包括内方位元素和外方位元素。

1. 内方位元素

内方位元素是描述摄影中心与像片之间相关位置的参数，它包括 3 个参数：摄影中心 S 到像片的垂距（主距）f 以及像主点 O 在像片框标坐标系中的坐标 x_0 和 y_0，如图 3-67 所示。

内方位元素一般被视为已知，它可由摄影机制造商通过摄影机鉴定设备的检测得到，也可由用户通过对摄影机的检校得到。在摄影机的设计和制造过程中，一般要求像主点正好位于框标连线的交点上；但在摄影机的实际安装和使用过程中会出现误差和小的位移，即内方位元素中的 x_0 或 y_0 是一个微小值。内方位元素的正确与否，将直接影响测图精度，因此必须对摄影机定期检测。

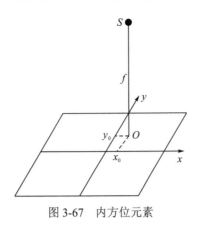

图 3-67　内方位元素

2．外方位元素

在恢复内方位元素(即恢复摄影光束)的基础上，用于确定摄影光束摄影瞬间空间位置和姿态的参数称为"外方位元素"。一张像片的外方位元素包括 6 个参数，其中 3 个是直线元素，用于描述摄影中心的空间坐标值；另外 3 个是角元素，用于描述像片的空间姿态。

1)3 个直线元素

3 个直线元素反映摄影瞬间摄影中心在选定的地面空间坐标系中位置的坐标值，通常选用地面摄影测量坐标系，S 点在该坐标系中的坐标为(X_S,Y_S,Z_S)，如图 3-68 所示。

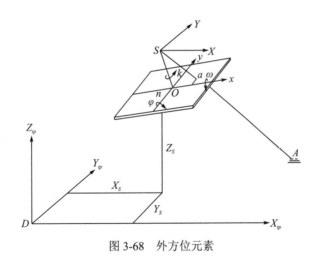

图 3-68　外方位元素

2)3 个角元素

3 个外方位角元素可被看作由摄影机的主光轴从起始的铅垂方向绕空间坐标轴并按某种次序连续地进行 3 次旋转而成。先绕第一轴旋转一个角度，其余两轴的空间方位随之变化；再绕变动后的第二轴旋转一个角度，两次旋转可恢复摄影机主光轴的空间方位；最后绕经过两次转动后的第三轴(即主光轴)旋转一个角度,即像片在自身平面内绕像主点旋转一个角度。

所谓第一轴是绕它旋转第一个角度的轴，也称为"主轴"，其空间方位不变。第二轴也称为"副轴"，当绕主轴旋转时，其空间方位将发生变化。当采用不同的坐标轴作为旋转主轴时，角元素的表达形式是不同的，下面仅以 Y 轴为主轴的 φ-ω-κ 转角系统为例来说明外方位角元素 φ、ω、κ 的表示方法。

以摄影中心 S 为原点，建立像空间辅助坐标系 S-XYZ，其坐标轴与地面摄影测量坐标系 D-$X_{tp}Y_{tp}Z_{tp}$ 相互平行，如图 3-68 所示。其中，φ 表示航向倾角，可被理解为绕主轴（Y 轴）旋转形成的一个角度；ω 表示旁向倾角，它是绕副轴（绕 Y 轴旋转 φ 角后的 X 轴在图中未被表示出）旋转形成的一个角度；κ 表示像片旋角，它是绕第三轴（经过 φ、ω 角旋转后的 Z 轴，即主光轴 SO）旋转形成的一个角度。

对于转角的正、负号，国际上规定绕轴按逆时针方向旋转（从旋转轴正向的一端面对着坐标原点看）为正；反之，为负。我国习惯上规定 φ 角以顺时针方向旋转为正，ω、κ 角以逆时针方向旋转为正。

综上所述，一张像片的外方位元素包括 6 个参数（X_S、Y_S、Z_S、φ、ω 和 κ）。像片的内、外方位元素一旦被确定，就能恢复摄影光束的形状和空间位置，重建被摄景物的立体模型，获取地面景物的几何和物理信息。

3.4.3　摄影测量的基本原理与方法

3.4.3.1　中心投影的构像方程

航摄像片是地面景物的中心投影，地图是地面景物的正射投影，这是两种不同性质的投影。摄影测量影像信息处理的重要内容之一，就是把中心投影的影像变换成正射投影的地图（影像图）。因此，需要理解中心投影的构像方程。

如图 3-69 所示，根据中心投影的性质，像点 a、摄影中心 S 和地面点 A 这 3 个点位于同一条直线上，它们之间的关系满足中心投影的构像方程。

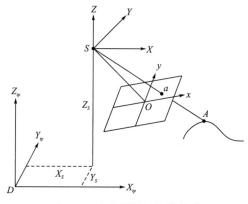

图 3-69　中心投影的构像关系

$$\left.\begin{aligned}
x &= -f\,\frac{a_1(X-X_S)+b_1(Y-Y_S)+c_1(Z-Z_S)}{a_3(X-X_S)+b_3(Y-Y_S)+c_3(Z-Z_S)} \\
y &= -f\,\frac{a_2(X-X_S)+b_2(Y-Y_S)+c_2(Z-Z_S)}{a_3(X-X_S)+b_3(Y-Y_S)+c_3(Z-Z_S)}
\end{aligned}\right\} \tag{3-46}$$

由于式(3-46)描述的是像点、摄影中心、相应地面点之间的三点共线关系，所以又称为"共线方程"。共线方程包括 12 个参数：以像主点为原点的像点坐标(x,y)、相应的地面点坐标(X,Y,Z)、主距f和外方位元素X_S、Y_S、Z_S、φ、ω、κ；其中，a_i、b_i、c_i（$i=1, 2, 3$）是由 3 个外方位角元素φ、ω、κ所生成的3×3正交旋转矩阵R中的 9 个元素。如前面所描述的，当采用不同的坐标轴作为旋转主轴时，外方位角元素的表达形式是不同的，这里仍以$\varphi\text{-}\omega\text{-}\kappa$转角系统为例。此时，正交旋转矩阵$R$中的 9 个元素可由式(3-47)计算得出。

$$\left.\begin{aligned}
a_1 &= \cos\varphi\cos\kappa - \sin\varphi\sin\omega\sin\kappa \\
a_2 &= -\cos\varphi\cos\kappa - \sin\varphi\sin\omega\sin\kappa \\
a_3 &= -\sin\varphi\cos\omega \\
b_1 &= \cos\omega\sin\kappa \\
b_2 &= \cos\omega\cos\kappa \\
b_3 &= -\sin\omega \\
c_1 &= \sin\varphi\cos\kappa - \cos\varphi\sin\omega\sin\kappa \\
c_2 &= -\sin\varphi\sin\kappa + \cos\varphi\sin\omega\cos\kappa \\
c_3 &= \cos\varphi\cos\omega
\end{aligned}\right\} \tag{3-47}$$

需要说明的是，在共线方程中，像点的坐标(x,y)是以像主点为原点的像平面坐标系中的坐标。如前面所描述的，在实际应用中，常采用像片框标坐标系作为像平面坐标系。当像主点与像片框标坐标系的原点(框标连线的交点)不重合时，需将像片框标坐标系的原点平移至像主点。当像主点在像片框标坐标系中的坐标为(x_0, y_0)时，像点坐标x、y经化算后在以像主点为原点的像平面坐标系中的坐标应为$(x-x_0,\ y-y_0)$。此时，共线方程可被表示为式(3-48)。其中，x_0、y_0和主距f就是像片的内方位元素。

$$\left.\begin{aligned}
x-x_0 &= -f\,\frac{a_1(X-X_S)+b_1(Y-Y_S)+c_1(Z-Z_S)}{a_3(X-X_S)+b_3(Y-Y_S)+c_3(Z-Z_S)} \\
y-y_0 &= -f\,\frac{a_2(X-X_S)+b_2(Y-Y_S)+c_2(Z-Z_S)}{a_3(X-X_S)+b_3(Y-Y_S)+c_3(Z-Z_S)}
\end{aligned}\right\} \tag{3-48}$$

根据共线方程，若已知 3 个控制点的地面坐标和它们相应的像点坐标，则可以求解出 6 个外方位元素；若已知地面点坐标和外方位元素，则可以求解出地面点相应的像点坐标；若已知立体像对的外方位元素和同名点的像点坐标，则可以求解出相应的地面点坐标(X,Y,Z)。因此，共线方程是摄影测量中最重要的方程，它贯穿整个摄影测量，是空间后方交会、空中三角测量、数字测图和数字纠正(正射)的基础。

3.4.3.2 确定影像外方位元素的方法

若知道每张像片的 6 个外方位元素，则能恢复像片与被摄地面之间的相互关系，重建地面的立体模型，并利用立体模型提取目标的几何和物理信息。因此，如何确定像片的外方位元素，一直是摄影测量关心的问题。

1. 确定单张像片的外方位元素

确定单张像片外方位元素的方法是利用单像空间后方交会。其基本思想是：利用一定数量的地面控制点并根据共线方程反求出像片的外方位元素。这种方法是以单张像片为基础的，故称为"单像空间后方交会"。

单像空间后方交会，如图 3-70 所示，它需要利用地面上(至少)3 个已知控制点 A、B、C 的空间坐标及其在影像上所对应 a、b、c 的像点坐标。因为每个点可以列出 2 个共线方程，所以 3 个已知控制点可以列出 6 个方程，据此可求解出 6 个外方位元素(X_S，Y_S，Z_S，φ，ω，κ)。由于测量误差，进行空间后方交会时一般至少需要已知地面上的 4 个控制点，然后采用最小二乘法平差求解 6 个外方位元素。

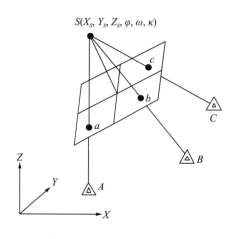

图 3-70　单像空间后方交会

2. 确定立体像对的外方位元素

同时确定立体像对中两张像片外方位元素的方法，称为"相对定向与绝对定向"。其基本思想是：先暂不考虑像片的绝对位置和姿态，只恢复两张像片之间的相对位置和姿态(这样建立起来的立体模型称为"相对立体模型"，其比例尺和方位均是任意的)；然后，在此基础上，将这两张像片作为一个整体进行平移、旋转和缩放，以达到绝对位置。

1)相对定向

确定两张影像相对位置的方法，称为"相对定向"。相对定向无须外业控制点就能建立起地面的相对立体模型。相对定向的唯一标准是两张影像上所有同名点的同名光线对对相交。在没有恢复立体像对的相对位置之前，同名点的投影光线 S_1a_1 和 S_2a_2 在空间中不相交，两条同名光线在空间中"交叉"，如图 3-71 所示，投影点 A_1 和 A_2 在 Y 方向上的距离 Q 称为"上下视差"。因此，消除所有同名光线的上下视差就能使同名光线对对相交，实现相对定向。

　　一般确定立体像对的相对位置时有两种方法：第一种是将摄影基线固定水平，即"单独像对相对定向"；第二种是将左影像置平(或位置固定不变)，即"连续像对相对定向"。描述两张像片相对位置和姿态关系的参数，称为"相对定向元素"。相对定向元素有 5 个，例如，连续像对的相对定向元素为：两个基线分量 b_y、b_z 和右影像的 3 个姿态角 φ、ω、κ。因此至少需要测量 5 个点上的上下视差，而一般数字摄影测量工作站所测定的相对定向点数远远超过 5 个。同样，要利用最小二乘法平差来求解这 5 个相对定向元素。

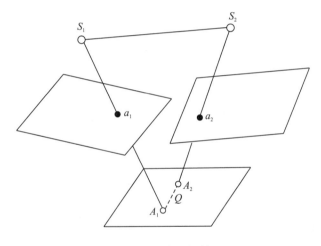

图 3-71　上下视差

2) 绝对定向

　　相对定向只恢复两张像片之间的相对位置和姿态，这样建立起来的相对立体模型，其比例尺和方位均是任意的。为了使立体模型与地面一致，还需要利用控制点来将该模型纳入地面测量坐标系中，并归化为测图比例尺，这个过程称为立体模型的"绝对定向"。

　　绝对定向是对相对定向建立的模型进行平移、旋转和缩放。绝对定向元素有 7 个：3 个平移量 ΔX、ΔY、ΔZ，3 个旋转量 Φ、Ω、K，1 个比例尺缩放系数 λ。最少需要列 7 个方程，因此至少需要 2 个平高控制点和 1 个高程控制点，而且这 3 个控制点不能在同一条直线上。在实际生产中，一般是在模型的 4 个角上布设 4 个控制点，当有多余的观测时，按最小二乘法平差进行求解。

　　先通过相对定向(5 个元素)建立相对立体模型，再通过该立体模型的绝对定向(7 个元素)可恢复它的绝对方位，使模型与地面测量坐标系一致(12 个定向元素)，恢复立体像对的外方位元素(两张像片共 12 个外方位元素)。因此，通过相对定向与绝对定向和两张影像各自进行单像空间后方交会以恢复两张影像的外方位元素是一致的，而且相对定向与绝对定向所需要的控制点更少。

3. 解析空中三角测量

对于单像空间后方交会，一张像片需要 4 个地面控制点且需要求解单张像片的外方位元素。立体像对的相对定向与绝对定向，也需要 4 个地面控制点和求解两张像片的外方位元素。这些控制点若全部由外业测定，则外业的工作量会很大且效率不高。能否先在很多像对构成的一条航带或由几条航带构成的一个区域网中，仅外业实测少量的控制点且在内业用解析摄影测量的方法来加密每个像对所要求的控制点，然后进行测图呢？回答是肯定的，解析空中三角测量就是为解决这个问题而提出的方法，因而也被称为"解析空三加密"。

解析空中三角测量可以采用各种不同的方法。根据采用的平差模型可以分为航带法、独立模型法和光束法。

(1)航带法。其基本思想是：在一条航带内，首先把立体像对按连续法建立单个模型，再把单个模型连接成航带模型以构成航带自由网，最后把航带模型视为一个单元模型进行航带网的绝对定向。在单个模型构成航带模型的过程中，不可避免地会有误差存在，同时还要受误差积累的影响，从而会致使航带模型产生非线性变形。所以，航带模型经绝对定向后，要进行非线性改正，以最终求出加密点的地面坐标。该方法的缺点是：由于在构建自由航带时，是以前一步的计算结果来作为下一步的计算依据，所以误差累积得很快，甚至偶然误差也会产生二次和的累积作用。

(2)独立模型法。其基本思想是：把一个单元模型(可以由一个或两个甚至三个立体像对组成)视为刚体，将各单元模型间的公共点连成一个区域。在连接过程中，每个单元模型只能作平移、缩放或旋转(因为它们是刚体)，这可以通过单元模型的空间相似变换来完成。在变换中要使模型间公共点的坐标尽可能地一致而控制点的摄影测量坐标与其地面摄影测量坐标尽可能地一致(即它们的差值尽可能地小)，同时观测值改正数的平方和要最小。在满足这些条件的情况下，按最小二乘法原理求解待定点的地面摄影测量坐标。独立模型法比航带法严密，但在计算方面比航带法费时，而且只适用于对偶然误差的平差；当有系统误差时，需另外使用消除系统误差的方法。独立模型法对粗差有较好的抵抗能力。

(3)光束法。其基本思想是：以一幅影像组成的一束光线作为平差的基本单元，以中心投影的共线方程作为平差的基础方程。通过各个光线束在空间中的旋转和平移(旋转相当于光线束的外方位角元素，平移相当于摄站点的空间坐标)，使模型之间公共点的光线实现最佳的交会，并使整个区域最佳地被纳入已知的控制点坐标系统中。所以要建立全区域统一的误差方程，从整体上来求解全区域内每张像片的外方位元素和所有待求点的地面坐标。该方法的理论严密、精度最高，是最有生命力的方法。

3.4.3.3 立体像对的空间前方交会

1. 立体视觉

人眼观察物体时会产生立体感,其主要原因是双眼有生理视差。若仅用单眼观察物体,则不会有立体感,这是因为单眼无法分辨物体的远近,不能辨别出景深信息。如图 3-72 所示,当用双眼观测景物 AB 时, AB 在左、右眼睛的视网膜上会分别产生两个影像,在左眼的影像为 a_1b_1,在右眼的影像为 a_2b_2,由于景物 AB 距离两个眼睛的深度不同,所以 $a_1b_1 \neq a_2b_2$,两者之差($\delta = a_1b_1 - a_2b_2$)即为"生理视差"。生理视差是人眼产生立体视觉的根本原因。

如图 3-73 所示,假如先在人的眼睛 O_1、O_2 处用摄影机对同一景物拍摄两张影像 p_1、p_2,然后将像片放置在双眼前,双眼只能观察到左、右影像(代替直接观测景物),这时眼睛获得的视网膜成像与直接观察景物时的完全一样,人眼能获得与天然立体视觉完全一样的立体感,这就是"人造立体视觉"。

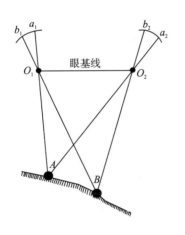

图 3-72 天然立体视觉

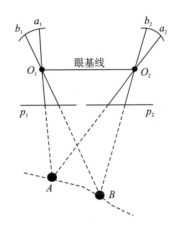

图 3-73 人造立体视觉

2. 立体像对的空间前方交会

用单张像片制作的影像图只能量测地面点的平面位置。要获得地面点的空间位置,就必须利用立体像对,立体像对是摄影测量进行三维坐标量测的基础。

用单像空间后方交会求得像片的外方位元素后,根据单张像片的像点坐标,仍然不能求出相应的地面点坐标,这是因为外方位元素与一个已知像点只能确定地面点所在的空间方向。只有利用立体像对上的同名点,才能得到两条同名光线在空间中的相交点,即该地面点的空间位置。

立体像对的空间前方交会,如图 3-74 所示。设空中 S_1、S_2 两个摄站对地面进行摄影,获得一个立体像对，任一地面点 A 在立体像对左、右像片上的像点为 a_1 和 a_2。现已知两张像片的方位元素，设想将像片按方位元素值置于摄影时的位置，显然同名光线 S_1a_1 和 S_2a_2 必然交于地面点 A。这种由立体像对中两张影像的方位元素和像点坐标来确定相应地面点空间位置的方法，称为"空间前方交会"。

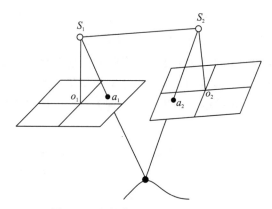

图 3-74　立体像对的空间前方交会

立体像对的空间前方交会可以直接利用共线方程求解。在左、右影像的内、外方位元素均为已知的情况下，对于左、右影像上的一对同名点 a_1 和 a_2，可以根据共线方程列出 4 个方程式，而未知数只有 3 个即地面点的空间位置 (X, Y, Z)，故可以用最小二乘法求解。

3.4.4　数字摄影测量

数字摄影测量是基于数字影像与摄影测量的基本原理，应用计算机技术、数字影像处理、影像匹配和模式识别等多学科的理论与方法，提取所摄对象用数字方式表达的几何与物理信息的摄影测量学的分支学科。数字摄影测量的发展起源于对摄影测量自动化的实践，摄影测量自动化是摄影测量工作者多年来追求的理想。数字摄影测量与模拟、解析摄影测量的最大区别在于：处理的原始信息是数字影像，以计算机代替人眼进行立体观测，使用的仪器是计算机及其相应的外部设施，产品是数字形式；而传统的模拟产品只是数字产品的模拟输出。

3.4.4.1　数字影像及重采样

1. 数字影像

数字影像是一个灰度矩阵 G：

$$G = \begin{bmatrix} g_{0,0} & g_{0,1} & \cdots & g_{0,n-1} \\ g_{1,0} & g_{1,1} & \cdots & g_{1,n-1} \\ \vdots & \vdots & & \vdots \\ g_{m-1,0} & g_{m-1,1} & \cdots & g_{m-1,n-1} \end{bmatrix} \qquad (3\text{-}49)$$

式中，m 和 n 分别表示数字影像的行和列(或影像的高和宽)；矩阵里的每个元素 $g_{i,j}$ 表示一个灰度值，对应光学影像或实体的一个微小区域，即像素(或像元)。像素的灰度值代表其影像经采样与量化后的灰度级(光学影像的灰度分为 256 级，一般用 0~255 的某个整数代表像素的黑白程度)。数字影像中像素大小的数量级多为微米，所以肉眼看不出像素；但是放大以后能看到(马赛克现象)，如图 3-75 所示。

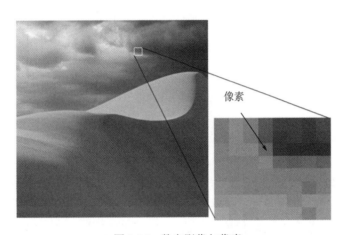

图 3-75　数字影像与像素

2. 数字影像的重采样

数字影像是一个规则排列的灰度格网序列。当对数字影像进行几何处理时(如对影像进行旋转、核线排列、数字纠正等)，由于求得的像点不一定恰好落在原始像片上像元的中心，因此要获得该像点的灰度值，就要在原采样的基础上再一次采样，即重采样。下面简单介绍两种较为常用的数字影像重采样方法。

(1) 双线性插值法。如图 3-76 所示，图 3-76(a)表示用像元的中心点代表该像元的灰度；在图 3-76(b)中，Δ 为原始像片的采样间隔，待求像元的灰度 g 可由其周围 4 个像元的灰度值 $g_1 \sim g_4$ 经双线性内插求得

$$g = \frac{1}{\Delta^2}\left[(\Delta - x_1)(\Delta - y_1)g_1 + (\Delta - y_1)x_1 g_2 + x_1 y_1 g_3 + (\Delta - x_1)y_1 g_4\right] \qquad (3\text{-}50)$$

(2) 最邻近像元法。直接取与 $P(x,y)$ 点位置最邻近的像元 N 的灰度值作为该点的灰度，即

$$g(P) = g(N) \qquad (3\text{-}51)$$

N 为最邻近点，其影像坐标为

$$x_N = \mathrm{INT}(x + 0.5) \atop y_N - \mathrm{INT}(y + 0.5)$$

$$(3\text{-}52)$$

式中，INT 表示取整。最邻近像元重采样方法简单、计算速度快，且不会破坏原始影像的灰度信息；但几何精度较差，最大可达 0.5 像元。一般情况下用双线性插值法较合适。

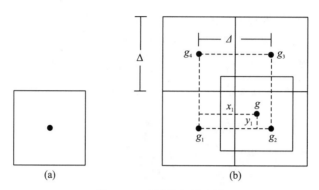

图 3-76 双线性灰度内插

3.4.4.2 影像匹配的原理

影像匹配就是自动确定同名点，实现摄影测量的自动化。在摄影测量中，立体测图的关键是寻找左、右像片的同名点。在模拟测图仪和解析测图仪上，由作业员先通过目视来寻找同名点，然后进行立体观察和量测。寻找同名点的过程，就是探求影像的相关。在数字摄影测量中，以影像匹配代替传统的人工目视观测，达到自动确定同名点的目的。由于人们在最初的影像匹配中采用了相关的技术，因此影像匹配也称为"影像相关"。

影像匹配是数字摄影测量的核心，为了便于理解，通过一个"数字识别"的例子来说明影像匹配的原理。假如有一组数字，怎样使计算机自动地识别出数字"4"呢？为此，可以先建立 10 个数字模板，然后将待识别数字"4"与这 10 个数字模板逐一"套合"，套合最佳的就是识别结果。如图 3-77 所示，"4"与模板 4 的套合最佳，因此这就是识别结果。套合就是"匹配"，判断最佳匹配的准则很多，其中最简单的是：套合影像块中所有像素"灰度差的绝对值的总和"最小，即

$$\sum |g_1(x,y) - g_2(x,y)| = \min$$

$$(3\text{-}53)$$

式中，$g_1(x,y)$ 表示模板影像的灰度函数；$g_2(x,y)$ 表示待识别影像的灰度函数。

图 3-77 数字识别

　　影像匹配的原理与上述数字识别过程基本相同。例如，左影像有一个目标点，要想计算机在右影像上确定其同名点，其影像匹配的基本步骤如下：①在左影像上以目标点为中心，取一块影像建立目标区(相当于模板)，如图 3-78 所示；②预测目标点在右影像上的同名点的可能位置及范围，然后在右影像上确定一个搜索区，搜索区的范围一定要大于目标区；③开始同名点匹配，将目标区叠合在搜索区的初始位置上，计算其"灰度差的绝对值的总和"[式(3-54)]；④依次在 x、y 方向上移动目标区，每移动一次就计算一个 $\text{SDG}_{x,y}$；⑤比较所有的 $\text{SDG}_{x,y}$，当 $\text{SDG}_{x,y}$ 最小时，该位置就是目标点在右影像上的确定同名点。

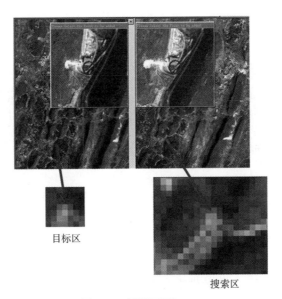

目标区

搜索区

图 3-78　影像匹配

$$\text{SDG}_{x,y} = \sum \left| g_1(x,y) - g_2(x+\Delta x, y+\Delta y) \right| \tag{3-54}$$

　　上述影像匹配过程是在 x、y 两个方向上进行的，因此是二维影像匹配；二维影像匹配的计算量大。如果把二维匹配变成一维匹配，那么就可以显著地提高搜索同名点的效率。为此，引入核线的相关概念，如图 3-79 所示。

　　(1)核面：通过摄影基线 s_1s_2 与任一地面点 A 所作的平面。

　　(2)核线：核面与影像的交线，如图 3-79 中的 l_1、l_2。

　　(3)核点：摄影基线与影像的交点，如图 3-79 中的 e_1、e_2。

　　(4)同名核线：同一核面与左、右影像的交线，如图 3-79 中的 l_1 和 l_2 是同名核线。

　　根据核线的几何关系，一条核线上的任意一点在另一幅影像上的同名点必定在其同名核线上。在确定同名核线后，同名点搜索就由原来的二维匹配变成了一维匹配，这时搜索区的宽度与目标区的相等，如图 3-80 所示。对同名点的匹配只需要在一个方向(x 方向)上进行，因此可以极大地节省计算时间。

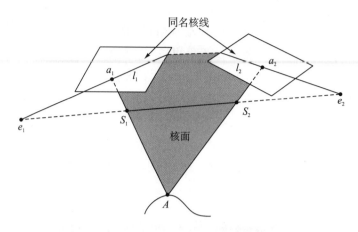

图 3-79 核线的几何关系

目标区   搜索区

图 3-80 目标区和搜索区(一维匹配)

3.4.4.3 数字微分纠正

摄影测量的任务之一,就是把中心投影的影像图变换成正射投影的影像图。由于像片倾斜和地形起伏会引起像点位移,影像会几何变形,因此需要将它们纠正成正射影像图。

根据有关的参数和数字高程模型,利用一定的数学模型可以将原始非正射投影的数字影像变换为正射投影的数字影像,这个过程是将影像化为很多微小的区域后逐一进行纠正,故称为"数字微分纠正"。数字微分纠正的概念在数学上属于映射的范畴。

假设任意像元在原始影像和纠正影像上的坐标分别为 (x,y) 和 (X,Y),根据它们之间的映射关系,有两种纠正方法:直接法数字微分纠正和间接法数字微分纠正。

1)直接法数字微分纠正

直接法数字微分纠正,如图 3-81 所示。它是从原始影像出发,先按行列顺序依次对每个原始像元点位求解其在纠正影像上的正确位置,然后把 (x,y) 点的灰度值赋给 (X,Y) 点。原始像元点在纠正影像上的位置按式(3-55)计算:

$$
\left.
\begin{array}{l}
X = F_X\left(x,y\right) \\
Y = F_Y\left(x,y\right)
\end{array}
\right\}
\tag{3-55}
$$

式中, F_X、F_Y 表示直接纠正变换函数。

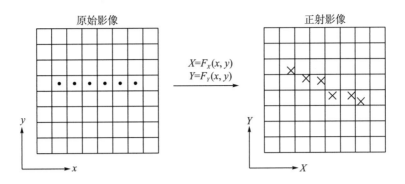

图 3-81　直接法数字微分纠正

计算出的 (X,Y) 点并不一定正好落在纠正影像的像元中心,要想获得纠正影像像元的灰度,还需要根据前面介绍的重采样方法来进行灰度重采样。由于地形起伏的影响,直接法数字微分纠正可能会导致被纠正后的影像上出现局部像元扎堆,而有些地方却缺少像元,这对纠正后的重采样是不利的。因此,在实际的微分纠正过程中,直接法较少被使用。

2)间接法数字微分纠正

间接法数字微分纠正,如图 3-82 所示。它是从空白的纠正影像出发,先按行列顺序依次对每个像素点位反求其在原始影像上的位置,然后把原始影像上该点位的灰度值赋给纠正影像上对应的像元点。空白纠正影像的像元点在原始影像上的位置按式(3-56)计算:

$$\left. \begin{array}{l} x = f_x\left(X,Y\right) \\ y = f_y\left(X,Y\right) \end{array} \right\} \tag{3-56}$$

式中, f_x 、 f_y 表示间接纠正变换函数。

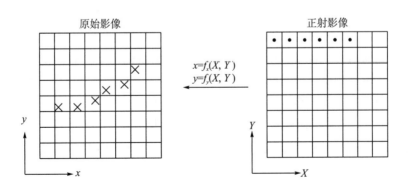

图 3-82　间接法数字微分纠正

计算出的 (x,y) 点并不一定正好落在原始影像的像元中心,因此需要根据其周围的像元灰度并采用内插法来计算原始影像点的灰度值。式(3-55)和式(3-56)中的纠正变换函数可以有多种形式,如多项式、共线方程等。多项式纠正一般适合于地形平坦的地区,而共线方程纠正适合于任何地形。当采用共线方程作为进行纠正的变换函数时,数字微分纠正需在已知影像内、外方位元素和数字高程模型(DEM)的情况下进行。

下面以基于共线方程的间接法数字微分纠正为例来介绍数字微分纠正的基本步骤。

第一步，计算地面点坐标。设正射影像上任意一个像元 P 的像元中心坐标为 (X_P, Y_P)，由正射影像左下角图廓点的地面坐标 (X_0, Y_0) 与正射影像比例尺分母 M 可以计算出 P 点所对应的地面坐标 (X,Y)，计算公式如下：

$$\left.\begin{array}{l} X = X_0 + M \times X_P \\ Y = Y_0 + M \times Y_P \end{array}\right\} \tag{3-57}$$

第二步，计算像点坐标。应用共线方程计算原始图像上相应的像点坐标 $p(x,y)$。在共线方程中，P 点的高程 Z 由 DEM 内插求得。应注意的是，原始的数字化影像是以行、列数进行计量的。因此，应利用影像坐标与扫描坐标之间的关系来求得相应的像点坐标。

第三步，灰度内插。求得的像点坐标不一定正好落在像元中心，为此必须进行灰度内插；一般可采用双线性内插法来求得像点 p 的灰度值 $g(x,y)$。

第四步，灰度赋值。将像点 p 的灰度值赋给纠正后的像元 P，即

$$g_0(X,Y) = g(x,y) \tag{3-58}$$

依次对每个纠正像素进行上述过程，即可获得纠正的数字影像。

3.4.4.4　数字摄影测量系统

数字摄影测量系统(digital photogrammetry system，DPS)是由基于数字影像或数字化影像来完成摄影测量作业的所有软、硬件组成的系统，也称为"数字摄影工作站(digital photogrammetry workstation，DPW)"。

数字摄影测量系统的硬件主要由两部分组成：一部分是数字影像获取装置及成果输出设备；另一部分是计算机及其他外部设备。数字摄影测量系统的软件包括：操作系统软件和应用软件两大部分。应用软件实际上是解析摄影测量软件和数字图形及图像处理软件的集合。当前数字摄影测量系统的应用方案有多种，而大多数都具备以下的基本功能：①影像数字化或进行数字影像获取；②定向参数计算——包括内定向、相对定向和绝对定向；③空中三角测量——一般采用光束法解析空中三角测量方法；④构成核线排列的立体影像——以便将二维影像匹配转化为一维影像匹配；⑤影像匹配——进行密集点的影像匹配，以便建立数字高程模型；⑥建立数字高程模型及进行编辑；⑦测制等高线及正射影像图——自动生成等高线、数字微分纠正产生正射影像图、拼接镶嵌叠加产生正射影像地图。

目前，国际市场上常用的数字摄影测量系统主要有德国 Leica 公司的 Helava 系统和 Zeiss 公司的 PhotoDIS 系统、美国 InterGraph 公司的 ImageStation 系统以及我国武汉大学研制的 VirtuoZo 系统和测绘科学研究院研制的 JX-4C 系统。

3.5　"3S"技术集成

3.5.1　"3S"技术集成的概念

"3S"是地理信息系统(geographic information system，GIS)、全球导航卫星系统(global navigation satellite system，GNSS)和遥感(remote sensing，RS)技术的统称。人们常把"3S"技术中的 GNSS 称为 GPS，这样 GPS 就有了广义和狭义之分。狭义的 GPS 特指美国的全球卫星定位系统。"3S"层次上的 GPS 是广义的概念，指 GNSS。"3S"技术集成是以 GIS、GPS、RS 为基础，将这 3 种独立技术领域与其他高技术领域中的有关部分有机地组成一个整体后形成的一项新的综合性技术领域。"3S"技术之间的相互关系如图 3-83 所示，其中 GIS 会接受来自 RS 且经过 GPS 校正的区域信息，并把几何配准和辅助分类等信息反馈给 RS 系统；GIS 会向 GPS 发出定点定位等专题查询信息，GPS 在做出相应处理后将结果传递给 GIS 系统。可以看出，GIS 是整个系统的交互平台，主要负责接受用户的命令，并将结果显示出来；而 GPS 和 RS 为 GIS 提供基本的数据服务。通过"3S"技术集成，构成了从数据获取、数据定位、可视化到空间数据操纵和分析各方面都得到了互补、增强的信息系统。

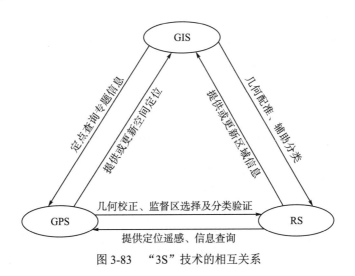

图 3-83　"3S"技术的相互关系

在"3S"技术集成的应用中，GPS 主要应用于实时、快速地提供目标，包括各类传感器和运载平台(如车、船、飞机、卫星等)的空间位置；RS 主要用于实时或准实时地提供目标及其环境的语义或非语义信息，发现地球表面的各种变化，及时地更新 GIS 数据；GIS 则是对多种来源的时空数据进行综合性处理，实现对空间数据的集成、处理、管理和可视化，具有对空间及其属性数据进行分析的能力。

在"3S"技术集成的概念中，"集成"指的是一种有机的结合，强调的是在线的连接、实时的处理和系统的整体性。并非使用了"3S"技术就能被称为"3S"技术集成。例如，对于已得到的航空航天遥感影像，要先到实地用 GPS 接收机测定其空间位置(x,y,z)，然后通过遥感图像处理来将结果进行数字化处理后送入地理信息系统中。这里虽然使用了"3S"技术，但不是一种集成。

早期一个经典的"3S"技术集成系统的例子是美国俄亥俄州立大学、加拿大卡尔加里大学分别在政府基金会和工业部门的资助下建立的移动式测绘系统，该系统集成了电荷耦合器件(charge coupled device，CCD)摄像机、GPS、GIS 和惯性导航系统(inertial navigation system, INS)，并将 GPS/INS、CCD 实时立体摄像系统和 GIS 联机地装在了汽车上。随着汽车行驶，所有的系统均在同一个时间脉冲的控制下进行实时工作。空间定位、导航系统自动地测定 CCD 摄像瞬间的像片外方位元素，据此与已拍摄的数字影像实时/准实时地求出线路上目标(如两旁的建筑物和道路标志等)的空间坐标，并随时送入 GIS。而 GIS 中已经存储的道路网及数字地图信息可用于修正 GPS 和 CCD 成像中的系统偏差和作为参照系统，以实时地发现公路上的各种设施是否处于正常状态。这种系统是一种"3S"技术集成系统。

3.5.2 "3S"技术集成的关键技术

"3S"技术集成涉及地学、空间科学、计算机科学、数字摄影测量学等众多学科领域，它的集成过程涉及实时空间定位、一体化信息管理、数据实时通信、数据综合分析、应用模型集成以及系统信息的虚拟再现与可视化表达等技术的相互融通，其中的主要技术见表 3-12。

表 3-12　"3S"技术集成涉及的主要技术

技术方法	技术内容	主要功能
RS 技术	传感器+处理系统	对地观测、技术应用
GIS 技术	数据库系统+分析模型	动态管理、综合分析
GPS 技术	卫星系统+接收系统	定位导航、高程信息
通信系统	软件支撑+网络设备	数据传输、网络化
数据挖掘	数据库+专家系统	发现知识、支撑识别
数据仓库	空间数据库引擎+数据库管理系统	信息的管理、发布、共享
模拟型管理系统	应用模型库+管理系统	建立模型、地学分析
模拟技术	模拟现实技术+计算机网络	模拟分析、三维再现
空间多尺度数据集成技术	LOD 技术+数据库技术	自动制图、综合管理
GPS/惯性导航	坐标基准+动态描述	数据建模、动态导航
机载三维测量	姿态测量+激光测距	三维数据获取
GPS 的实时测量技术(RTK)	GPS 技术+通信技术+测量技术	GIS 数据的采集、更新

从空间信息系统和信息集成的角度看，"3S"技术集成涉及的关键技术包括以下几个方面。

(1)高分辨率对地观测技术：随着对地观测技术的发展，遥感卫星影像的分辨率已经有了很大的提高。分辨率是指空间分辨率、光谱分辨率和时间分辨率。通过发射合理分布的卫星星座可以实现 3～5 天观测一次地球。高分辨率卫星遥感图像具有优于 1m 的空间分辨率，可每隔 3～5 天为人类提供反映地表动态变化的翔实数据。在紧急状态下，可以调用多颗卫星对敏感区域进行 24 小时不间断的监测。

(2)空间信息基础设施：国家空间数据基础设施主要包括空间数据协调管理与分发体系和机构、空间数据库系统、国家基础地理信息系统、空间数据交换网站、空间数据交换标准以及数字地球空间数据框架。目前，美国、欧洲、俄罗斯和亚太地区都建立了各自的空间数据基础设施，我国也在大力地发展和建设。

(3)大容量数据存储及元数据交换与共享："3S"技术集成系统需要管理海量的空间数据。例如，美国 NASA 的行星地球计划(EOS-AMI 99)每天将产生 1000GB 的数据和信息；1m 分辨率的影像覆盖了我国的一个省，大约有 1TB 的数据，而多时相的动态数据量堪称海量。为了在海量数据中迅速找到需要的数据，元数据库的建设非常必要。元数据是关于数据的数据，通过它可以了解有关数据的名称、位置和属性等信息，从而显著地减少用户寻找空间数据的时间，同时为数据共享和交换提供共用的数据描述基础。

(4)空间数据的处理和分析：要想有效地利用海量的空间数据，需要对空间数据进行综合的分析和处理。空间数据库中包含了结构化和非结构化数据，如遥感图像及地理空间的几何图形数据、空间位置和时间数据、相关属性数据等。如何有效地管理和利用这些空间数据，是"3S"技术集成系统中的关键。通过数据挖掘技术，可以更好地认识和分析观测到的海量数据，从中找出空间事件的规律。

(5)空间信息可视化技术："3S"技术集成系统中会有不同分辨率、不同时相的大量图形和影像数据，需要研究如何将它们的多级分辨率和多尺度表示在各种介质和终端上的可视化问题。可视化方法有 2 维、2.5 维和 3 维空间可视化方法：2.5 维空间可视化方法是在 2 维空间可视化方法的基础上增加高度信息，而 3 维空间可视化则利用了三维模型、光照和渲染方法等三维图形可视化技术，以及融合图形与影像的虚拟现实与可视化技术。

(6)分布空间数据管理技术："3S"技术集成系统中的空间数据已不能通过单一的数据库来存储，它的数据源是多种形式的，可能分布于距离不等的其他组织中。这意味着参与"3S"技术集成的服务器需要由高速通信网络来连接，通信网络可以实现从数据采集源到"3S"技术集成系统的数据传输，其中涉及卫星通信、无线机载通信和移动车载通信。通信网络(因特网、局域网和移动无线网络)实现了"3S"技术集成系统内部各子系统和数据库系统之间的高速数据交换。

3.5.3 "3S"技术集成的模式

目前，"3S"技术的集成主要还是采用两两集成的模式，即通过"3S"技术与功能的两两组合和共同作用来形成有机的一体化系统，以快速、准确地获取具有定位功能的对地观测信息，实现对系统信息的实时更新和对地表现象与过程的综合性分析。

1. RS 与 GIS 集成

RS 与 GIS 集成的主要目的是把来自两个技术系统的多源信息集成到统一的坐标环境下，实现对多源信息的动态管理与综合分析。从数据层面上很容易实现 RS 与 GIS 的集成，但是 RS 的图像处理和 GIS 中的栅格数据分析具有较大的差异。RS 图像处理的目的是提取各种专题信息，而其中的一些图像处理功能如图像增强、滤波、分类以及一些特定的变换处理等，并不适用于 GIS 中的栅格数据空间分析。另外，目前大多数的 GIS 软件没有提供完善的遥感数据处理功能，RS 图像处理软件也不能很好地处理 GIS 数据，因此非常需要将 RS 与 GIS 进行集成。RS 与 GIS 的集成，可以有以下 3 个方式(图 3-84)：①平行结合方式——不同的用户界面、工具库、数据库，通过文件转换工具在不同的系统之间传输文件；②无缝融合方式——统一的用户界面、不同的工具库和数据库；③整体集成方式——统一的用户界面、工具库和数据库，在遥感数据分析处理过程中真正地发挥了 GIS 的辅助决策功能，是集成的最高境界。

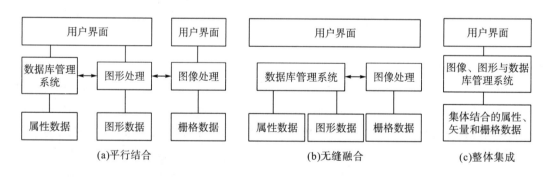

图 3-84　RS 与 GIS 集成方式

2. GIS 与 GPS 集成

图 3-85 描述了 GIS 与 GPS 集成的系统结构模型。为了实现与 GPS 的集成，GIS 系统必须先接收 GPS 接收机发送的 GPS 数据，然后对数据进行处理。例如，先通过投影变换将经纬度坐标转换为 GIS 数据所采用的参照系中的坐标，然后进行各种分析和运算；其中坐标数据的动态显示以及数据存储是该模型的基本功能。GPS 可以提供精确位置、动态位置及其时间信息。精确位置信息可以用于 GIS 空间实体的位置测量和更新，将动态位置及

其时间信息与 GIS 进行集成可以构建导航和定位应用系统。

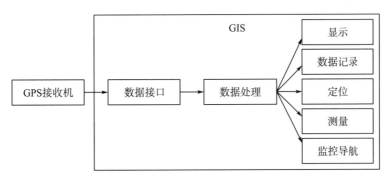

图 3-85　GIS 与 GPS 集成的系统结构模型

3. RS 与 GPS 集成

RS 与 GPS 集成的主要目的是解决智能化的信息获取问题。从技术角度来讲，利用 GPS 的精确定位功能可以解决 RS 的定位难题。RS 与 GPS 的集成，既可以采用同步集成方式，也可以采用非同步集成方式。一般的遥感对地定位技术主要采用的是立体观测与二维空间变换等技术，即首先利用地-空-地模式求解图像信息的空间位置变换系数，然后利用这些位置参数或变换系数求解图像信息对应于地面目标的空间位置，生成数字高程模型 (DEM) 和地学编码图像；但当地面无控制点时，这一过程难以实现。利用 GPS 的定位功能，特别是通过 GPS 与 RS 的技术集成 [即采用 GPS/INS 技术，将遥感传感器的空间位置 (X,Y,Z) 和姿态参数 (φ,ω,κ) 进行同步记录，并通过相应的软件来处理，以直接地产生地学编码信息]，为遥感图像的实时处理与快速编码提供了可能，也为遥感信息的实时应用与数据更新提供了便利。

4. "3S" 整体集成

"3S" 技术集成可构成高度自动化、实时化和智能化的空间信息系统，这种系统不仅能够分析和运用数据，而且能够为各种应用提供科学的决策依据，解决复杂的用户问题。按照集成系统的核心来分，主要有以下两种集成方式。

(1) 以 GIS 为中心的集成方式。其主要目的是进行非同步数据处理，通过利用 GIS 作为集成系统的中心平台，对包括 RS、GPS 在内的多源空间数据进行综合处理、动态存储和集成管理。该集成方式存在数据、平台(数据处理平台)和功能 3 个层次，可以被认为是对 RS 与 GIS 集成的一种扩充。

(2) 以 GPS/RS 为中心的集成方式。它以进行同步数据处理为目的，通过 RS 和 GPS 提供的实时动态空间信息并结合 GIS 的数据库和分析功能来为动态管理、实时决策提供在线空间信息支持服务。该集成方式要求进行多种信息的采集和信息处理平台的集成，同时需要实时通信的支持，实现该集成方式的代价较高。

3.5.4   "3S"技术集成的应用

现代的移动测量系统是"3S"技术集成的典型案例，如图 3-86 所示。该系统集 CCD 摄像机、GPS、GIS 和惯性导航系统(INS)为一体，将这些设备和系统在线地装在了汽车上。随着汽车行驶，所有的系统均在同一个时钟脉冲的控制下实时地工作。空间定位、导航系统自动地测定 CCD 摄像瞬间的像片外方位元素(也就是相机的姿态参数)，据此利用该设备拍摄的数字影像实时或准实时地求出线路上目标(如两旁的建筑物、道路标志等)的空间坐标，并随时送入 GIS。GIS 中存储的道路网及数字地图信息可用于修正 GPS 和 CCD 成像中的系统偏差，并可作为参照系统实时地监测变化(公路上的设施是否处于正常状态)、进行数据更新和自动导航。

图 3-86   移动测量系统

机载/星载"3S"技术集成系统在美国、加拿大已被研制成功。它通过装在飞机上的 GPS/INS 系统实时地求出遥感传感器的外方位元素，然后利用 CCD 扫描成像和激光断面扫描技术同时求出地面目标(物元)的空间位置和灰度(光谱测量)值 (X, Y, Z, G)，目前主要用于对大城市 GIS 实时数据的采集和更新。"3S"技术集成在数字地球建设中发挥着越来越重要的作用。

第 4 章　空间数据模型与组织管理

4.1　空间数据模型

空间数据模型是关于现实世界中空间实体及其相互联系的概念，它是空间数据组织和设计空间数据库模式的基础，也是进行空间信息处理和应用的基础。现实世界中的各种空间现象和空间对象错综复杂，从空间认知和抽象的角度来看，目前空间数据的概念模型主要分为要素模型、场模型和网络模型，如图 4-1 所示。随着空间数据模型在时间上的拓展，形成了时空数据模型。

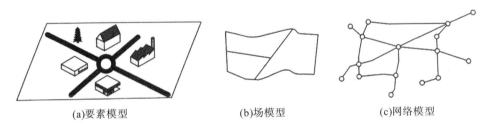

　(a)要素模型　　　　　　　　　　(b)场模型　　　　　　　　　　(c)网络模型

图 4-1　空间数据模型

4.1.1　要素模型

要素模型，也称为"对象模型"，它将连续地理空间中的地理现象和事件抽象成不连续、可被观测、具有地理参考性的空间要素（feature）或空间实体（entity）。按照空间实体的空间特征可将其分为点、线、面、体 4 种基本对象，也可将这些基本对象组建成复杂对象。尽管对象是独立的空间实体，但它们之间保持着特定的关系，如点、线、面、体之间的拓扑关系、度量关系以及复杂对象与简单对象之间的组成关系、继承关系等。

要素模型一般适用于对具有明确边界的地理现象进行抽象建模，如建筑物、道路、公共设施、管理区域等人文现象以及湖泊、河流、岛屿、森林等自然现象，因为这些现象可被看作是离散的单个地理现象。传统地图是以要素模型进行地理空间抽象和建模的典型实例。

作为空间对象，必须具备 3 个条件：①可以被识别，即每个对象对应着一组相关属性以区分各个不同的对象；②可以被描述，对象可通过空间特征、时间特征和属性特征以及与其他要素在空间、时间和语义上的关系来描述；③存在的必要性或重要性，即对象被用于处理相应的问题，可以通过定义对象的行为来实现。实体可通过空间、时间和非空间属性以及与其他要素在空间、时间和语义上的关系来描述，如图 4-2 所示。

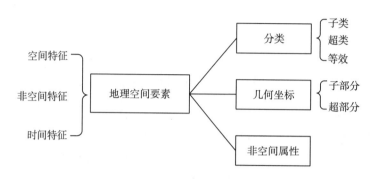

图 4-2　要素模型对空间要素的描述

4.1.2　场模型

场模型，也称为"域(field)模型"，它把地理空间中的现象作为连续分布的空间信息的集合。具有连续变化性的空间现象适合用场模型表达，如土地植被覆盖、土壤组分、大气污染程度、地形高度以及温度场、应力场等。

根据不同的应用，场可以表现为二维或三维。场的分布可以表示为一个空间结构到属性域的数学函数：一个二维场就是在二维空间中任意给定的一个空间位置上都有一个表现某现象的属性值，即 $A = f(x, y)$；一个三维场则是在三维空间中任意给定的一个空间位置上都对应了一个属性值，即 $A = f(x, y, z)$。在研究对象中，不少的空间现象在本质上是三维的，如大气污染的空间分布；但由于目前已有的表达和分析方法与手段不足，因而往往采用二维场模型表示。

从理论上讲，场模型可以表达连续变化的空间现象；但在研究实际问题的过程中，往往需要在有限的时空范围内通过获取足够高精度的样点观测值来表征场的变化。在不考虑时间变化时，二维空间场一般采用以下 6 种具体的场模型来描述，如图 4-3 所示。

(1)规则分布的点。在平面区域布设的数目有限、间隔固定且规则排列的样点中，每个点都对应一个属性值，而其他位置的属性值需要通过线性内插方法求得。

(2)不规则分布的点。在平面区域内根据需要自由地选定样点，每个点都对应一个属性值，而其他任意位置的属性值需要通过克里金内插、距离倒数加权内插等空间内插方法求得。

(3)规则矩形区。将平面划分为规则、间距相等的矩形区域，每个矩形区域称为"格网单元(grid cell)"。每个格网单元都对应一个属性值，但忽略格网单元内部属性的细节变化。

（4）不规则多边形区。将平面划分为简单连通的多边形区域，每个多边形区域的边界由一组点定义；每个多边形区域都对应一个属性常量值，但忽略区域内部属性的细节变化。

（5）不规则三角形区。将平面划分为简单连通的三角形区域，三角形的顶点由样点定义且每个顶点都对应一个属性值，三角形区域内部任意位置的属性值通过线性内插函数得到。

（6）等值线。用一组等值线 $C_1, C_2, \cdots, C_n$ 将平面划分成若干个区域，每条等值线都对应一个属性值，两条等值线中间区域任意位置的属性是这两条等值线的连续插值。

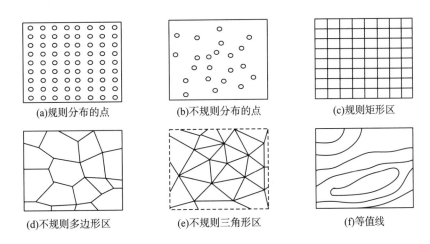

(a)规则分布的点　　　　(b)不规则分布的点　　　　(c)规则矩形区

(d)不规则多边形区　　　(e)不规则三角形区　　　　(f)等值线

图 4-3　场模型的 6 种表示

4.1.3　网络模型

网络模型把地理现象抽象为链、结点等空间对象，同时也表达着对象间的连通关系。网络由欧氏空间中的若干点及它们之间相互连接的线（段）构成，也就是在地理空间中通过无数"通道"互相连接而成的一组地理空间位置。现实世界中的许多地理事物和地理现象都可以构成网络，如道路、铁路、电线、通信线路、油气管道以及自然界中的物质流和信息流等，都可以被表示成相应点之间的连线，进而构成现实世界中多种多样的地理网络。

网络模型与要素模型在某些方面相同，它们都把空间现象或特征抽象成一系列不连续的结点和环链。从本质上讲网络模型可以看成是要素模型的一个特例，它由点对象和线对象之间的拓扑空间关系构成，因此可将空间数据概念模型归结为要素模型和场模型两类。两者的不同之处在于网络模型需要考虑通过路径连接多个地理现象时它们之间的连通性。网络模型反映了现实世界中常见的多对多关系，在一定程度上支持数据重构，具有一定的数据独立性和共享性。

4.1.4　时空数据模型

时空数据模型中传统空间数据模型所描述的现实世界主要涉及空间和属性维度，它们是静态的，表现了地理实体在某个时刻的快照。时空数据模型的核心问题是如何有效地表达、记录和管理现实世界中的实体及其相互关系随时间不断发生的变化。当前主要的时空数据模型包括：序列快照模型、时空立方体模型、基态修正模型和时空复合模型。

（1）序列快照模型。序列快照模型是将一系列时间片段快照保存起来以反映整个空间特征的状态，并根据需要对指定时间片段的现实部分进行播放（图4-4）。由于快照将未发生变化的所有特征都重复地进行了存储，因此会产生大量的数据冗余，当应用模型变化频繁且数据量较大时，系统的效率会急剧地下降。此外，序列快照模型不表达单一的时空对象，较难处理时空对象间的时态关系。因此，序列快照模型只是一种概念上的模型，不具备实际的开发价值。

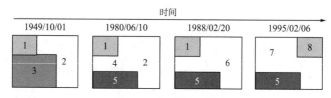

图 4-4　序列快照模型

（2）时空立方体模型。时空立方体模型由两个空间维和一个时间维组成，可用于描述二维空间沿时间维演变的过程。如图 4-5 所示，任何一个地理实体的演变历史都是时空立方体中的一个实体。该模型形象、直观地运用了时间维的几何特性，也表现出了地理实体是一个时空体的概念。虽然该模型对地理变化的描述简单明了，但是其具体实现较为困难。随着数据量增大，对立方体的操作会变得越来越复杂。

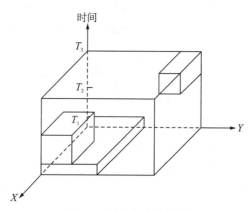

图 4-5　时空立方体模型

（3）基态修正模型。为了避免序列快照模型将未发生变化的快照特征重复记录，基态修正模型按事先设定的时间间隔采样，且只储存某个时间的数据状态（即基态）和相对于基态的变化量（图 4-6）。基态修正后的每个对象只需要储存一次，每变化一次，只有很小的数据量需要被记录；同时，事件或对象只有在发生变化时才被存入系统中，时态分辨率的刻度值与事件发生的时刻完全对应。但基态修正模型较难处理给定时刻时空对象间的空间关系。当整个地理区域作为处理对象时，用该模型进行处理的难度较大、效率较低，并且管理索引变化很困难。要获取"非起始"状态的数据，需顺序地进行数据叠加操作，以整合出一套完整的空间数据，这种方式对栅格数据比较合适，对矢量模型而言则效率较低。

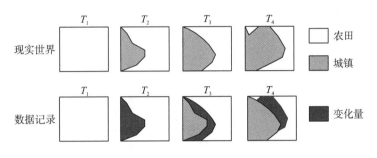

图 4-6　基态修正模型

（4）时空复合模型。时空复合模型是在基态修正模型的基础上发展起来的，其基本思想是将不同时间的空间状态叠加在一起，并碎分地理空间实体的空间状态，形成复合图形元素。它用修正的基态作为建立累积几何变化的时空复合。每次的变化均会导致变化部分脱离其父亲对象，成为具有不同历史的离散对象。换句话说，随着时间的推移，表达被分解成越来越小的碎片，即该地区最大的公共时空单元，每个公共时空单元与不同的属性历史相关联。

如图 4-7 所示，同一区域在 $T_1 \sim T_4$ 时刻的用地类型逐渐地由农田变为城镇，在所有时刻的空间数据完成复合后，地理区域破碎为 4 部分，各部分在不同时刻的用地类型如图中

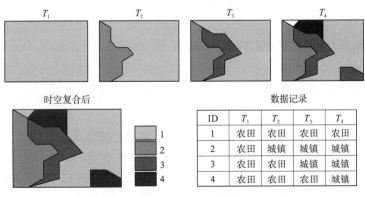

图 4-7　时空复合模型

的数据记录所示。时空复合模型的优点是：对地理实体的每一次变化都进行单独的存储，对时空数据的提取、分析非常方便，数据量小。其缺点是：每一次变化都会引起地理实体的碎分，过于碎分的复合图形单元将导致在进行地理实体历史状态的检索时，对大量复合图形单元搜索和全局状态重构的效率降低。

4.2 空间数据结构

数据结构是数据的组织形式，空间数据结构是对地理实体空间排列方式和相互关系的抽象描述，是适合于计算机存储、管理和处理的数据逻辑结构。空间数据结构基本上分为两大类：矢量结构和栅格结构。如图 4-8 所示，这两类结构都可以用于描述地理实体的点、线、面 3 种基本类型。

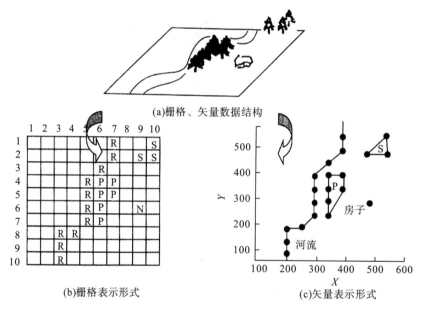

(a)栅格、矢量数据结构

(b)栅格表示形式

(c)矢量表示形式

图 4-8 矢量结构和栅格结构

4.2.1 栅格数据结构及其编码

4.2.1.1 栅格数据结构

栅格结构是最简单、直观的空间数据结构，又称为"网格(raster 或 grid cell)结构"或"像元(pixel)结构"。它将地球表面划分为大小均匀、紧密相邻的网格阵列，每个网格作为一个像元或像素，由行号、列号定义，并包含一个代码以表示该像素的属性类型或量值，或仅仅包含指向其属性记录的指针。因此，栅格结构是以规则的阵列来表示空间地物或现象分布的数据组织方式，阵列中的每个数据表示地物或现象的非几何属性特征。

图 4-9 表示一个代码为 6 的点实体、一条代码为 9 的线实体、一个代码为 7 的面实体。在栅格结构中，点用一个栅格单元表示；线状地物用沿线走向的一组相邻栅格单元表示，每个栅格单元中最多只有两个相邻单元在线上；面或区域用记有区域属性的相邻栅格单元的集合表示，每个栅格单元中可有多于两个的相邻单元同属于一个区域。任何以面状分布的对象(如土地利用、土壤类型、地势起伏、环境污染等)，都可以用栅格数据逼近。遥感影像就属于典型的栅格结构，每个像元的数值表示影像的灰度等级。

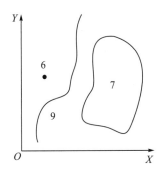

图 4-9　点、线、面数据的栅格数据结构表示

栅格结构的显著特点是"属性明显、定位隐含"，即数据直接记录属性的指针或属性本身，而所在的位置则根据行、列号来转换为相应的坐标输出。栅格结构通常采用矩形(正方形最常见)表示，也可以采用三角形、菱形、六边形等不同形式表示，如图 4-10 所示。

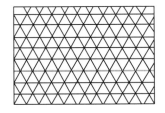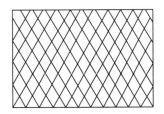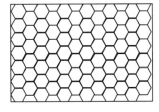

图 4-10　栅格的不同形式

栅格结构表示的地表是不连续的，栅格数据是量化和近似离散的数据。在栅格结构中，地表被分成相互邻接、规则排列的网格，每个地块与一个栅格单元相对应。栅格数据的比例尺就是栅格大小与地表相应单元大小之比。在许多栅格数据被处理时，常假设栅格所表示的量化表面是连续的，以便使用某些连续函数。栅格结构会对地表进行量化，在计算面积、长度、距离、形状等空间指标时，若栅格尺寸较大，则会造成较大的误差；同时在一个栅格的地表范围内，可能存在多种地物，而在相应的栅格结构中常常只能是一个代码。这类似于遥感影像中的混合像元问题，例如，Landat MSS 卫星影像中单个像元都对应地

表79m×79m 的矩形区域，影像上记录的光谱数据是每个像元所对应的地表区域内所有地物类型的光谱辐射总和。因而，这种误差不仅可能有形态上的畸变，还可能包括属性方面的偏差。

栅格结构数据主要由以下 4 个途径得到。

（1）目读法：在地图上均匀地划分网格，逐个网格地决定其代码，最后形成栅格数字地图文件。

（2）数字化仪：手扶或自动跟踪数字化地图，在得到矢量结构数据后，将其转化为栅格结构。

（3）扫描数字化：逐点扫描专题地图，将扫描数据重采样、再编码以得到栅格数据文件。

（4）分类影像输入：将经过分类解译的遥感影像数据直接或重采样后输入系统，作为栅格数据结构的专题地图。

在转换和重采样时，需尽可能地保持原图或原始数据的精度，通常有两类方法。

第一类方法是缩小单个栅格单元的面积，增加栅格单元的总数。这样，每个栅格单元可代表更为精细的地面矩形单元，而混合单元减少，大大地提高了量算的精度。然而在增加栅格个数的同时，数据量也会显著地增加，数据冗余严重。为了解决这个难题，已发展出了一系列的栅格数据压缩编码方法，如链式编码、游程长度编码、块状编码、四叉树编码等。

第二类方法是在决定栅格代码时尽量地保持地表的真实性，并保持最大的信息容量。图 4-11 所示的一块矩形地表区域，其内部含有 A、B、C 3 种地形类型且 O 为中心点，在将这个矩形区域近似地表示为栅格结构中的一个栅格单元时，可根据需要采用如下方案之一来决定该栅格单元的代码。

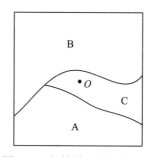

图 4-11　栅格单元代码的确定

（1）中心点法：用处于栅格中心处的地物类型或现象特性决定栅格代码。在图 4-11 所示的矩形区域中，中心点 O 落在了代码为 C 的地物范围内，因此该栅格单元的代码应为 C。中心点法常用于表示具有连续分布特性的地理要素，如降水量的分布、人口密度图等。

（2）面积占优法：以占矩形区域面积最大的地物类型或现象特性决定栅格单元的代码。在图 4-11 中，B 类地物所占的面积最大，因此相应的栅格代码为 B。面积占优法常用于分类较细、地物类别斑块较小的情况。

(3) 重要性法：根据栅格内不同地物的重要性，选择最重要的地物类型决定相应的栅格单元代码。假设图 4-11 中 A 类为最重要的地物类型，则栅格单元的代码应为 A。重要性法常用于表示具有特殊意义而面积较小的地理要素，特别是点、线状地理要素，如城镇、交通枢纽、交通线、河流水系等，在栅格中代码应尽量地表示出这些重要地物。

(4) 百分比法：根据矩形区域内各地理要素所占面积的百分比确定栅格单元的代码，如可直接根据面积最大的两类得出栅格代码为 BA，也可根据 B 类和 A 类所占面积的百分比在代码中加入数字。

4.2.1.2　栅格数据的压缩编码

栅格数据的精度越高，数据量越大，数据冗余越严重。为了解决这个问题，发展出了栅格数据压缩编码方法。

1. 链式编码

链式编码又称为"弗里曼(Freeman)链码"或"边界链码"。它将线状地物和区域边界表示为：由某一起始点开始和在某些基本方向上的单位矢量链。基本方向可以采用图 4-12(a) 所示的 Freeman 方向。其编码方式为：首先记录起始点的行、列号，然后按顺时针(或逆时针)方向依次寻找下一个相邻点，并按基本方向编码。对起始点的寻找一般要遵循从上到下、从左到右的原则，当发现没有被记录过的点时，该点就是一条线或边界线的起始点。

如图 4-12(b) 所示，线状地物起点的行列号为(1, 2)，其链式编码为 1, 2, 7, 5, 6, 0, 6, 5, 5；面状区域边界起点的行列号为(2, 8)，按逆时针方向，其链式编码为 2, 8, 5, 4, 4, 5, 7, 6, 7, 1, 0, 2, 2, 2, 2。

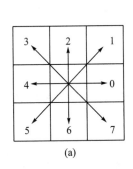

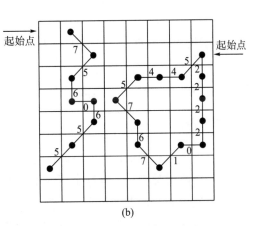

(a)　　　　　　　　　　　　　　　(b)

图 4-12　链式编码

2. 游程长度编码

游程长度编码的基本思路是：对于一幅栅格图像，常常行(或列)方向上相邻若干栅格具有相同的属性代码，因而可以压缩那些重复的内容记录。其编码方案是：只在各行(或列)数据的代码发生变化时才依次记录该代码及其重复代码的个数，以实现压缩。图像越简单，压缩效果越显著。

图 4-13 所示的栅格数据，沿行方向进行的游程长度编码为：$(0,4)$，$(2,4)$，$(0,4)$，$(2,4)$，$(0,4)$，$(7,2)$，$(0,1)$，$(2,1)$，$(0,4)$，$(7,2)$，$(0,2)$，$(2,2)$，$(6,1)$，$(0,1)$，$(1,4)$，$(2,2)$，$(6,2)$，$(1,4)$，$(0,2)$，$(4,2)$，$(1,4)$，$(0,2)$，$(4,2)$，$(1,4)$。

0	0	0	0	2	2	2	2
0	0	0	0	2	2	2	2
0	0	0	0	7	7	0	2
0	0	0	0	7	7	0	0
2	2	6	0	1	1	1	1
2	2	6	6	1	1	1	1
0	0	4	4	1	1	1	1
0	0	4	4	1	1	1	1

图 4-13　栅格数据

3. 块状编码

块状编码是在将游程长度编码扩展到二维的情况下，采用方形区域作为记录单元；每个记录单元包括相邻的若干个栅格。块状编码由初始位置的行、列号以及半径和记录单元的代码组成。它对大而简单的多边形更为有效，对碎部较多的复杂多边形的压缩效果并不好。

图 4-13 所示的栅格数据，其块状编码为：$(1,1,4,0)$，$(1,5,2,2)$，$(1,7,2,2)$，$(3,5,2,7)$，$(3,7,1,0)$，$(3,8,1,2)$，$(4,7,1,0)$，$(4,8,1,0)$，$(5,1,2,2)$，$(5,3,1,6)$，$(5,4,1,0)$，$(5,5,4,1)$，$(6,3,1,6)$，$(6,4,1,6)$，$(7,1,2,0)$，$(7,3,2,4)$。

4. 四叉树编码

四叉树编码的基本思想是：将栅格数据等分为 4 部分，逐块地检查其格网属性值，若某个子区所有的格网值都相同，则这个子区不再继续被分割；否则将该子区继续分割成 4 个子区，这样依次地分割，直到每个子区都含有相同的属性值为止。

图 4-14 是对栅格数据进行的四叉树分割，每次分割出的 4 个等分区域称为 4 个"子象限"，这 4 个子象限按顺序依次为：左上(NW)、右上(NE)、左下(SW)、右下(SE)，

四叉树的分割结果是一棵倒立的树。

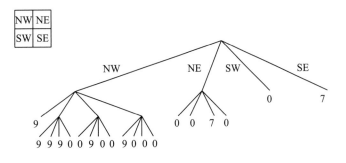

图 4-14　四叉树编码

　　进行四叉树自上而下的分割需要大量的运算，因为大量的数据经过重复检查后才能被确定如何划分。当栅格单元数比较大且区域内容要素比较复杂时，建立这种四叉树的速度比较缓慢。可采用另一种自下而上的方法来建立：若每相邻 4 个网格值相同，则进行合并，如此逐次地往上递归合并，直到符合四叉树的原则为止。这种方法的重复计算较少，运算速度较快。

　　四叉树结构按其编码方法的不同分为常规四叉树和线性四叉树。常规四叉树除记录叶节点外，还记录中间节点。节点之间借助指针联系，每个节点需要 6 个量表达：4 个叶节点指针、一个父节点指针和一个节点的属性值。这些指针不仅增加了数据存储量，而且增加了操作的复杂性。常规四叉树主要应用在数据索引和图幅索引等方面。

　　线性四叉树叶节点的编号需要遵循一定的规则，即"地址码"，它隐含了叶节点的位置和深度信息。最常用的地址码是十进制 Morton 码，它可以通过使用栅格单元的行、列号来进行计算(栅格的第一行为"0"行、第一列为"0"列)：先将十进制的行、列号转换成二进制数，然后进行"位"运算操作，如图 4-15 所示；把行号和列号的二进制数位两两交叉，可以得到以二进制数表示的 Morton 码，再将其转换为十进制数即可。

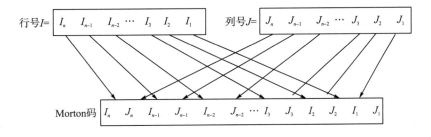

图 4-15　Morton 码的位运算

例如，第二行、第三列对应的栅格单元，其二进制的行、列号分别为 I＝0010、J＝0011，得到的 Morton 码为 M＝$(00001101)_{二进制}$＝$(13)_{十进制}$。用类似的方法，也可由 Morton 码反求出栅格单元的行、列号。

4.2.2 矢量数据结构及其编码

4.2.2.1 矢量数据结构

矢量数据结构通过记录坐标来描述点、线、面等地理要素的空间位置、轮廓及其几何关系，可以精确地表示出地理实体的位置、长度和面积。矢量数据结构具有数据精度高、存储空间小的特点，是一种高效的图形数据结构。

在矢量数据结构中：①点是零维的几何形状，用于描述面积和长度可以忽略不计的地理要素，如野外控制点、大海中的灯塔等；②线是一维的几何形状，用于描述形状狭长的地理要素，如河流、道路等；③面是二维的几何形状，用于描述由具有相同属性的位置所组成的一个连续区域，如湖泊、宗地等。

如图 4-16 所示，点对象用一对坐标(x, y)表示；线对象用一串有序的坐标对表示，即(x_1, y_1)，(x_2, y_2)，…，(x_n, y_n)；面对象用一串首尾相连的坐标对表示，即(x_1, y_1)，(x_2, y_2)，…，(x_{n-1}, y_{n-1})，(x_1, y_1)。

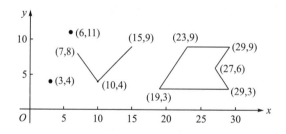

图 4-16　点、线、面数据的矢量数据结构表示

4.2.2.2 矢量数据编码

1. 实体式编码

实体式编码是指构成多边形边界的各个线段，以多边形为单元进行组织。按照这种数据结构，边界坐标数据和多边形单元实体一一对应，各个多边形的边界都可以被单独地编码和记录坐标。图 4-17 所示的多边形 A、B、C、D，可以用表 4-1 中的数据表示。

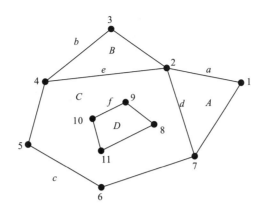

图 4-17　多边形原始数据

表 4-1　多边形数据文件

多边形	坐标
A	(x_1, y_1)，(x_2, y_2)，(x_7, y_7)，(x_1, y_1)
B	(x_2, y_2)，(x_3, y_3)，(x_4, y_4)，(x_2, y_2)
C	(x_2, y_2)，(x_4, y_4)，(x_5, y_5)，(x_6, y_6)，(x_7, y_7)，(x_2, y_2)
D	(x_8, y_8)，(x_9, y_9)，(x_{10}, y_{10})，(x_{11}, y_{11})，(x_8, y_8)

实体式编码具有编码容易、数字化操作简单和数据编排直观等优点；但在编码中，每个多边形都被以闭合线段存储，相邻多边形的公共边界会被数字化两遍和存储两次，造成了数据冗余，并可能导致输出的公共边界出现间隙或重叠，产生碎屑多边形。此外，实体式编码缺少多边形的邻域信息和图形的拓扑关系；而岛只能作为单个图形，它没有建立起与外界多边形的关联。因此，实体式编码只用在简单的系统中。

2．树状索引式编码

树状索引式编码对所有的边界点都进行数字化，将坐标对以顺序方式存储、点索引与边界号相联系、线索引与各多边形相联系，形成树状索引结构。

图 4-18 和图 4-19 分别是图 4-17 的多边形文件和线文件树状索引图，相应的多边形文件、边文件和点坐标文件分别见表 4-2～表 4-4。

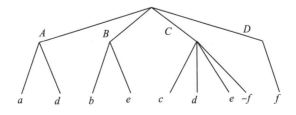

图 4-18　多边形与线之间的树状索引

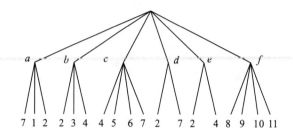

图 4-19　点与线之间的树状索引

表 4-2　多边形文件

多边形 ID	组成多边形的边 ID
A	a, d
B	b, e
C	c, d, e, −f
D	f

表 4-3　边文件

边 ID	组成边的点 ID
a	7, 1, 2
b	2, 3, 4
c	4, 5, 6, 7
d	2, 7
e	2, 4
f	8, 9, 10, 11

表 4-4　点坐标文件

点 ID	坐标
1	(x_1, y_1)
2	(x_2, y_2)
⋮	⋮
11	(x_{11}, y_{11})

3．双重独立式编码

双重独立式编码最早是由美国人口统计系统采用的一种编码方式，它的特点是采用拓扑编码结构。这种编码对图上网状或面状要素的任何一条线段，用顺序的两点以及相邻的多边形来予以定义。如图 4-20 所示的多边形数据，利用双重独立式编码可以得到以线段为中心的拓扑关系表，见表 4-5。除线段拓扑关系文件外，这种编码还需要多边形文件和点坐标文件，其结构同表 4-2 和表 4-4。

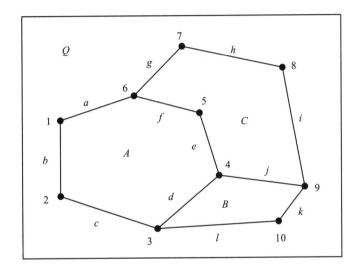

图 4-20　多边形原始数据

在表 4-5 中，线段的左、右多边形是以线段的起点到终点的方向作为前进方向来判断得到的。在双重独立式编码结构中，节点和节点、多边形和多边形之间为邻接关系，节点与线段、多边形与线段之间为关联关系。拓扑关系详见第 5 章的内容，利用这种拓扑关系可以有效地进行数据存储正确性检查，也便于对数据进行更新和检索。同时利用双重独立式编码结构可以自动地形成多边形，并检查线文件数据的正确性。

表 4-5　双重独立式编码线文件

线号	起点	终点	左多边形	右多边形
a	1	6	Q	A
b	2	1	Q	A
c	3	2	Q	A
d	4	3	B	A
e	5	4	C	A
f	6	5	C	A
g	6	7	Q	C

线号	起点	终点	左多边形	右多边形
h	7	8	Q	C
i	8	9	Q	C
j	9	4	B	C
k	9	10	Q	B
l	10	3	Q	B

4. 链状双重独立式编码

链状双重独立式编码是对双重独立式编码的一种改进。在双重独立式编码结构里，一条边只能用直线段表示；而在链状双重独立式编码结构中，会将若干直线段合为一个弧段，每个弧段可以有许多中间点。

在链状双重独立式编码结构中，主要有 4 个文件：多边形文件、弧段文件、弧段点文件、点坐标文件。图 4-21 所示的矢量数据，其链状双重独立式编码结构的 4 个文件分别见表 4-6～表 4-9。

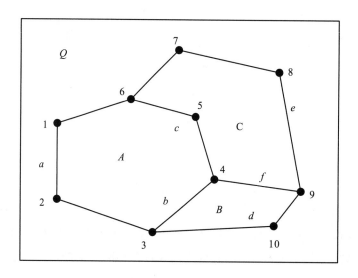

图 4-21　多边形原始数据

表 4-6　多边形文件

多边形 ID	弧段号
A	a, c, b
B	d, b, f
C	c, e, f

表 4-7　弧段文件

线号	起点	终点	左多边形	右多边形
a	3	6	Q	A
b	4	3	B	A
c	6	4	C	A
d	9	3	Q	B
e	6	9	Q	C
f	9	4	B	C

表 4-8　弧段点文件

弧段 ID	点号	弧段 ID	点号
a	3，2，1，6	d	9，10，3
b	4，3	e	6，7，8，9
c	6，5，4	f	9，4

表 4-9　点坐标文件

点 ID	坐标
1	(x_1,y_1)
2	(x_2,y_2)
⋮	⋮
10	(x_{10},y_{10})

4.2.3　矢量与栅格数据的比较及转换

4.2.3.1　矢量与栅格数据的比较

矢量数据结构应用坐标点序列表达地理要素，具有"位置显化、属性隐含"的特点。其优点是数据存储量小，数据表达精度较高，输出的图形美观且工作效率较高；缺点是操作起来比较复杂，许多分析操作(如叠置分析等)用矢量数据结构难以实现。

栅格数据结构应用行和列都规则排列的栅格单元表达地理特征，具有"属性显化、位置隐含"的特点。其优点是结构简单、易于通过算法实现，有利于空间分析；缺点是数据表达精度低，数据存储量大，数据的冗余度较大，工作效率较低。若要把栅格数据的表达精度提高 1 倍，则要付出 4 倍数据量的代价。表 4-10 对这两种数据结构进行了比较。

表 4-10　矢量与栅格数据结构比较

比较内容	矢量数据结构	栅格数据结构
数据量	小	大
图形精度	高	低
图形运算	复杂、高效	简单、低效
遥感影像格式	不一致	一致或接近
输出表示	抽象、昂贵	直观、便宜
数据共享	不易实现	容易实现
拓扑和网络分析	容易实现	不易实现

矢量数据和栅格数据是空间信息系统中最重要的两种数据类型，在具体的空间信息应用中要根据需要来选择合适的数据类型，经常需要综合地应用这两种数据类型完成任务。例如，在进行土地利用变化分析时，常常应用栅格数据进行多种空间分析以得到变化的地类图斑，然后将其转化成矢量图层并生成土地利用变化专题图；而在电力网络、道路网络分析应用工程中，常常采用矢量数据进行网络分析。

4.2.3.2　矢量与栅格数据的转换

栅格数据与矢量数据各具特点与适用性，为了在同一个系统中可以兼容这两种数据，以便做进一步的分析和处理，常常需要实现这两种数据的转换。

1. 矢量数据向栅格数据转换

矢量数据的基本坐标是直角坐标 (x, y)，其坐标原点一般取在图的左下角。网格数据的基本坐标是行和列 (I, J)，其坐标原点一般取在图的左上角。在进行这两种数据的变换时，令直角坐标 x 和 y 分别与行和列平行。由于矢量数据的基本要素是点、线、面，因而只要实现了这三者的转换，各种线划图形的变换问题都可以得到解决。

1）点的栅格化

点的变换十分简单，这个点落在哪个网格中就属于哪个网格元素。其行、列坐标 I、J 可由下式求出，即

$$\begin{cases} I = 1 + \text{Int}(\dfrac{y_{\max} - y}{\Delta y}) \\ J = 1 + \text{Int}(\dfrac{x - x_{\min}}{\Delta x}) \end{cases} \tag{4-1}$$

式中，x、y 分别为矢量点位坐标；$x_{\min}$、$x_{\max}$ 分别为全图 x 坐标的最小值和最大值；$y_{\min}$、$y_{\max}$ 分别为全图 y 坐标的最小值和最大值；I、J 分别为全图网格的行数和列数（图 4-22）。它们之间的关系可以被表示为

$$\begin{cases} \Delta x = \dfrac{x_{\max} - x_{\min}}{J} \\ \Delta y = \dfrac{y_{\max} - y_{\min}}{I} \end{cases} \tag{4-2}$$

式中，I 和 J 可以由原地图的比例尺，根据地图所对应地面的长和宽与网格分辨率相除并取其整数来求得。

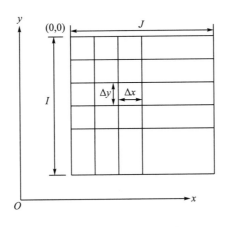

图 4-22 两种坐标的关系

2）线的栅格化

曲线在进行数字化时需要输入多个点，于是形成了折线，由于点多且密集，因此折线在视觉上就形成了曲线。因为相邻两点之间是直线，所以只要知道直线转换为网格的方法，曲线与多边形边的转换就可以完成。

线栅格化的基本思想：先按照点栅格化的方法确定每相邻两个结点所在的一组栅格的行、列值，并将它们"栅格化"；然后求出这两个结点位置的行差和列差。若行差小于列差，则逐列求出本列中心线与过这两个结点直线的交点，栅格化该点；若列差小于行差，则逐行求出本行中心线与过这两个结点直线的交点，栅格化该点。在每行或每列上，只有一个像元被"栅格化"。

根据上述基本思想，首先要栅格化两个端点 A、B，再栅格化中间部分。设 A 点的坐标为 (x_1, y_1)，B 点的坐标为 (x_2, y_2)，栅格化后单元的行、列值分别为 (I_1, J_1) 和 (I_2, J_2)，则行差为 $|I_2 - I_1|$、列差为 $|J_2 - J_1|$。此时，需要分两种情况来处理。

（1）行差小于列差。由点计算公式先计算出两端点的列数，假如 J 分别为 3 和 10，那么只需要知道直线经过的第 4～9 列中与直线相交的单元格即可（因为行差小于列差，所以每一列中的直线段只可能占据一行，求出的行是唯一值）。平行于 y 轴作每一列的中心线，即"扫描线"，求每条扫描线与线段 AB 的交点，按点的栅格化方法将交点转换为栅格坐标，如图 4-23（a）所示。

设 x_m 为每列扫描线的横坐标，$A(x_1, y_1)$ 和 $B(x_2, y_2)$ 为线段的两个端点坐标，则交点坐

标为

$$\begin{cases} x = x_m \\ y = (x - x_1)\dfrac{y_2 - y_1}{x_2 - x_1} + y_1 \end{cases}$$ (4-3)

求出的每个交点坐标，先按点转换方法将其转换为行、列号，再求出行值即可。

(2)列差小于行差。由点计算公式先计算出两端点的行数，假如 I 分别为 2 和 11，那么只需要知道直线经过的第 3～10 行中与直线相交的单元格即可(因为列差小于行差，所以每一行中的直线段只可能占据一列，求出的列为唯一值)。平行于 x 轴作每一行的中心线(即扫描线)，求出每条扫描线与线段的交点，按点的栅格化方法将交点转换为栅格坐标，如图 4-23(b)所示。设 y_m 为每行扫描线的纵坐标，则转换公式如下：

$$\begin{cases} y = y_m \\ x = (y - y_1)\dfrac{x_2 - x_1}{y_2 - y_1} + x_1 \end{cases}$$ (4-4)

求出的每个交点坐标，先按点转换方法将其转换为行、列号，再求出列值即可。

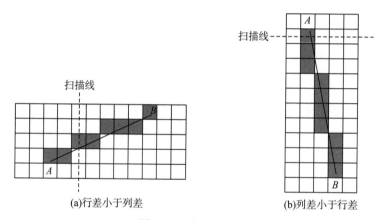

(a)行差小于列差

(b)列差小于行差

图 4-23　线的栅格化

3)多边形的栅格化

目前对多边形的栅格化一般采用的是左码记录法。其原理如图 4-24 所示，有一闭合多边形，它将整个矩形面域分割成属性为 1 和 0 的两个部分。

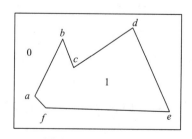

图 4-24　闭合多边形

第一步，从数字化数据的第一点开始，依次记录每一点左边面域的属性值(面域外为 0，面域内为 1)。这样，便对每一个多边形的数字化点实现了“三值化”，即坐标值、线段自身属性值及左侧面域属性值。需要注意的是，在对每一条边进行栅格化时，需要被记录的点的坐标值每一行只记录一个。例如，线段 *ab* 只跨越了 5 行，所以最后只记录 5 个栅格点的坐标值、线段属性值和左侧面域属性值。

第二步，对多边形的每一条边，按上述线段栅格化的方法进行转换，得到如图 4-25 所示的数据组成。

第三步，进行节点处理，使节点的栅格值唯一且准确。

第四步，排序。从第一行起逐行并按列的先后顺序进行排序，这时得到的数据结构完全等同于栅格数据压缩编码的数据结构。

第五步，展开为全栅格数据结构，完成矢量数据向栅格数据的转换(图 4-26)。

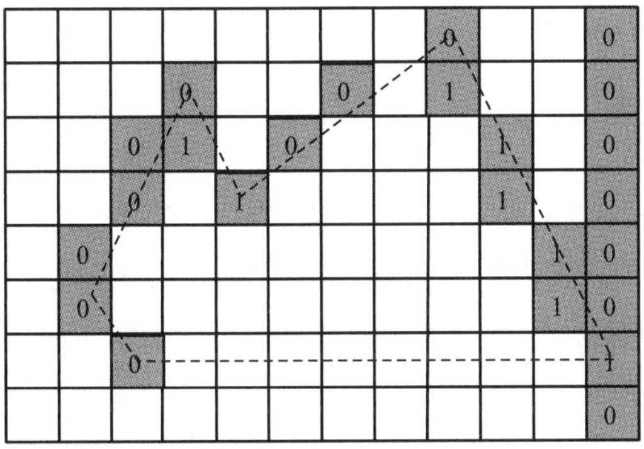

图 4-25　多边形矢量结构向栅格结构的转换

0	0	0	0	0	0	0	0	0	0	0	0
0	0	0	0	0	0	0	1	1	0	0	0
0	0	0	1	0	0	1	1	1	1	0	0
0	0	0	1	1	1	1	1	1	1	0	0
0	0	1	1	1	1	1	1	1	1	1	0
0	0	1	1	1	1	1	1	1	1	1	0
0	0	0	1	1	1	1	1	1	1	1	1
0	0	0	0	0	0	0	0	0	0	0	0

图 4-26　全栅格数据结构

除了此种转换方法以外，矢量数据向栅格数据转换的方法还有内部点扩散法、复数积分算法、射线算法和扫描线算法；但相比之下，这些方法都比较复杂，并有较大的限制条件，这里不作进一步的讨论。

2．栅格数据向矢量数据转换

栅格向矢量转换是为了将栅格数据分析出来的结果通过矢量绘图装置输出，或者是为了数据压缩的需要将大量的面状栅格数据转换为由少量数据表示的多边形边界，但是主要目的是将自动扫描仪获取的栅格数据加入矢量形式的数据库中。在进行转换处理时，基于图像数据文件和再生栅格数据文件不同，分别采用不同的算法。这里主要介绍基于图像数据的矢量化方法。

图像数据是由不同灰阶的影像或线划，通过自动扫描仪并按一定的分辨率进行扫描采样来得到的用不同灰度值(0～255)表示的数据，其具体的转换步骤如下。

第一步，二值化。图 4-27(a)中的线划图形经扫描后产生了栅格数据，这些数据是按

0~255 的不同灰度值进行量度的，类似图 4-27(b)，设以 $G(i,j)$ 表示。为了将 256 或 128 级不同的灰阶压缩到两个灰阶(即 0 和 1 两级)，首先要在最大与最小灰阶之间定义一个阈值。设该阈值为 T，若 $G(i,j) \geqslant T$，则记此栅格的值为 1；若 $G(i,j) < T$，则记此栅格的值为 0。于是就得到了一幅二值图，如图 4-27(c) 所示。

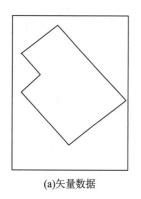
(a)矢量数据

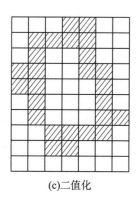
(b)栅格数据

5	2	2	124	192	5	1
9	245	212	110	350	12	9
10	156	5	7	110	135	4
141	73	6	6	135	201	8
138	144	8	5	6	166	21
9	178	29	4	4	127	12
5	132	11	7	7	253	211
3	23	214	133	244	155	43
1	7	167	122	12	9	5
0	3	5	0	0	1	0

(c)二值化

图 4-27　栅格数据二值化

第二步，细化。细化是消除线划横断面栅格数的差异，使每一条线只保留代表其轴线或周围轮廓线(对面状符号而言)位置的单个栅格的宽度。对于栅格线划的"细化"方法，可分为"剥皮法"和"骨架化"两大类。剥皮法的实质是从曲线的边缘开始，每次剥掉等于一个栅格宽的一层，直到最后留下的是彼此连通的由单个栅格点组成的图形，如图 4-28(a)~图 4-28(c) 所示。

第三步，跟踪。细化后的二值图像形成了骨架图，跟踪就是把骨架转换为矢量图形的坐标序列。其步骤是：从左到右、从上到下地搜索线划的起始点并记下它的坐标，从起始点开始，先根据 8 个邻域进行搜索，依次跟踪相邻点，并记录结点坐标；然后搜索闭曲线，直到完成全部栅格数据的矢量化为止，如图 4-28(d) 所示。

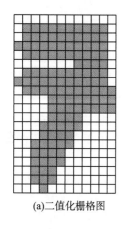
(a)二值化栅格图

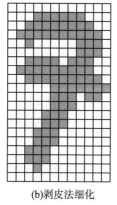
(b)剥皮法细化

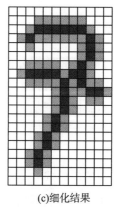
(c)细化结果

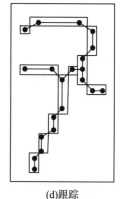
(d)跟踪

图 4-28　栅格-矢量结构的转换过程

4.2.4　数字高程模型的表达

数字地形模型(digital terrain model，DTM)是对地形表面形态属性信息的数字表达，也是对空间位置特征和地形属性特征的数字描述。当 DTM 中的地形属性是高程时，该模型称为"数字高程模型(DEM)"。

DEM 主要有 4 种表示模型：规则格网模型、不规则三角网模型、等高线模型和细节层次模型。

1. 规则格网模型

采用规则格网将区域空间切分为规则的格网单元，每个格网单元赋予一个高程值，如图 4-29 所示。这样就形成了一个具有栅格结构的二维高程矩阵，可以按照栅格数据结构进行编码。规则格网通常是正方形，也可以是矩形、三角形等，规则格网模型也称为"Grid模型"。

91	78	63	50	44	25
54	62	42	81	79	33
56	52	78	86	91	45
80	75	72	62	100	81
44	60	50	78	25	34
48	55	70	66	41	27

图 4-29　规则格网 DEM

格网的数值可以有两种不同的解释，如图 4-30 所示。

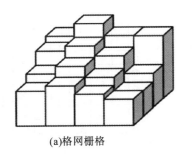
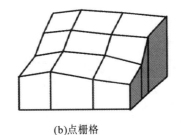

(a)格网栅格　　　　　　　　　　　(b)点栅格

图 4-30　规则格网 DEM 的两种解释

(1) 格网栅格观点：它认为格网单元的数值是其所有点的高程值，即认为格网单元对应区域范围内的高程是一致的，这种数字高程模型是一个不连续的函数。

(2) 点栅格观点：它认为一个网格单元的数值是网格中心点的高程或网格单元的平均高程值，这时需要用某种插值方法来求解每个点的高程。计算任何非网格中心点的高程值，都需要使用到周围 4 个中心点的高程值，其计算方法包括距离加权平均法、样条函数、克里金插值等。

规则格网 DEM 的优点是结构简单，易于用计算机进行存储和处理，便于进行对坡度及坡向的计算、地形线的提取和通视判断等地形分析；缺点是不能准确地表示地形的细部结构，数据冗余大。

2. 不规则三角网模型

不规则三角网(triangulated irregular network，TIN)是另外一种表示数字高程模型的方法。TIN 模型根据区域内的有限个点集，将区域划分为相连的三角面网格，区域中的任意点都落在三角面的顶点、边上或三角形内。若点不在顶点上，则该点的高程值通常通过线性插值的方法得到(在边上用边的两个顶点的高程，在三角形内用三个顶点的高程)。所以 TIN 是一个三维空间的分段线性模型，在整个区域内连续但不可微。

TIN 模型在概念上类似于多边形的矢量拓扑结构，只是它没有"岛"和"洞"，因此也就不需要定义"岛"与"洞"的拓扑关系。

有许多能够表达 TIN 拓扑结构的存储方式，其中一个较为简单的是：让每个三角形的边和节点都对应一个记录，三角形的记录包括 3 个分别指向 3 条边的记录指针(边的记录有 4 个指针字段，包括 2 个指向相邻三角形记录的指针、2 个顶点的记录指针)；也可以直接对每个三角形记录其顶点和相邻三角形，如图 4-31 所示。每个节点包括 3 个坐标值字段，分别存储 X、Y、Z 坐标。这种拓扑网络结构的特点是对于一个给定的三角形，查询 3 个顶点高程和相邻三角形所用的时间是定长的，在沿直线计算地形剖面线时具有较高的效率。当然，也可以在此结构的基础上增加其他的变化，以提高某些特殊运算的效率，如在顶点的记录里增加指向其关联边的指针等。

(a)点坐标文件

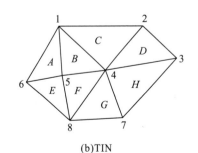
(b)TIN

	顶点			邻接三角形		
A	1	5	6	B	E	-
B	1	4	5	A	C	F
C	1	2	4	-	D	B
D	2	3	4	C	-	H
E	5	6	8	A	-	F
F	4	5	8	B	E	G
G	4	7	8	F	H	-
H	3	4	7	D	G	-

(c)三角形拓扑文件

图 4-31　不规则三角网的一种存储方式

TIN 由连续的三角面组成，三角形的形状和大小取决于不规则分布的测点或节点的位置和密度。TIN 与规则格网 DEM 的不同之处是，TIN 可以随地形起伏变化的复杂性来改变采样点的密度和决定采样点的位置。因此，它既能避免地形平坦时的数据冗余，又能按地形特征线如山脊线、山谷线等表示高程变化的特征。

3. 等高线模型

等高线是地面上高程相等点的连线在水平面上的投影(图 4-32)。从构成等高线的原理来看，它可以反映地面高程、山体、谷地、坡形、坡度、山脉走向等地貌的基本形态及其变化，提供可靠的地面起伏形态。

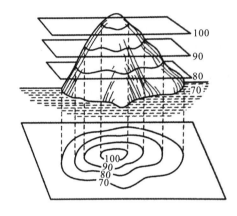

图 4-32 等高线的原理

在用等高线模型表示高程时，每一条等高线都对应了一个已知的高程值，一系列的等高线及其高程值就一同构成了地面高程模型。等高线的基本特点是：它是封闭、连续的曲线；位于同一条等高线上的各点的高程相等；等高线图形与实地保持几何相似关系；在等高距相同的情况下，等高线越密则坡度越陡，等高线越稀则坡度越缓。

等高线可分为首曲线、计曲线、间曲线和助曲线 4 种(图 4-33)。

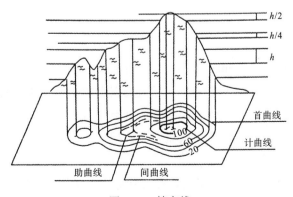

图 4-33 等高线

(1)首曲线又称为"基本等高线"，它是按基本等高距由零点起算来测绘的，通常用细实线描绘首曲线。

(2)计曲线又称为"加粗等高线"，它是为了计算高程的方便而被加粗描绘的等高线，通常每隔 4 条基本等高线描绘一条计曲线，在地形图上以加粗的实线表示。

(3)间曲线又称为"半距等高线"，它是在相邻两条基本等高线之间补充测绘的等高线，用于表示基本等高线不能反映而又重要的局部形态，常用长虚线表示。

(4)助曲线又称为"辅助等高线"，它是在任意高度上测绘的等高线，用于表示别的等高线都不能表示的重要的微小形态。因为它是任意高度的，所以也称为"任意等高线"。实际上，助曲线多被测绘在 1/4 基本等高距的位置上，在地形图上用短虚线表示。

通常将间曲线和助曲线称为"补充等高线"。

等高线通常被存储为一个有序的坐标串，可将其看作一条带有高程值属性的简单多边形或多边形弧段。等高线模型只表达了区域的部分(线上)高程值，因而往往需要一种插值方法来计算落在等高线外的其他点的高程。因为这些点实际上是落在两条等高线包围的区域内，所以通常只使用外包的两条等高线的高程进行插值(等高线可以用二维的链表存储)。另外，可以用图来表示等高线之间的拓扑关系，将等高线之间的区域表示成图的节点，用边表示等高线。此方法能够满足等高线闭合或边界闭合以及等高线互不相交这两个拓扑约束条件。这类图可以被改造成一种无圈的自由树，图 4-34 为一个等高线图及其自由树。此外，还有多种基于图论的表示方法。

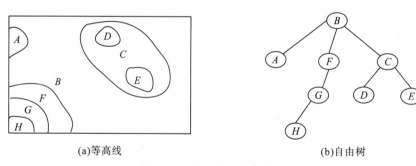

(a)等高线　　　　　　　　　　　　　(b)自由树

图 4-34　等高线及其自由树

4. 细节层次模型

细节层次模型(layer of details，LOD)是一种能够表达多种不同精度水平的数字高程模型。大多数的层次模型是基于 TIN 的，通常数据点越多 TIN 的精度越高，反之精度越低；但数据点多时数据量就大，会占用更多的计算资源。所以，在满足精度要求的情况下，应尽可能地减少数据点。细节层次模型允许根据不同的任务要求选择不同精度的地形模型。

层次模型是一种很理想的数据模型，在实际运用中必须注意以下几个问题(这些问题目前还没有一个公认、最好的解决方案，仍需要做进一步的研究)。

（1）层次模型的存储问题。与直接存储不同，层次数据必然导致数据冗余。

（2）自动搜索问题。搜索一个点时可能先在最粗的层次上搜索，然后在更细的层次上搜索，直到找到该点为止。

（3）三角形形状的优化问题。可以使用狄洛尼（Delaunay）三角剖分。

（4）允许根据地形的复杂程度采用详细程度不同的混合模型。例如，对于飞行模拟，近处时必须显示比远处更为详细的地形特征。

（5）在表达地貌特征方面应该一致。例如，在某个层次的地形模型上有一个明显的山峰，那么在更细的层次上也应该有这个山峰。

DEM 是在二维空间中对三维地形表面的描述。构建规则格网 DEM 的整体思路是：先在二维平面上进行格网划分以形成覆盖整个区域的格网空间结构，然后利用分布在格网点周围的地形采样点来内插计算格网点的高程值，最后按一定的格式输出，形成格网DEM（图 4-35）。

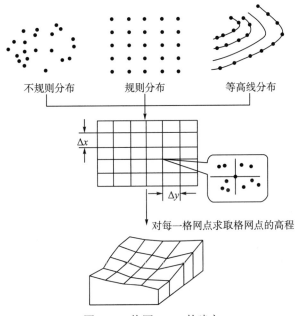

图 4-35　格网 DEM 的建立

4.2.5　三维空间数据结构

对三维空间数据结构的表示有多种方法，其中运用最普遍的是具有拓扑关系的三维边界表示法和八叉树表示法。

1. 八叉树

八叉树的数据结构可以被看成是二维栅格数据中的四叉树在三维空间中的推广。该数据结构是先将所要表示的三维空间按 X、Y、Z 3 个方向从中间进行分割，把空间分割成 8

个立方体；然后根据每个立方体中所含有的目标来决定是否对各立方体继续进行八等份的划分，直到每个立方体被一个目标填满或没有目标或其大小已成为被预先定义的不可再分的体素为止。

图 4-36(a) 所示的空间物体按图 4-36(b) 进行编码，其八叉树结构如图 4-34(c) 所示。小圆圈表示该立方体未被某目标填满，或者含有多个目标，需要继续划分；有阴影的小矩形表示该立方体被某个目标填满，空白的小矩形表示该立方体中没有目标，这两种情况都不需要继续进行划分。

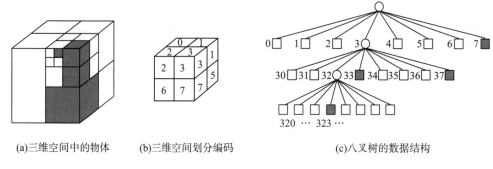

(a)三维空间中的物体　　(b)三维空间划分编码　　　　　(c)八叉树的数据结构

图 4-36　八叉树的数据结构

八叉树的主要优点在于可以非常方便地实现有广泛用途的集合运算(如可以求两个物体的并、交、差等运算)，而这些恰好是其他的表示方法比较难以处理或者需要耗费许多计算资源的地方。不仅如此，由于这种方法具有有序性及分层性，因而给显示精度和速度的平衡、隐线和隐面的消除等都带来了很大的方便。

2. 三维边界表示法

边界表示法是以物体边界为基础定义和描述三维物体的方法，它通过指定顶点位置、构成边的顶点以及构成面的边来表示三维物体，能给出完整和显式的界面描述。边界表示法的数据结构一般用 3 张表来描述：①顶点表——用于表示多面体各顶点的坐标；②边表——指出构成多面体某边的两个顶点；③面表——给出围成多面体某个面的各条边。

对于后两个表，一般使用指针的方法指出有关的边、点的存放位置。为了更快地获得所需要的信息以及更充分地表达点、线、面之间的拓扑关系，可以把其他一些有关的内容结合到所使用的表中。图 4-37 中的"扩充后的边表"就是将边所属的多边形信息结合进边表后的形式。利用这种扩充后的边表，可以知道某条边是否为两个多边形的公共边；若是，则相应的两个多边形也立即可以被知道。这是一种用空间换取时间的方法。是否要这样做，应视具体的应用而定，同样也可根据需要适当地通过扩充其他两张表来提高处理效率。当有若干个多面体时，还必须有一个对象表，在这个表中要列出围成每个多面体的诸面。

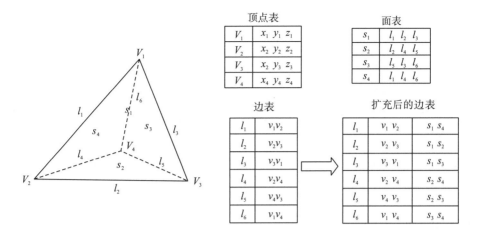

图 4-37 三维边界表示法

采用这种分列的表来表示多面体,可以避免重复地表示某些点、边、面,比较节省存储空间。对图形显示也更有好处,例如,使用边表后,可立即画出该多面体的线条,也可使同一条边不被重复地画两次。可以想象,如果表中仅有多边形表而省略了边表,那么两个多边形的公共边不仅在表示上要重复,而且很可能被画两次。类似地,如果省略了顶点表,那么作为一些边的公共顶点的坐标值就很可能被重复存储多次。

4.3 空间索引技术

4.3.1 空间索引的概念和技术发展

1. 空间索引的基本概念

空间索引是依据空间对象的位置和形状或空间对象间的某种空间关系,按一定顺序排列的一种数据结构;其中包括空间对象的概要信息,如对象的标识、外接矩形以及指向空间对象实体的指针。

空间索引是介于空间算法和空间对象之间的一种辅助性数据结构,其主要目的是对空间数据进行筛选和过滤,以便在进行空间操作时预先排除大量与空间对象无关的空间数据,提高空间操作效率。

2. 空间索引技术的发展

空间索引技术在经过几十年的发展后形成了一系列方法,这些方法大致可以分为 4 类:基于二叉树的索引系列,如 KD 树、KDB 树、hB 树等;基于 B 树的索引系列,如 R 树系列、X 树、BV 树等;基于 Hashing 的格网索引系列,如网格文件、R 文件、G 树等;

基于空间目标排序的索引系列，如 Z 排序、位置键、Hilbert 排序等。

目前，空间索引方法多达上百种，其中相当大的一部分是对已有方法的改进。主流的空间索引方法都采用树索引结构，常用的是四叉树索引和 R 树索引，国内外主要的空间数据库大都采用这两类空间索引方法，如 ESRI 公司的 Acrview、Mapinfo 公司的 Mapinfo 和 Informix 公司的 GeoSpatialDataBlade 等。在众多的索引方法中，R 树的索引结构最为流行并受到广泛关注。R 树及其改进的 R 树系列被广泛地应用于商用空间数据库系统(如 DB2、Oracle、Informix 等)；随后出现了许多变体 R 树，如 R+树、R*树和 Hilbert(希尔伯特)R 树等。

4.3.2 常用的空间索引技术

1. 格网索引

格网索引的基本思想是将研究区域用横、竖线划分成格网，记录每个格网所包含的空间实体。当用户进行空间查询时，先计算用户查询对象所在的格网，然后从该格网中快速地查询出所选的空间实体，这样就大大地加快了空间索引的查询速度。格网索引的示例如图 4-38 所示。

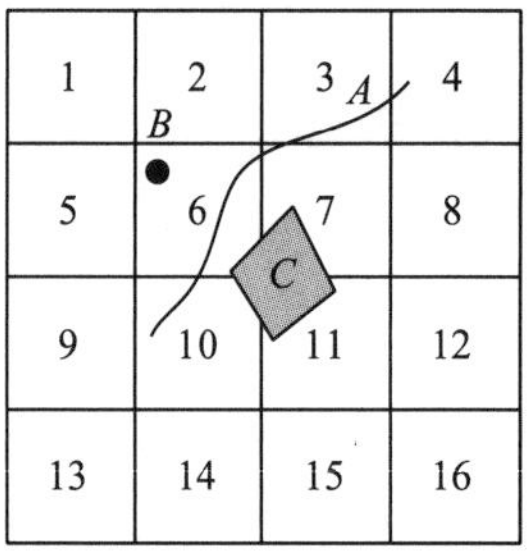

格网号	实体
3	*A*
4	*A*
6	*A*, *B*, *C*
7	*A*, *C*
10	*A*, *C*
11	*C*

图 4-38 格网索引

格网索引结构简单、查询速度快，格网单元的划分大小是影响空间索引的重要因素。格网单元被划分地越细，搜索精度就越高；但冗余越大。因此，合理地调整格网大小可以获得最佳的索引性能。为提高格网索引的效率，也可以采用多级格网进行索引。

2. 四叉树索引

四叉树不仅可以用于对栅格数据进行编码，还可以用于建立空间数据的索引。在建立四叉树索引时，先根据所有空间对象的覆盖范围进行四叉树分割，使每个子块都包含单个实体；然后根据包含每个实体的子块层数或大小，建立相应的索引。在四叉树索引中，大区域的空间实体更靠近四叉树的根部，小实体位于叶端，它们以不同的分辨率描述不同实体的可检索性。线性四叉树采用十进制的 Morton 码（或 Peano 码）表示四叉树的大小和层数，如图 4-39 所示。

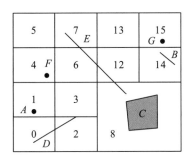

Morton码	边长	实体
0	4	E
0	2	D
1	1	A
4	1	F
8	2	C
14	1	B
15	1	G

图 4-39　格网索引

在图 4-39 中，空间实体 E 外接矩形的范围很大，涉及由结点 0 开始的 4×4 个结点，所以在索引表的第一行，其 Morton 码为 0（表示涉及整个区域）、边长为 4、实体标识符为 E；空间实体 D 虽然仅涉及 Morton 码 0 和 2 的两个格网，但对于四叉树来说，它所涉及的 0～3 这 4 个结点不可再被分割，因此需要用 2×2 个结点来表达；同理，实体 C 也需要用 2×2 个结点来表达；而点状实体 A、F、G 本身没有大小，直接使用最低一级的结点表示。由此便可建立起 Morton 码与空间实体之间的索引关系。在进行空间数据检索和提取时，根据 Morton 码和边长就可以检索出某一范围内的对象。

使用层次四叉树建立空间数据索引的方法与线性四叉树基本相同，但是需要记录不同层次结点间的指针；而对于层次四叉树来说，建立和维护索引都比较困难。与格网索引相比，四叉树索引结构灵活且效率更高。

3．R 树索引

R 树索引的机制是：设计一些虚拟的矩形框，将一些空间距离相近的空间对象包含在这些矩形框内。矩形框包含空间对象的指针，因而可以作为空间索引。矩形框的数据结构为

$$Rect(Rectangle-ID，Type，Min-X，Min-Y，Max-X，Max-Y)$$

其中，Rectangle-ID 表示矩形框的对象标识；Type 表示该矩形框是虚拟空间对象还是实际空间对象；Min-X、Min-Y、Max-X、Max-Y 分别表示该矩形的最大、最小坐标值。

构造矩形的原则是：矩形之间尽可能地少重叠；矩形尽可能地包含更多的空间对象；矩形可以嵌套，即矩形中可以包含更小的矩形。

在进行空间检索时，先要判断哪些虚拟矩形落在了检索窗口内，然后进一步判断哪些空间实体为被检索对象，这样可以提高检索速度。图 4-40 是 R 树索引示例，实线矩形为实体的外接矩形，虚线矩形为建立的虚拟矩形。例如，虚拟矩形 A 包含了实体外接矩形 D、E、F、G。

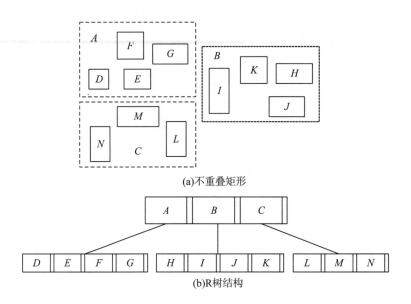

(a)不重叠矩形

(b)R树结构

图 4-40   R 树索引

在构造 R 树时，虚拟矩形之间尽量不要相互重叠，而且一个空间实体通常只能被一个同级的虚拟矩形包围。但事实上，空间对象千姿百态，其最小矩形窗经常重叠，要使每一个空间对象仅被一个虚拟矩形包围，则无法保证虚拟矩形不重叠。

R+树是对 R 树索引的一种改进，它不允许虚拟矩形相互重叠，但允许一个空间实体被多个虚拟矩形包围。在构造虚拟矩形时，应尽量保持每个虚拟矩形都包含相同个数的下层虚拟矩形或实体的外接矩形，以保证任一实体都具有相同的检索时间(图 4-41)。

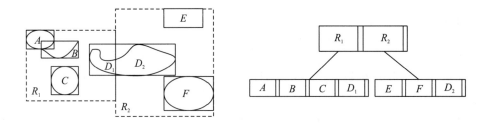

图 4-41   R+树索引

尽管 R 树和 R+树的索引检索速度都得到了提高，但它们在空间数据的插入、删除和空间搜索效率等方面仍然难以兼顾。

4.4　空间数据的组织与管理

4.4.1　文件系统与数据库系统

1. 文件系统

文件是由大量性质相同的记录组成的数据集合，是数据组织的较高层次之一。它按一定的逻辑结构(如顺序、树等)把有关联的数据记录组织起来，并用体现这种逻辑结构的物理存储形式将数据存放在相应的物理存储设备上。在一定程度上，文件系统具有数据的物理独立性。文件的组织方法基本上是顺序的，读取数据时要么顺序地读取整个文件，要么从开始位置移动一个指针偏移量来读出其中的一部分。后来对文件的组织方法进行了改进，增加了索引文件、链接式文件等；但进行数据读取的方法仍然是使用位置指针来控制读取的位置和数量。

根据用户和系统设计的要求，文件可以按一定的数据结构自由组织。这种数据结构可以不用考虑用户的全局需要而仅仅只需满足某特定应用的需要，所以结构简单、组织方式灵活、存取效率较高，尤其对非结构化空间数据组织与管理的效率更高。但是，文件系统也存在一定的缺陷：①对每一个应用程序都需要针对其文件结构进行特定的修改，当文件结构发生变化时，应用程序也必须随之变化；②在进行数据的增加、删除、修改等操作时，需要大量地移动或重新存取数据内容，常用的方法是将数据文件读入内存并按链表或数组的形式组织，完成修改后再重新保存文件；③当数据被保存在单独的文件中时，多个用户同时使用时会难以处理，需要建立一个中央控制系统来对文件的访问权限和每一个用户所能执行的操作进行控制；④由于操作系统的寻址能力有限，通常非结构化的数据文件不适用于处理那些数据量巨大的数据，当数据量很大时需要按一定的规则将数据分成许多的小文件，以便读取和组织。

2. 数据库系统

数据库是结构化的数据组织，其管理数据的能力更强，是迄今为止数据组织的最高层次。数据库的物理基础仍然是文件系统，这些文件内部之间的关系更密切、相互之间的约束更强，同时完整性、一致性和并发控制能力也更强。数据库管理系统(database management system，DBMS)是位于用户和操作系统之间的进行数据库存取和各种管理控制的软件，是数据库系统的中心枢纽，具有数据定义、数据操作和数据控制等基本功能，在应用程序和数据文件之间起着重要的桥梁作用，用户或应用程序对数据库的全部操作都是通过它来进行的。

数据库系统因为有专门的 DBMS 来负责对数据库管理和维护，所以具有很多优势。

（1）数据是整体结构化的，结构化的数据不再是只针对某一应用，而是面向全组织。同时，进行数据存取的方式很灵活，应用程序不需要考虑数据是被如何存放的。

（2）能够提供良好的数据独立性，包括物理独立性和逻辑独立性。其中物理独立性是指，即使数据的存储结构发生了变化，应用程序也不需要被改变；逻辑独立性是指，即使数据的逻辑结构发生了改变，应用程序也可以不被改变。

（3）数据共享性高、冗余度低，容易扩充。数据可以被多个用户或应用程序共享，从而大大地减少了数据冗余，也解决了数据之间的不相容性与不一致性。

（4）数据由 DBMS 统一地管理和控制。数据库中的数据共享是并发共享，即多个用户或应用程序可以同时存取数据库中的数据，甚至可以同时存取数据库中的同一数据。数据库提供了诸如安全性保护、完整性检查、并发访问控制以及故障恢复等数据控制功能。

4.4.2　空间数据的管理方式

1．文件管理模式

文件管理模式是空间数据管理中最早、最广泛使用的应用模式。它将所有的空间数据都统一地存储在自行定义的空间数据结构及其操纵工具的一个或者多个文件中，包括非结构化的空间几何数据和结构化的专题属性数据。这两者之间通过唯一标识码建立联系，如图 4-42 所示。

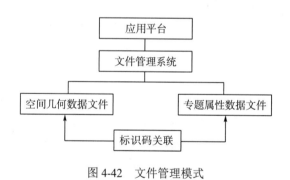

图 4-42　文件管理模式

文件系统进行空间数据管理的优点是：逻辑结构简单灵活、数据存取操作简便、查询和分析效率很高、地图的显示速度很快，非常适用于对桌面或单机使用的空间数据库的建立。在文件管理模式下，基于场模型的空间数据通常采用单个数据文件完成对空间数据的组织(有时也可以是两个数据文件，其中一个用于定义元数据信息)，其中位置数据由单元行、列号隐性地确定，属性信息由该单元的属性值定义；而基于要素模型的空间数据，通常将具有相同属性特征的一类地理实体作为一个图层，每个图层分别使用两个数据文件(几何数据文件和属性数据文件)完成对该图层地理实体或地理现象的统一管理，这两个数据文件之间通过显式或隐性的目标标识码建立数据联接。

文件管理模式的缺点是：①缺乏数据的物理独立性，数据集不易进行扩展；②对属性数据的管理功能较弱；③数据维护比较麻烦，数据的一致性无法保证；④对数据共享尤其是对并发访问的控制非常困难。

2. 文件和数据库混合管理模式

文件和数据库混合管理模式兼顾了文件系统擅长管理非结构化空间数据的优点，以及数据库系统具有强大结构化数据管理能力的优势。该混合管理模式采用文件系统管理空间几何数据且采用关系型数据库管理专题属性数据，这两者之间通过显式的目标标识码进行联系，如图 4-43 所示。

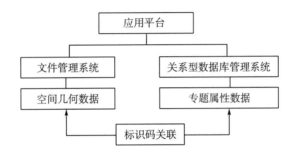

图 4-43　文件与关系型数据库混合管理模式

文件和数据库混合管理模式的优点是：充分发挥了文件系统和数据库系统各自的优势，使得系统的开发和应用灵活、高效；同时利用成熟的关系型数据库管理系统所提供的强大的结构化数据管理功能，完成了对无论是结构还是内容都变化较大的属性数据的管理，既降低了系统的开发难度、减少了工作量，也能够保证对属性数据的充分共享和并发访问控制。所以这种模式的应用到目前为止仍然非常广泛，尤其是在某一领域或某个部门所建立的局域网环境下。缺点是：它是通过标识码实现几何数据和属性数据的连接，难以维护数据和保证其一致性；另外，比较适用于局域网环境下的 C/S 结构，无法满足 B/S 结构的应用。

3. 全关系型数据库管理模式

全关系型数据库管理模式使用统一的关系型数据库管理空间几何数据和专题属性数据。几何数据以二进制数据块的形式存储在关系型数据库中，通过空间数据访问引擎完成对空间几何数据的存取和访问；属性数据仍然以通常的结构化数据管理模式进行管理，并通过标准的数据库访问接口进行访问。全关系型数据库管理模式的结构如图 4-44 所示。

该模式的优点很明显：首先，简化了几何数据与属性数据的连接，一个空间目标对应数据库中的一条记录，避免了对数据关联的处理，使得目标检索速度加快、数据维护更加便捷；其次，所有的数据都是通过关系型数据库进行管理，数据的完整性、一致性和安全性都能够得到保证，既可以提高数据的共享程度，又可以降低系统的开发难度；最后，能够满足海量空间数据的组织和管理要求。存在的问题是：由于存储非结构化几何数据时需要将其压缩为二进制块、获取时又需要将这个二进制块解压，因而使得非结构化几何数据的读写效率比定长的属性字段慢得多，特别是涉及对象的嵌套时，其速度更慢、效率低下；此外，现有的 SQL 并不支持对非结构化数据类型的检索，需要用户开发空间数据引擎以支持空间数据的操作需求。

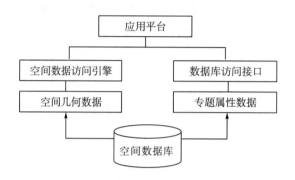

图 4-44　全关系型数据库管理模式

该模式既能够满足基于局域网环境下的 C/S 应用，也能够满足广域网条件下的 B/S 应用，是目前比较理想的应用模式，适合于建立各种空间数据库的应用。

4．对象-关系数据库管理模式

直接采用通用的关系型数据库管理系统的效率不高，而非结构化的空间数据又十分重要，所以许多商用数据库管理系统软件商对关系型数据库系统进行了扩展，使之能够直接地存储和管理非结构化的空间数据（如 Ingres、Informix 和 Oracle 等），其体系结构如图 4-45 所示。

该模式的优点是：保持了关系型数据库管理模式的优势，数据的一致性、安全性、完整性仍然能够得到保证，几何数据和属性数据的对应关系简单明了，能够实现对海量数据的存储和管理，对多个用户的并发访问控制继续有效；同时由数据库软件商进行扩展以及解决对空间数据变长记录的管理，数据的存取效率比使用二进制大字段时高得多，降低了用户的开发难度，提高了应用的开发效率，数据的标准化得以贯彻，共享和互操作更加方便。该模式是目前最主流的应用模式，基本能够满足局域网、广域网和万维网中所有的 C/S 和 B/S 应用。存在的缺陷：仍然没有解决对象的嵌套问题，从某种程度而言，基本上还属于关系型数据库管理模式；同时，空间数据结构必须遵循由数据库软件商定义的标准，不能由用户自行定义和扩展，在使用上仍然受到一定的限制。

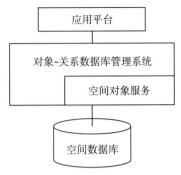

图 4-45   对象-关系数据库管理模式

5. 面向对象的数据库管理模式

为了克服关系型数据库管理系统在管理变长数据字段上的局限，提出了面向对象的数据模型。其设计思想是：对问题领域进行自然分割，以更接近人类思维的方式建立问题领域的模型，以便对客观的信息实体进行结构和行为模拟，使设计出的系统尽可能地直接表现出问题求解过程。面向对象的数据模型具有很强的语义抽象机制，包括分类、归纳、联合、聚集、继承和扩展等。使用该模型有助于缩小问题空间和解空间之间的语义差距，方便系统开发人员和用户之间交流，同时对减少系统的数据冗余以及增强数据共享也有很好的作用。面向对象数据库管理模式的结构如图 4-46 所示。

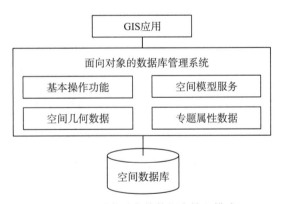

图 4-46   面向对象的数据库管理模式

面向对象的数据库管理模式是空间数据管理的最高层次，其优势表现在以下几个方面：面向对象的模型最适合于对空间数据进行表达和管理，它不仅支持非结构化的变长记录，而且支持对象的嵌套、信息的继承与聚集，允许用户自定义对象的数据类型、数据结构以及基本操作和功能实现。目前，面向对象的数据库管理系统还不够成熟，许多技术问题还需要做进一步的研究，少数存在的实验系统也因价格昂贵而难以普及。

4.4.3 空间数据的组织方法

空间数据的组织不同于非空间数据，为了提高对空间数据的存取与检索效率，需要对海量的空间信息进行有效的组织。习惯上，人们采用纵向分层、横向分块的方法组织海量的空间数据。

1. 纵向分层

空间信息种类繁多，为了对不同类型的空间信息进行查询和分析，在空间数据库中把空间数据分为若干专题层，如 DEM 层、正射影像层、栅格层、矢量层等。对于矢量图层，同一个专题层中包含着若干同类型的空间对象，这些对象又可以根据某一数量特征(通常为属性编码)被分成若干等级，如河流可分为 1 级、2 级等。按种类划分的图层可以被单独使用，也可以通过多层叠加进行空间查询和分析。从总体上看，可以总结为空间数据是从纵向上分层的组织；同时，它也按性质分层，层内按数量分级(图 4-47)。

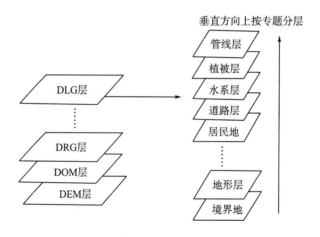

图 4-47 空间数据纵向分层组织

对空间数据进行分层管理，是计算机图形管理的重要内容，以层的形式进行管理效率最高。分层便于对数据的综合利用，实现资源共享，也是满足用户不同需要的有效手段。按需组合图层给应用带来方便的同时也存在一个严重的问题：人为的分层割裂了客观世界的完整性，忽视了地理现象的本质特性及其之间复杂的内在联系，降低了信息容量，使空间分析能力相对减弱。为了数据获取和处理的方便，空间信息被按主题分层；当对现实世界进行某种综合性认识时，必须将各层重新组合起来。

除了按照专题分层以外，还有以垂直高度或时间序列等为依据的分层形式。

2. 横向分块

由于空间信息的海量性和空间分布范围广等特征，因此无论哪类数据，如果不进行分割，那么就会受如磁盘容量、数据库维护、查询分析效率等诸多因素的限制。为了解决这些问题，常常在数据分层的基础上对空间数据进行分块。当涉及的区域在一个分块内时，在该块的局部范围内进行操作即可；当需要跨多个分块时，需要进行块间的拼接操作。

分块是以化整为零的方式取得对数据存储和处理的便利和效率，最常见的横向分块形式是国家系列比例尺地形图的分幅。地形图的分幅是按照一定的经差和纬差将一个大的地理区域分割成互不重叠的小区域，每幅地图有固定的编号，兼顾了投影变形、数据量、地图的出版与分发、地图拼接等多重因素。此外，在一幅图上采用坐标网(经纬网、方里网)进一步地将一个图块分成若干个相互不重叠的小区域，以便对空间信息快速检索和查询。可以采用规则的几何图形分块，也可以采用不规则的几何图形分块。横向分块从地图组织管理的角度上看可以被认为是一种对地理区域建立的空间索引，它可以分级地对一个区域建立空间索引，以便对空间数据进行组织和调度。

第5章　空间关系与空间分析

5.1　空间关系概述

空间关系是指空间目标或空间现象之间存在的与空间特性有关的关系。空间关系可以是空间目标或空间现象几何位置之间的关系,主要包括位置关系、拓扑关系、方向关系和距离关系;也可以是几何位置和属性之间的关系,如空间目标分布的统计相关、空间自相关、空间相互作用等。本节主要介绍空间目标或空间现象几何位置之间的4种常用空间关系:位置关系、拓扑关系、方向关系和距离关系。

5.1.1　位置关系

空间目标或空间现象之间的位置关系可以被抽象为点、线、面之间的空间几何关系,常见的位置关系包括以下几类。

(1)点点关系。如图 5-1 所示,主要的关系包括:点与点相合、点与点分离、一点是其他点的几何中心、一点是其他点的地理重心。

点相合　　　点分离　　　几何中心　　　地理重心

图 5-1　点点位置关系

(2)点线关系。如图 5-2 所示,主要的关系包括:点在线上(如道路和路障的关系等)、点与线分离(如道路和路边树的关系等)、线的交点(如交叉路口的岗亭等)、线的端点(如管线的起点或终点等)。

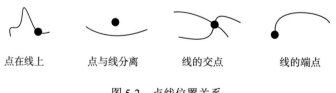

点在线上　　　点与线分离　　　线的交点　　　线的端点

图 5-2　点线位置关系

（3）点面关系。如图 5-3 所示，主要的关系包括：点在面内（如森林保护区和区内树木的关系等）、点是面的几何中心、点是面的地理重心、点在面的边界上（如边界线上的界碑等）、点在面的外部（如学校和校外报亭的关系等）。

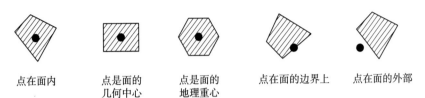

点在面内　　　点是面的　　　点是面的　　　点在面的边界上　　　点在面的外部
　　　　　　　几何中心　　　地理重心

图 5-3　点面位置关系

（4）线线关系。如图 5-4 所示，主要的关系包括：线与线重合（如地面的公路和该路面下地铁线路的关系等）、线与线相接（如两条连接的道路等）、线与线相交（如相交的道路等）、线与线并行（如两条平行的铁轨等）。

线重合　　　线相接　　　线相交　　　线相切　　　线并行

图 5-4　线线位置关系

（5）线面关系。如图 5-5 所示，主要的关系包括：面包含线（如公园和园内道路的关系等）、线穿过面（如穿过城市的高速公路等）、线环绕面（如区域边界等）、线与面分离（如湖泊和旁边公路的关系等）。

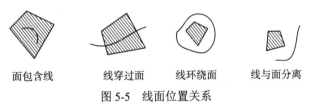

面包含线　　　线穿过面　　　线环绕面　　　线与面分离

图 5-5　线面位置关系

（6）面面关系。如图 5-6 所示，主要的关系包括：面与面的包含关系（如湖泊和湖心岛的关系等）、面与面相合、面与面相交（如一个行政区和一个部分湖面在该行政区的湖泊关系等）、面与面相邻（如两个相邻的行政区等）、面与面分离（如两个独立的居民区等）。

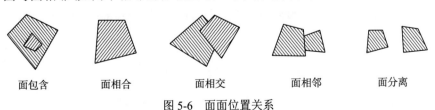

面包含　　　面相合　　　面相交　　　面相邻　　　面分离

图 5-6　面面位置关系

5.1.2 拓扑关系

拓扑关系是在拓扑变换(如旋转、缩放等)的过程中保持不变的空间关系。假设欧氏平面是一张高质量、无边的纸,该纸能够扩张和缩小,那么想象一下基于这张纸绘制的图形,若允许这张纸扩张但不能被撕破或者重叠,则原来图形的一些属性将被保留而有些将会失去。例如,在纸的表面有一个多边形,多边形的内部有一个点,无论对纸进行压缩还是拉伸,点依然存在于多边形的内部,点和多边形之间的空间位置关系不变,而多边形的面积发生变化。前者是空间的拓扑属性(即能够保持不变的几何属性),而后者不是。同样,在地图图形的连续变换中,图形的某些性质发生变化,如距离、角度等;而另一些性质保持不变,如点、线、面之间的邻接性、包含性等。拓扑关系描述的就是这些在地图图形的连续变换中保持不变的空间关系。下面介绍 3 种常用的拓扑关系。

(1)邻接关系:空间图形中同类元素之间的拓扑关系。例如,结点、弧段或多边形之间的邻接关系等。

(2)关联关系:空间图形中非同类元素之间的拓扑关系。例如,结点与弧段、弧段与结点、弧段与多边形或多边形与弧段的关联关系等。

(3)包含关系:空间图形中同类但不同级元素之间的拓扑关系。例如,多边形与多边形的包含关系等。常见的包含关系有简单包含、多层包含和等价包含,如图 5-7 所示。

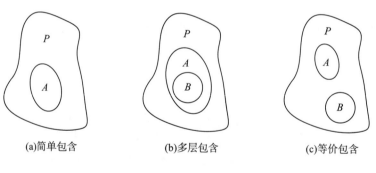

(a)简单包含   (b)多层包含   (c)等价包含

图 5-7 包含关系

如图 5-8 所示,A~D 为多边形,a~g 为弧段,1~5 为结点。其邻接关系见表 5-1~表 5-3,关联关系见表 5-4~表 5-7,包含关系见表 5-8。其中,表 5-5 中每一弧段的左、右结点分别为起始结点和终止结点;在表 5-6 中,弧段 g 按顺时针方向旋转则左、右多边形分别是 C、D,按逆时针方向旋转则左、右多边形分别是 D、C;在表 5-7 中,弧段前的负号表示面中有岛。

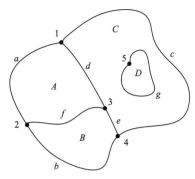

图 5-8　拓扑关系

表 5-1　结点邻接关系

结点	邻接结点
1	2、3、4
2	1、3、4
3	1、2、4
4	1、2、3
5	—

表 5-2　弧段邻接关系

弧段	邻接弧段
a	b、c、d、f
b	a、c、e、f
c	a、b、d、e
d	a、c、e、f
e	b、c、d、f
f	a、b、d、e
g	—

表 5-3　多边形邻接关系

多边形	邻接多边形
A	B、C
B	A、C
C	A、B、D
D	C

表 5-4　结点-弧段关联关系

结点	关联弧段
1	a、c、d
2	a、b、f

结点	关联弧段
3	d、e、f
4	b、c、e
5	g

表 5-5　弧段-结点关联关系

弧段	关联结点
a	1、2
b	2、4
c	4、1
d	3、1
e	4、3
f	2、3
g	5、5

表 5-6　弧段-多边形关联关系

弧段	关联左多边形	关联右多边形
a	A	—
b	B	—
c	C	—
d	A	C
e	B	C
f	A	B
g	C	D

表 5-7　多边形-弧段关联关系

多边形	关联弧段
A	a、f、d
B	b、e、f
C	c、d、e、$-g$
D	g

表 5-8　多边形-多边形包含关系

多边形	包含多边形
A	—
B	—
C	D
D	—

拓扑关系是最重要的一种空间关系,体现了空间目标之间不依赖于几何形变的内在联系,具有以下重要的应用价值。

(1)根据拓扑关系可知,不需要利用坐标或距离就可以确定一种空间实体相对于另一种空间实体的位置关系。拓扑关系能清楚地反映出实体之间的逻辑结构关系,比几何数据有更大的稳定性,不随地图投影变化。

(2)拓扑关系有助于对空间要素的查询。例如,某条河流经过了哪些地区、某省与哪些省邻接等。

(3)可以根据拓扑关系重建地理实体。例如,根据弧段构建多边形、实现对道路的选取等。

5.1.3　方向关系

方向关系是指在一定的参考框架下,从一个空间目标到另一个空间目标的指向。方向的定义涉及 3 个要素:①参考目标,指向出发的目标;②源目标,被指向的目标;③参考框架,分为以东、南、西、北等术语进行区分的绝对框架和以前、后、左、右等术语进行描述的相对框架。根据参考框架的应用情况将其分为 3 类,如图 5-9 所示。

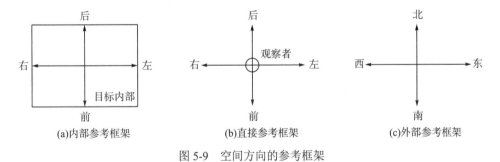

(a)内部参考框架　　　　　(b)直接参考框架　　　　　(c)外部参考框架

图 5-9　空间方向的参考框架

(1)内部参考框架:是以某一空间目标自身内部为基础建立起来的方向参照系统,常用前、后、左、右等术语进行描述。该参考框架主要用于对小尺度地理空间或建筑以及工程领域方向的描述。

(2)直接参考框架:是以观察者所在的位置为基础建立起来的方向参照系统,也常用前、后、左、右等术语进行描述。该参考框架主要在人们的日常生活中和语言交流时使用。

(3)外部参考框架:是在地球表面上选择不同的北方向(磁北、真北、坐标北)建立起来的参考框架。该参考框架主要用于科学研究环境。

对于点状空间实体来说,只要计算出两点之间的连线与基准方向的夹角,那么该夹角就是这条连线的方位角;基准方向可以选用参考框架的北方向。同样,在计算线状和面状空间实体时,只需将线状和面状的空间实体都看作是由它们的中心所形成的点状实体即可,然后按点状实体求解其方向关系。

5.1.4 距离关系

空间距离用于描述空间目标之间的接近程度和相似程度。最常用的点点之间的欧氏距离，其计算比较简单；其余点线、点面、线线、线面、面面的距离计算相对复杂。在空间分析中，不同的应用对距离的定义和理解也有所不同，各种距离定义被相继提出。例如，大地测量距离、曼哈顿距离、旅行时间距离和辞典距离等，如图 5-10 所示。

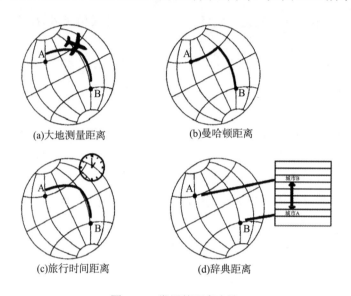

(a)大地测量距离　　　　(b)曼哈顿距离

(c)旅行时间距离　　　　(d)辞典距离

图 5-10　常用的距离表达

(1)大地测量距离：是指沿着地球大圆经过两点的距离，也称为"大地线距离"或"大圆距离"。

(2)曼哈顿距离：是指两点的横、纵坐标距离之和，即纬度差与经度差之和。

(3)旅行时间距离：是指从一个城市到另一个城市的最短时间，可以用一系列指定的航线表示。

(4)辞典距离：是指在一个固定的地名册中一系列城市位置之间的绝对差值。

5.2　空间分析概述

5.2.1　空间分析的概念

空间分析，也称为"地理空间分析(geospatial analysis)"，其概念的提法有很多，如地理信息分析、空间信息统计分析、空间数据操作、空间数据分析、空间统计分析和空间建模等。实际上，这些术语紧密关联，很难进行严格意义上的区分。

空间分析的核心在于"空间"，而"空间"的本质是"位置"。空间分析是把研究对象的地理空间位置作为重要变量的系统性应用，包括对研究对象地理空间位置的描述、分析和预测。包含与空间位置有关的描述、关联和预测方法是空间分析区别于其他类型数据分析的一个重要特征。

为了便于理解，可以把空间分析过程描述成以下函数形式：

$$y = f(x) \tag{5-1}$$

式中，x 表示待分析的空间数据；$f(x)$ 表示空间分析方法；y 表示输出的空间分析结果。该式揭示了研究对象的空间位置、空间形态、空间格局、空间关系以及空间过程等空间特征。于是，空间分析可以被理解为：对空间数据进行各种处理计算以从中获得信息和知识的过程。

5.2.2　空间分析的对象与内容

1.　空间分析的对象

空间分析的对象是地理空间实体。地理空间实体具有空间位置、空间形态、空间分布、空间关系、时空尺度等基本特征。其中，空间位置是最基本也是决定性的特征，空间实体的其他特征在本质上都由空间位置决定。不同类型的空间目标具有不同的形态结构，其形态蕴含了有关空间实体的诸多信息，如演化阶段、稳定性等。空间分布表达了空间实体在空间上形成的组织秩序。空间关系是指地理空间实体之间存在的空间结构关系，是对空间数据进行组织、查询、分析和推理的基础。时空尺度是任何空间实体的存在条件与描述基准。

2.　空间分析的内容

空间分析的内容主要归纳为 4 个方面。

(1)空间数据操作：主要是指基于空间对象的几何特征进行的拓扑分析和叠加分析、对距离、面积和路径的计算以及基于空间关系的空间查询等；对于属性数据则主要表现为地图可视化操作。

(2)空间数据分析：主要是指对空间数据的描述性和探索性分析技术与方法。特别是对于大规模数据集，要通过将数据图形化或地图化的探索性分析技术来研究数据中潜在的模式、异常等，以为后续分析做准备，这是所有空间分析过程的首要环节。

(3)空间统计分析：主要是指用统计的方法描述和解释空间数据的性质，以及判断数据对于统计模型是否是典型或所期望的。空间数据具有空间自相关性，这一特性违背了经典统计理论中关于数据独立性的假设，因此需要发展专门用于空间数据分析的空间统计方法。

（4）空间建模：主要是指依据某些理论和假设建立模型，以描述空间现象的分布模式，预测空间过程及结果。

5.2.3　空间分析的目标

空间分析的主要目标是揭示地理空间特征，以解决空间问题。具体的目标包括以下几个方面。

（1）认知。有效地获取空间数据，并对其进行科学的组织描述，利用数据再现事物本身，如绘制风险图等。

（2）解释。理解和揭示地理空间数据的背景，认识事件的本质规律，如住房价格中的地理邻居效应等。

（3）预报。在认识、掌握事件现状与规律的前提下，运用有关的预测模型对未来的状况做出预测，如传染病的传播等。

（4）调控。对地理空间中发生的事件进行调控，如资源空间配置等。

总之，空间分析的根本目标是通过建立有效的空间数据模型来表达地理实体的时空特性，开发面向应用的时空分析模拟方法，以数字化的方式动态、全局地分析空间实体和空间现象的空间特征，以此反映空间实体的内在规律和变化趋势。

5.3　缓冲区分析

5.3.1　缓冲区的概念

缓冲区是指空间对象的一种影响范围或服务范围。从数学的角度看，缓冲区就是给定一个空间对象或集合，由邻域半径 R 确定其邻域大小，因此对象 O_i 的缓冲区可以被定义为

$$B_i = \left\{ x \mid d(x, O_i) \leqslant R \right\} \tag{5-2}$$

式中，B_i 表示与 O_i 的距离小于或等于 R 的全部点的集合，也就是对象 O_i 的半径为 R 的缓冲区；d 一般取欧氏距离，也可以取其他类型的距离，如网络距离、时间距离等。

对于对象集合 $O = \{ O_i \mid i = 1, 2, \cdots, n \}$，其半径为 R 的缓冲区是各个对象缓冲区的并集，即

$$B = \bigcup_{i=1}^{n} B_i \tag{5-3}$$

缓冲区分析是用于确定不同地理要素空间邻近性和接近程度的一种分析方法，有矢量方法和栅格方法两种。其中，栅格方法以数学形态学中的扩张算法为代表，但该算法的运算量较大，距离精度也有待提高；矢量方法的使用较广且相对成熟。矢量数据的缓冲区可

以分为点、线和面 3 种基本形态，具体介绍如下。

5.3.2　缓冲区的形态

1．点要素的缓冲区

点要素的缓冲区是以点要素为圆心、缓冲距离 R 为半径的圆。当不同的点要素相距较近或者缓冲距离较大时，其缓冲区可能部分重叠。当不同点要素的缓冲区出现重叠时，可以选择保留各要素的缓冲区或将重叠部分融合，如图 5-11 所示。

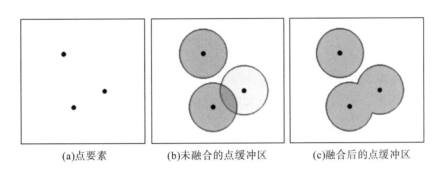

(a)点要素　　　　　　　(b)未融合的点缓冲区　　　　　　(c)融合后的点缓冲区

图 5-11　点要素的缓冲区

2．线要素的缓冲区

线要素的缓冲区是以线目标为轴线、两侧沿法线方向以缓冲距离 R 为平移量作平行曲(折)线并在轴线端点处用光滑曲线(或平头)连接所得到的封闭区域。与点要素的缓冲区类似，不同线要素的缓冲区也可能有重合的情况，可以选择保留或进行融合处理，如图5-12 所示。

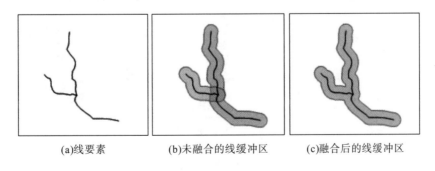

(a)线要素　　　　　　　(b)未融合的线缓冲区　　　　　　(c)融合后的线缓冲区

图 5-12　线要素的缓冲区

3．面要素的缓冲区

面要素的缓冲区是以面要素的边界线为轴线、缓冲距离 R 为平移量向边界线外侧或内

侧作平行曲(折)线所形成的多边形。对于不同面要素缓冲区重合的情况，可以以类似于点
要素和线要素的情况进行融合处理，如图 5-13 所示。

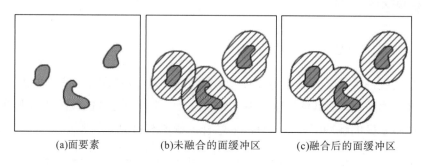

(a)面要素   (b)未融合的面缓冲区   (c)融合后的面缓冲区

图 5-13   面要素的缓冲区

由于面要素是由线要素围绕而成的，因此生成面要素缓冲区的基本思路与生成线要素
缓冲区的基本相同。其区别在于，面要素缓冲区的边界生成问题是单线问题，即仅在非孔
洞多边形的外侧、孔洞多边形的内侧形成缓冲区，而在环状多边形的内、外侧边界都可以
形成缓冲区。

4．多重缓冲区

多重缓冲区是指在对象的周围根据给定的若干个缓冲距离，建立相应数据量的缓冲
区。缓冲距离 R 是生成缓冲区的主要数量指标，可以是常数，也可以是变量。例如，沿河
流干流可以以 200m 作为缓冲距离，沿支流则用 100m。空间对象可以生成多个缓冲带，
如一个水电站可以分别以 10m、20m、30m 和 40m 作为缓冲区，环绕该水电站形成多环带。
针对自然保护区等面状区域，可以建立不同半径的多级保护范围。点、线和面要素的多重
缓冲区如图 5-14 所示。

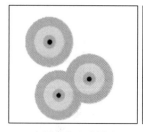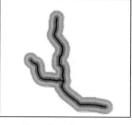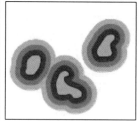

(a)点要素的多重缓冲区   (b)线要素的多重缓冲区   (c)面要素的多重缓冲区

图 5-14   多重缓冲区

缓冲区可以有多种形式：线要素的缓冲区可以有双侧对称、双侧不对称或单侧缓冲区，
且同一线要素上不同段的缓冲区的宽度可以不同；面要素可以生成内侧和外侧缓冲区；点
要素根据应用要求的不同，可以生成三角形、矩形等特殊形态的缓冲区。

5.3.3　缓冲区分析的应用

缓冲区分析的实际应用一般可以按照以下步骤实施：首先，选择要研究的空间对象(如点污染源、道路、河流、建筑物等)；其次，根据已有的研究结论或通过计算，得到缓冲半径 R 的大小；最后，利用缓冲半径 R 进行缓冲区分析以得到相应的缓冲区，在此基础上通过对矢量数据的叠加分析得到缓冲区内的空间对象并进行统计。

缓冲区分析是城市规划、农业、地质、电信、环境评价等众多领域中不可或缺的空间分析工具。下面简单介绍缓冲区分析的一些具体应用。

(1)在城市规划实践中，如需要了解道路或轨道交通周边的建筑物情况或居民总数，可先对道路或地铁轨道实施缓冲区分析，然后利用空间叠加分析统计缓冲区内的建筑物或居民总数。

(2)在防洪工程设计中，需要在距河流一定的纵深范围内规划对树木的采伐及设置防护林带，以防止水土流失。这就需要先根据相关的经验或理论计算得到缓冲距离的大小，然后对河流实施缓冲区分析。

(3)在防震减灾研究中，需要按照断层或断裂带的危险等级并通过缓冲区分析得出围绕断层或断裂带的缓冲带，以此作为防震和抗震的重点区域。

(4)在对城市土地进行评价的过程中，需要根据离交通主干道的远近进行土地成本估算，并预测房地产价格。此时，缓冲半径的大小可以根据道路的等级及道路周围的通畅程度来确定。

(5)在生态区规划中，需要确定自然生态保护区的范围。由于城市化进程的发展，生态保护区周围的小城镇会在一定程度上向外扩张，可能会对生态保护区造成影响。因此，可对自然生态保护区周围如 1km 范围内的区域采取限制发展的措施，并减少污染排放企业，在这过程中就需要使用多边形缓冲区分析。

5.4　叠　置　分　析

叠置分析是将同一区域、同一比例尺的两个或多个图层进行叠置，生成一个具有多重属性新图层的操作。新图层的属性综合了参与叠置的各图层要素的属性。在叠置分析中，被叠置的图层称为"输入图层"，对输入图层进行叠置操作的图层称为"叠置图层"，生成的新图层称为"输出图层"。叠置分析分为矢量叠置分析和栅格叠置分析两种形式。

5.4.1　矢量叠置分析

矢量叠置分析的研究对象主要是点、线、多边形之间的相互叠置，由此可产生 6 种不同的叠置分析类型：点与点、点与线、线与线、点与多边形、线与多边形以及多边形与多边形叠置。前 3 种类型较为简单，本节主要介绍后 3 种矢量叠置分析。

1. 点与多边形叠置

点与多边形叠置是将一个图层上的点与另一个图层上的多边形进行叠置，以为图层内的点建立新属性表。新属性表不仅保留了点图层的原有属性，还增加了各点所属多边形的标识。如图 5-15 所示，点图层是某地区的学校分布图，多边形图层是该地区的行政区划图，将这两个图层进行叠置，结果如图 5-15 所示，并得到了如表 5-9 的新属性表。通过空间叠置分析，可以确定每个学校所属的行政区划，也可以查询一个行政区划内的学校情况。

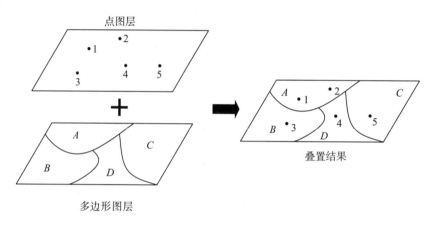

图 5-15　点与多边形叠置

表 5-9　点与多边形叠置生成的新属性表

点 ID	点名	多边形 ID	多边形名
1	学校 1	1	A
2	学校 2	1	A
3	学校 3	2	B
4	学校 4	4	D
5	学校 5	3	C

2. 线与多边形叠置

线与多边形叠置是将一个图层上的线与另一个图层上的多边形进行叠置，以判断线与多边形的空间关系，确定线是否落在多边形内。由于一条线往往会跨越多个多边形，因此需要计算线与多边形边界的交点，先在交点处将线目标分割成多条线段，然后对这些线段重新进行编号，以形成一个新的线目标集合。线目标集合的新属性表，不仅包含了原有的属性信息，还增加了线段所属多边形的标识；同时，可以从多边形属性表中提取感兴趣的信息并添加到新属性表中。通过叠置分析，可以确定每条线段位于哪个多边形内，也可以查询多边形内指定线段所穿过的长度。

　　如图 5-16 所示，若多边形图层为行政分区且线图层为道路，线图层在叠置分析过程中被多边形分割，则叠置后的线目标由 3 条线段变成 4 条。表 5-10 是线与多边形叠置后生成的新属性表。通过叠置分析的结果可以查询道路跨越的行政区，也可以查询行政区内的道路长度，进而计算道路网密度等。

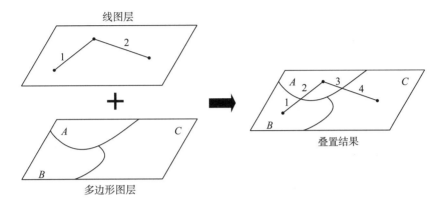

图 5-16　线与多边形叠置

表 5-10　线与多边形叠置生成的新属性表

线 ID	原始线 ID	多边形名
1	1	B
2	1	A
3	2	A
4	2	C

3. 多边形与多边形叠置

　　多边形与多边形叠置是将一个多边形图层与另一个多边形图层进行叠置，以产生一个新多边形图层的操作。如图 5-17 所示，首先对两层多边形的边界进行几何求交，原始多边形的图层要素被切割成新的弧段；然后根据切割后的弧段要素重建拓扑关系，对新生成的拓扑多边形图层中的每个对象都赋予唯一的标识码，同时生成一个与新多边形图层一一对应的属性表(表 5-11)，该表综合了原来两个叠加图层的属性信息。

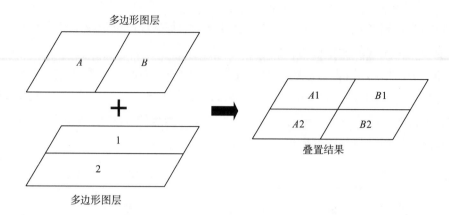

图 5-17　多边形与多边形叠置

表 5-11　多边形与多边形叠置生成的新属性表

多边形 ID	原始多边形 ID	多边形属性
1	A	1
2	A	2
3	B	1
4	B	2

4．碎屑多边形

多边形所叠置的往往是不同类型的数据，对于同一对象可能用不同的多边形表示，如不同类型的地图叠置，甚至不同比例尺的地图叠置。因此，同一条边界的数据往往可能不相同，这时就会产生一系列的碎屑多边形，而且边界越准确，越容易产生碎屑多边形。图 5-18 表示多边形叠置产生的碎屑多边形；其中，实线表示基本图层多边形，虚线表示上覆多边形。

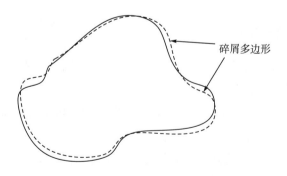

图 5-18　碎屑多边形

5．多边形的不同叠置方式

进行叠置分析的要素图层往往具有不同的地图范围,以下介绍 3 种常用的多边形叠置方式,分别是并、叠合、交,如图 5-19 所示。

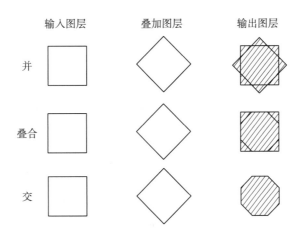

图 5-19　多边形的叠置方式

(1) 并:将输入图层和叠置图层的空间区域联合起来,输入图层的一个多边形被叠置图层中的多边形弧段分割成多个多边形。输出图层的范围是输入图层和叠置图层的范围之和,并保留了这两个图层的空间要素和属性信息。

(2) 叠合:以输入图层定义的区域范围为界,保留边界内输入图层和叠置图层中所有的多边形,输入图层中分割后的多边形被赋予叠加图层的属性。

(3) 交:只保留输入图层和叠置图层中公共部分的空间图形,并综合这两个叠加图层的属性。

5.4.2　栅格叠置分析

栅格数据的最大优点是数据结构简单,栅格叠置不会出现类似矢量数据在经过多层叠置后边缘不吻合的问题。栅格数据的来源复杂,如各种遥感数据、航空雷达数据以及数字化后的地形图和其他专业的图像数据等。因此,在进行栅格叠置分析前需要将叠置图层转换为统一的栅格数据格式,且各图层必须具有统一的地理空间标准,即统一的地理空间参考、统一的比例尺及统一的分辨率(即像元大小)。栅格数据叠置分析主要通过栅格之间的运算实现,以下介绍两种最常用的栅格运算。

1．栅格代数运算

栅格数据叠置分析主要通过栅格之间的各种运算实现。可以对单层数据进行各种数学运算，如加、减、乘、除、指数、对数运算等，也可以通过数学关系式建立多个数据层之间的关系模型。叠置操作的输出结果是各种数学运算的结果，这种基于数学运算的数据层之间的叠置运算，在地理信息系统中被称为"地图代数"。地图代数在形式和概念上都比较简单，使用起来方便、灵活，如图 5-20 所示。

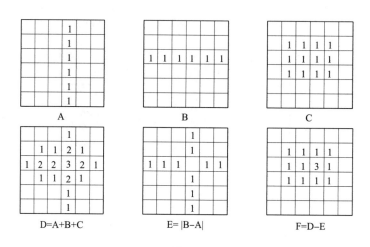

图 5-20　栅格数据层的代数运算

2. 栅格逻辑运算

栅格图层中的像元值有时无法被表示为数值型字符，不同的专题要素用统一的量化系统来表示也比较困难，因此使用逻辑叠置能更容易地实现各栅格图层之间的运算。二值逻辑叠置是栅格叠置的一种表现方法，分别用 1 和 0 表示真(符合条件)与假(不符合条件)。描述现实世界中的多种状态时仅用这二值是远远不够的，使用二值逻辑叠置时往往需要先建立多个二值图，然后进行各个图层的布尔逻辑运算，最后生成叠置结果图。图层之间的布尔逻辑运算包括与(AND)、或(OR)、非(NOT)、异或(XOR)等，其运算法则与结果见表 5-12 和如图 5-21 所示。

表 5-12　布尔逻辑运算法则

A	B	A AND B	A OR B	A NOT B	A XOR B
0	0	0	0	0	0
1	0	0	1	1	1
0	1	0	1	0	1
1	1	1	1	0	0

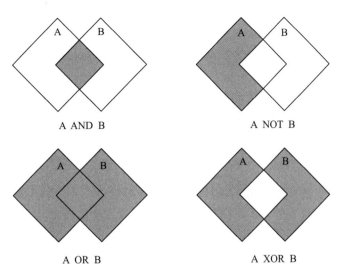

图 5-21 栅格数据层的逻辑运算

5.5 网 络 分 析

5.5.1 网络分析的基础

网络分析是依据网络结构的拓扑关系，通过考察网络要素的空间及属性信息，以数学理论模型为基础，对地理网络、城市基础设施网络等网状事物进行空间分析。网络是一个由若干的线状和点状实体相互连接而成的系统。在图论中，一个网络被定义为若干结点和边的集合。构成网络的基本要素主要包括链、结点、站点、中心、拐角、障碍，如图 5-22 所示。

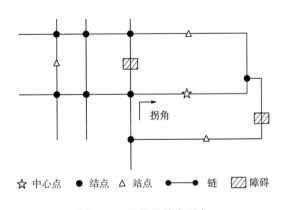

☆ 中心点 ● 结点 △ 站点 ●—● 链 ▨ 障碍

图 5-22 网络的基本要素

（1）链：网络中两个结点之间的弧段被称为链。链是对现实世界中各种线状地物的抽象概括，是网络中资源传输的通道。链可以代表有形或无形的线路，如道路、管线、河流、航空线路等。

(2)结点：链的两个端点即为网络的结点，网络中链与链之间通过结点相连，体现了网络中的连通关系。

(3)拐角：指网络中资源流动时可能发生转向的结点，如禁止左拐的路口等。

(4)站点：指在网络路径上资源增加或减少的地方，它是分布于网络链上的结点，如公交站点等。

(5)中心：指网络中具有一定容量并能够从链上获取或发送资源的结点。例如，水库属于河网的中心，能容纳一定量的水资源，同时也能将水沿不同的渠道输送出去。

(6)障碍：指网络中阻断资源流动的结点或链，如禁止通行的道路、禁止通行的关口等。

5.5.2　最短路径分析

路径分析是网络分析中一个最基本的问题。路径分析是指在指定网络的结点间找出最优路径。最优路径是满足某种最优化条件的一条路径。这里的"最优"可能是距离最短、时间最少或通行成本最小等。路径分析的关键是如何求出满足条件的最优路径，而对最优路径的求解常常可以转化为对最短路径的求解。最短路径是指在一个图中，从一个源点到一个目标点最短距离的边序列。

最经典的最短路径算法是 1959 年提出的迪杰斯特拉(Dijkstra)算法，该算法适用于所有弧段的权值为非负的网络，它可以给出从某源点到图中其他所有顶点的最短路径。

Dijkstra 算法的基本原理是：每次新扩展一个距离最短的点，并更新其与相邻点的距离。当所有的边权都为正时，由于不会存在一个距离更短的且没被扩展过的点，所以与这个点的距离永远不会再改变，保证了算法的正确性。需要注意的是，用 Dijkstra 算法求最短路径的图不能有负权边，因为扩展到负权边时会产生更短的距离，有可能破坏已经被更新的点距离不会被改变的性质。

Dijkstra 算法的基本过程如下。

(1)设 $G = (V, E)$ 是一个带权有向图。其中，V 表示结点的集合，E 表示边的集合，w_{ij} 表示是边 (v_i, v_j) 上的权值。有向图中的结点集合 V 被分为两组，记为 S 和 T。其中，S 表示已经被计算出最短路径的结点的集合，初始时只包含源点 s；$T = V - S$，表示未确定最短路径的结点的集合。计算 T 中所有结点与源点 s 的距离值 d_{st}，规定如果源点 s 和结点 t 都没有边存在，那么 $d_{st} = \infty$；否则，$d_{st} = w_{st}$。

(2)从集合 T 中选择一个距离最小的结点 u，并将结点 u 从集合 T 移入集合 S。

(3)以结点 u 为新考虑的中间点，修改集合 T 中结点的最短距离，以保证从源点 s 到集合 T 并经过结点 u 的最短路径长度不大于原来不经过结点 u 的距离。

(4)返回步骤(2)，直到所有的结点都被加入集合 S。

5.5.3　选址问题分析

选址问题，也常称为"定位问题"，是为了确定一个或多个设施的最佳位置，以使得设施可以用一种最经济有效的方式为需求方提供服务，如确定学校、消防站、工厂、飞机场、仓库等的最佳位置。网络分析中的选址问题一般是限定设施必须位于某个结点或某条网线上，或在若干候选地点中选择位置。选址问题种类繁多，那么用什么标准来衡量一个位置的优劣呢？"最佳位置"的含义不同，对选址问题的分析结果也会不同。

本节仅就选址范围是一个网络图且选址位置必须位于网络图顶点上的情况来介绍两类常见的选址问题：中心点选址问题和中位点选址问题。

1. 中心点选址问题

中心点选址问题是指使最佳选址位置所在的顶点与图中其他顶点之间的最大距离达到最小，适用于学校、医院、消防站等服务设施的布局问题。例如，某镇要修建一个学校以为辖区内的几个村服务，要求学校到最远村的距离达到最小。这类选址问题实际上就是求网络图中心点的问题。这类选址问题的数学描述为：设 $G=(V,E)$ 是一个简单连通无向图，其中 $V=\{v_1,v_2,\cdots,v_n\}$ 表示结点的集合，$E=\{e_1,e_2,\cdots,e_m\}$ 表示边的集合。连接两个顶点的边的权值代表这两个顶点之间的距离，对于每一个顶点 v_i，计算它与各顶点之间的最短路径长度，将这些最短路径长度中的最大值记为 $e(v_i)$。中心点选址问题，就是求图 G 的中心点 v_{i0}，其满足：

$$e(v_{i0}) = \min\{e(v_i)\} \tag{5-4}$$

2. 中位点选址问题

中位点选址问题是指使最佳选址位置所在的顶点到网络图中其他顶点的距离（也可以是加权距离）总和达到最小。例如，某超市要确定一个配送中心，使该中心到超市各分店的距离最短，这就是典型的中位点选址问题。这类选址问题的数学描述为：设 $G=(V,E)$ 是一个简单连通赋权无向图，其中 $V=\{v_1,v_2,\cdots,v_n\}$ 表示结点的集合，$E=\{e_1,e_2,\cdots,e_m\}$ 表示边的集合。连接两个顶点的边的权值代表这两个顶点之间的距离，对于每一个顶点 v_i，有一个正的负荷 $a(v_i)$，而且与各顶点之间的最短路径长度为 $d_{i1},d_{i2},\cdots d_{in}$，将顶点 v_i 到其他顶点最短路径长度的和记为 $S(v_i)$。中位点选址问题，就是求图 G 的中位点 v_{i0}，其满足：

$$S(v_{i0}) = \min S(v_i) = \min\left\{\sum_{j=1}^{n} a(v_i)d_{ij}\right\} \tag{5-5}$$

5.6　地　形　分　析

在地图学领域中，通过对地图进行分析获得相关地理对象及其变化规律、发展趋势等信息的过程被称为"地图分析"。对地形图进行分析，称为"地形分析"。地形分析是对地形环境进行认知的一种重要手段，本节先介绍基本的地形因子分析，然后介绍地形分析中最常用的通视分析和水文分析。

5.6.1　地形因子分析

1. 坡度计算

坡度是对地面上特定区域的高度变化比率的量度，反映了地形曲面的倾斜程度。除非地形曲面是个平面，否则曲面上不同位置的坡度不相等。坡度是一个既有大小又有方向的矢量，坡度的模被定义为地表曲面函数在该点切平面与水平面的夹角的正切值。在实际应用中，通常将地表曲面上该点法线方向 N 与垂直方向 z 之间的夹角 α 作为坡度使用，如图 5-23 所示。在计算坡度时，常采用简化的差分公式，即

$$\alpha = \arctan\sqrt{f_x^2 + f_y^2} \tag{5-6}$$

式中，f_x 表示 x 方向上的高程变化率；f_y 表示 y 方向上的高程变化率。

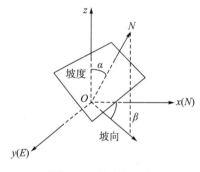

图 5-23　坡度和坡向

2. 坡向计算

坡向是与坡度密切相关的地形因子。坡度反映了斜坡的倾斜程度；坡向反映了斜坡所面对的方向，在植物群的分布与流向、土壤水分蒸发、太阳日照等方面有重要的应用。坡向是地表曲面上一点的切平面的法线正方向在水平面上的投影与正北方向的夹角，如图5-23 所示的 β 角。对于地面上的任何一点来说，坡向表征了该点高程值改变量的最大变化方向。坡向的数学表达式为

$$\beta = \arctan\frac{f_y}{f_x} \tag{5-7}$$

3. 表面积计算

由于地表起伏，因此地形单元的表面积大于其投影面积。地形的表面积可被看作是该地区 DEM 中所包含的各个网格的表面积之和。若网格中有特征高程点或地性线，则可将小网格分解为若干小三角形。求出它们斜面面积的和，也就得出了该网格地形表面面积的和。

如图 5-24 所示，对于不规则的三角形格网，可根据其 3 个顶点坐标 $P_1(x_1,y_1,z_1)$、$P_2(x_2,y_2,z_2)$ 和 $P_3(x_3,y_3,z_3)$ 进行表面积计算，即

$$S = \sqrt{P(P-a)(P-b)(P-c)} \tag{5-8}$$

式中，

$$P = (a+b+c)/2$$
$$a = \sqrt{(x_2-x_3)^2+(y_2-y_3)^2+(z_2-z_3)^2}$$
$$b = \sqrt{(x_1-x_3)^2+(y_1-y_3)^2+(z_1-z_3)^2}$$
$$c = \sqrt{(x_2-x_1)^2+(y_2-y_1)^2+(z_2-z_1)^2}$$

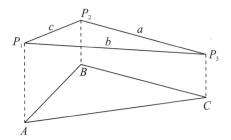

图 5-24　表面积计算

对于格网 DEM 单元，其表面积的计算步骤如下：①连接格网单元中任意两个对角的顶点，将格网单元划分为 2 个三角形单元；②根据三角形的 3 个顶点坐标计算该斜面三角形的面积；③将这 2 个三角形的面积相加即可得到正方形单元的表面积。

4. 体积计算

体积计算，又称为"土方计算"，计算的是空间曲面与某基准面之间的多面体体积。通常情况下，基准面为一个平面，当它的高度低于空间曲面的高程时，体积为"正"，在工程上被称为"挖方"；当高度高于空间曲面的高程时，体积为"负"，在工程上被称为"填方"。

（1）不规则三角形格网的体积计算。如图 5-25 所示，ABC 为基准面，点 P_1、P_2、P_3 到基准面的相对高程分别为 h_1、h_2 和 h_3，则多面体 ABC 的体积计算公式为

$$V = \frac{h_1 + h_2 + h_3}{3} \cdot S \tag{5-9}$$

式中，S 表示三角形 ABC 的面积。

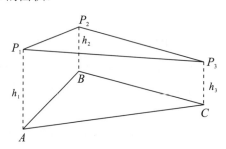

图 5-25　不规则三角形格网的体积计算

（2）规则格网的体积计算。如图 5-26 所示，$A'B'C'D'$ 为基准面，点 A、B、C、D 到基准面的相对高程分别为 h_1、h_2、h_3 和 h_4，a 为格网单元的边长，则多面体 $ABCD$ 的体积计算公式为

$$V = \frac{a^2(h_1 + h_2 + h_3 + h_4)}{4} \tag{5-10}$$

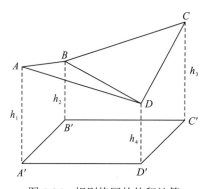

图 5-26　规则格网的体积计算

5.6.2　通视分析

通视分析，又称为"可视性分析"或"视域分析"，是指从某一个或多个观察点按指定方向所能看到的范围或与其他点的可视程度，如图 5-27 所示。下面介绍两类最基本的通视分析方法。

1．两点通视分析

两点通视分析有多种算法，常用的主要有"剖面法"和"射线追踪法"。前者不仅适合基于规则格网和 TIN 的 DEM，还适合基于等高线的 DEM；后者仅适合基于规则格网和 TIN 的 DEM。

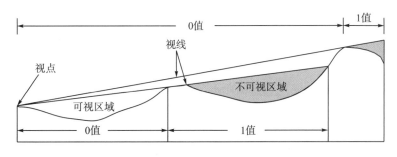

图 5-27　通视分析

（1）"剖面法"的基本思想是：首先确定过观察点和目标点所在线段与水平面 XY 垂直的平面 S；然后求出地形模型中所有与平面 S 相交的边；最后判断相交的边是否位于观察点和目标点所在的线段上，若有一条边在该线段上，则观察点和目标点不可视。

（2）"射线追踪法"的基本思想是：对于给定的观察点和某个观察方向，从观察点开始沿观察方向计算地形模型中与射线相交的第一个面元，若这个面元存在，则不再计算。显然这种方法既可以用于判断两点相互之间是否可视，又可以用于对限定区域的水平可视计算。

2．可视域分析

在规则格网 DEM 中，可视域通常是以每个格网点可视与不可视的离散形式表示的，即"可视矩阵"。基于规则格网 DEM 的可视域分析的基本思路是：对于 DEM 中的任一格网点，将其与视点相连，判断其连线是否与 DEM 中的其他格网相交，若不相交，则该格网可视；否则，不可视。显然这种方法存在大量的冗余计算。总的来说，由于规则格网 DEM 的格网点一般比较多，相应的时间消耗比较大，因此比较好的处理方法是采用并行处理。一个三维城市建筑物可视域分析示例如图 5-28 所示。

图 5-28　城市建筑物可视域分析示例

5.6.3 水文分析

水文分析是利用 DEM 栅格数据构建水系模型的过程，利用水系模型可以进一步分析流域的水文特征和地表水文过程。下面结合图 5-29 理解水文分析的相关概念。

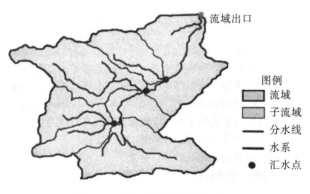

图 5-29　水文分析相关概念示例

（1）水系：指流域内具有同一归宿的水体所构成的水网系统。水系以河流为主，此外还包括湖泊、沼泽、水库等。

（2）流域：每个水系都从一部分的陆地区域上获得水量补给，这部分区域就是水系的流域，也称为"集水区"或"流域盆地"。

（3）子流域：水系由若干个河段构成，每个河段都有自己的流域，即"子流域"。较大的流域可被继续划分为若干个子流域。

（4）分水线：也称为"分水岭"。两个相邻流域之间的最高点所连接成的不规则曲线，就是两条水系的分水线。分水线两边的水分别流入不同的流域。也可以说，分水线包围的区域就是流域。在现实世界中，分水线大多为山岭或者高地，也可能是地势微缓起伏的平原或者湖泊。

（5）汇水点：流域内水流的出口。一般是流域边界上的最低点。

1. 洼地填充

洼地是指流域内被较高高程所包围的局部区域，可分为自然洼地和伪洼地。自然洼地是自然界中实际存在的洼地，通常出现在地势平坦的冲积平原上且面积较大，在地势起伏较大的区域非常少见，如冰川或喀斯特地貌、采矿区、坑洞等。在 DEM 数据中，由数据处理误差和不合适的插值方法产生的洼地，称为"伪洼地"。

DEM 数据中的绝大多数洼地都是伪洼地。伪洼地会影响水流方向及导致地形分析结果错误。例如，在确定水流方向时，由于洼地的高程低于周围栅格的高程，因此一定区域内的流向都将指向洼地，导致水流不能流出，引起汇水网络中断。因此，在进行水文分析前一般要先对 DEM 数据进行伪洼地填充处理。填充洼地的剖面示意图如图 5-30 所示。填充洼地后，有可能产生新的洼地。洼地填充是一个不断重复地识别、填充洼地的迭代过程，直到所有的洼地都被填充且不再产生新的洼地为止。

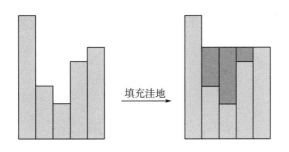

图 5-30　填充洼地的剖面示意图

2．水流方向确定

水流方向是指水流离开 DEM 格网时的流向。目前流向分析的最经典算法是最大坡降法，即 D8(deterministic eight-node)方法。其基本原则是：水只能以最大坡降流向 8 个方向之一(左、右、上、下、左下、左上、右下、右上)。单元格的流向值是通过对其周围 8 个邻域栅格以 2 的幂值进行编码来确定的，如图 5-31 所示。若中心栅格的水流方向为上，则流向值是 64；若为下，则流向值是 4。

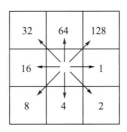

图 5-31　流向编码

"D8"方法将栅格的最陡下降方向作为水流方向。中心栅格与相邻单元格的高程差与距离的比值称为"高程梯度"。格网之间的距离与邻域方向有关。当邻域对中心栅格的流向值为 1、4、16、64 时，距离为 1 个单位；当流向值为 2、8、32、128 时，距离为 $\sqrt{2}$ 个单位。最陡下降方向是中心栅格与高程梯度最大的单元格所构成的方向，也就是中心栅格的流向。

图 5-32 为根据 6×6 格网单元的 DEM 分析流向及其编码的结果。

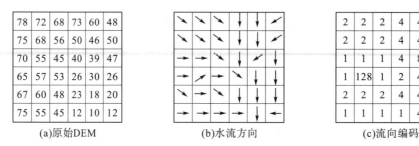

(a)原始DEM	(b)水流方向	(c)流向编码

图 5-32 水流方向确定

5.7 城市空间三维分析

5.7.1 日照分析

日照分析是指模拟建筑物在重要时间节点的日照阴影情况，为建筑物之间的阴影遮挡影响提供定性参考。在规划和建筑行业中，一般要求除住宅外的生活居住建筑，只要成为被遮挡建筑，就进行日照分析。住宅只有被高度为 24m 以上的建筑遮挡时才进行日照分析，其他情况根据当地的规定来确定建筑间距。因此，日照分析已经成为重要且常用的城市空间三维分析方法。

由图 5-33 可得

$$\tan h = (H - H_1) / D \tag{5-11}$$

由此可得出日照间距的计算公式为

$$D = (H - H_1) / \tan h \tag{5-12}$$

式中，D 表示日照间距；h 表示太阳高度角；H 表示前幢房屋女儿墙的顶面至地面的高度；H_1 表示后幢房屋的窗台至地面的高度(根据现行的设计规范，一般 H_1 的取值为 0.9m，H_1>0.9m 时仍按照 0.9m 取值)。

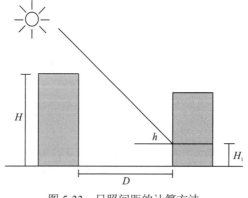

图 5-33 日照间距的计算方法

在实际应用中,常将 D 换算成其与 H 的比值,以便根据不同的建筑高度计算相同地区、相同条件下的建筑日照间距,即

$$日照间距系数 = D/(H - H_1) \tag{5-13}$$

5.7.2 水淹分析

进行水淹分析,需要具备研究区域的高程数据。当根据地面高程计算给定水位条件下的淹没区时,凡是高程值低于给定水位的点,都要计入淹没区;但是需要考虑淹没区域的"连通性",即洪水只淹没它能流到的地方。例如,对于环形山(一种中间低洼、四周环形隆起的地形)而言,如果水位低于山顶标高,那么只能在山环外形成淹没区。在三维环境下,依据三维地形模型和相关的三维模型数据(如建筑、植被等),并借助相关的三维分析工具,可实现水淹分析。图 5-34 是一个洪水淹没分析示例,淹没区域与未淹没区域清晰可见。三维环境具有直观性和可量测性,淹没范围、汇流方案可被实时地显示。

对于水淹分析,当给定洪水水位时,先要选定洪水源的入口,再设定洪水水位 H。淹没分析应从洪水的入口处开始进行格网连通性分析,所有能够连通的格网单元组成淹没范围,并形成连通的淹没区域。对连通的每个格网单元计算水深 W,即可得到洪水淹没的水深分布。格网单元水深 W 的计算公式为

$$W = H - E \tag{5-14}$$

式中, H 表示设定的洪水水位; E 表示格网单元的高程。考虑洪水淹没区域连通性,水淹分析将涉及水流方向、地表径流、洼地连通等分析算法。

图 5-34 洪水淹没分析示例

第6章 空间信息可视化技术

6.1 空间信息可视化的理论基础

可视化的本意是可被视觉所感知，在人脑中形成对事物的图像。它是一个心理过程，其目的是促进对事物的观察及建立概念等。空间信息可视化技术是输出空间信息成果表达形式的重要技术，是计算机图形学、图像显示技术、数字建模技术与空间信息技术等结合发展的结果。

6.1.1 空间信息可视化的概念、类型和特点

1. 空间信息可视化的基本概念

空间信息可视化是指运用地图学、计算机图形学和图像处理技术，将地学信息输入、处理、查询、分析以及预测的数据及结果采用图形符号、图形、图像并结合图表、文字、表格、视频等可视化形式进行显示和交互处理的理论、方法和技术。

空间信息可视化的研究内容包括对空间客体信息的创建、组织、理解及其表示形式的计算、认知和图形设计等，其结果可以被符号化、图形化、形象化，区别于那些文字化和公式化的表述。从认知科学和视觉思维的角度出发，可把空间信息可视化理解为：为人类感知空间环境信息和视觉思维进行的可视图形的表示过程、方法和工具，它着重研究使计算机与空间信息之间的理解、表达和传输相互协调的人与计算机的机理。

2. 空间信息可视化的类型

根据空间信息可视化的技术和方法，可以将空间信息可视化产品归纳为如下几类。

(1)纸质地图：包括普通地图、专题地图以及特种地图，它们既是传统地理信息的表达工具，也是在计算机环境下进行空间信息可视化的一种重要且基本的可视化产品类型，主要依靠计算机制图软件制作，并借助绘图机、打印机直接将结果输出在纸张上，实现"所见即所得"。

(2)电子地图：是基于计算机数字化处理和屏幕显示的地图。它是空间信息可视化产品的主要形式之一，大部分的空间客体信息在进入计算机后都能够以电子地图的形式直观地显示在计算机屏幕上，供用户查阅。

(3) 多媒体地图：能够以多种媒体的集成形式综合、真实地表现空间客体和空间现象，是空间信息可视化中的一种重要产品形式。

(4) 三维仿真地图：是基于仿真技术的一种三维地图，借助仿真技术将空间现象信息以三维立体或动画的形式直观、真实地表现出来，使用户有进入真实环境之感，是空间信息可视化中一种主要和具有发展潜力的产品形式之一。

(5) 四维时空地图：是能够显示空间现象随时间变化的地图。在空间信息可视化条件下，它可以借助屏幕的可视化操作实现闪烁、滚动、漫游、旋转等。

(6) 交互式可视化界面：是空间信息可视化中的另一种产品类型，其主要功能是向用户提供灵活、主动的控制和使用空间信息的手段和方法。它具有较强的形象化操作方式，能够使非专业人员像专业人员一样操纵和使用空间信息及其相应的管理系统。

3. 空间信息可视化的特点

空间信息可视化的特点主要体现在以下几个方面。

1）交互性

交互性是空间信息可视化技术向用户提供灵活、有效的控制和使用信息的主要手段和方法。空间信息可视化的交互性可分为 3 个层次。

(1) 系统界面的交互性。主要是指建立系统与用户之间的联系，以便用户操作和使用系统功能。可视化中的交互性具有更"形象化"的特点，其操作界面主要是图标或按钮，任何非专业人员都可以方便、直观地操作和使用；其操作形式除了鼠标以外，还有触摸屏、操纵杆等。因此，可视化中的交互性不仅使用户易于操作和使用系统，而且使用户能够控制系统，最大限度地满足用户的需要。

(2) 信息检索的交互性。这是可视化技术中深一层次的交互性，可以使用户找出自己想看的内容，快速地跳过不感兴趣的部分，还可以让用户对特别关注的内容进行编排，甚至可以使用户直接介入事件或信息的发展过程中。

(3) 系统交互性。这是可视化技术中最高层次的交互性，可以对某些现象或事件运动过程进行控制。借助系统交互性，人的想象力、创造力可制造出各种奇特的效果，如人在星空中漫游（虚拟合成）等，甚至可以使用户完全进入一个与信息环境一体化的虚拟空间中。

2）信息载体的多维性

空间信息可视化中信息载体的多维性是指表达空间环境信息有多种媒体形式。把计算机所能处理的信息空间范围进行扩展，使其不再局限于数值、文本、图形，而是扩展到了图像、声音、动画、视频图像、三维仿真乃至虚拟现实，这是计算机变得更加形象化的必要条件。人类对客观环境信息的接收主要依靠视觉、听觉、触觉、嗅觉、味觉，只有借助这 5 种感觉形式的信息交流，人类对客观环境信息的表达、理解、传输才能达到最佳效果。因此必须借助多种媒体形式，才能够完整、合理地表达和传输空间客体信息。换言之，只有采用多种信息媒体的表达形式，才能够更好地实现空间信息可视化。

3）信息表达的动态性

在空间信息系统环境下，动态性主要是因数据库中时间维的引入而产生的。通过对时间维的描述并借助可视化方法，可以直观地表达空间信息的动态变化。空间信息可视化中信息表达的动态性主要体现在以下几个方面。

(1)信息检索的动态性。系统用户借助空间信息可视化技术，可以灵活、方便、实时地从空间数据库中查询所需要的信息，以满足用户"所想即所得"的要求。

(2)信息表示的动态性。将用户查询到的信息按用户的要求以直观化的图形、图像等媒体形式实时地表示出来，而且可以进行实时、动态地修改、编辑和加工等。

(3)借助动态地图和时间序列地图表达瞬间或某一时间段内某种现象的移动和变迁过程。

(4)借助视频图像真实地表现某一环境现象的实地状况。

4）媒体信息的集成性

媒体信息的集成性是空间信息可视化的另一个重要特征。在早期的计算机可视化中，文本、图形、图像等媒体技术都可以被单独地使用，但都是单一、零散、互不相连的，因此实际上并没有充分地发挥系统的集成功能。在基于多媒体技术的空间信息可视化条件下，文本、图形、图像、色彩、动画、声音和视频图像等被有机地结合起来并连接成一个整体，从而可以以多形式、多视角、多层次的方式综合地表现空间环境信息。

6.1.2　可视化技术的基本方法

因为要描述和表达的空间客体对象的数据结构或数据模型不同，所以它们所要求的可视化技术和方法也各不相同。一般地讲，可视化技术的基本方法包括点数据场的可视化、标量场数据的可视化、矢量场数据的可视化以及其他相关的可视化技术。

1. 点数据场的可视化

点数据场的可视化实际上针对的是所要描述的客观对象相应定义域中的点或点集，它借助某种模型将 N 维空间中的点集投影到二维平面上。

在实际应用中，较多的是关于一维、二维和三维空间点数据场的可视化处理。显然，对一维点数据的处理是最简单的，通常可以直接在一维坐标轴上标注。二维点则可以采用某种数学模型，将二维点的两个值投影、转绘到二维平面上，使之成为二维平面直角系中的一个点 (x, y) 或有序点集。对于三维点，也可采用某种投影方法将它的 3 个坐标值转换到三维图形空间中的 3 个坐标轴上，然后用三维立体模型的方法显示其立体空间分布；或者将第三维深度信息用不同的灰度(或色彩)或光照度表示在二维平面上，以生成假三维立体图。利用三维动画技术，可以选择不同的视点生成一系列的三维立体图，并通过旋转控制操作将一系列三维立体图连成一个整体，实现对空间对象不同角度的显示。另外，还可以利用三维仿真技术，实现对第四维时间信息的表示。

在空间信息科学中，点数据场是一种比较常见且非常重要的数据。除了各类的控制点以外，还有各种实地观测数据和各种类型的采样数据，它们都是空间信息可视化处理中的重要内容。

2. 标量场数据的可视化

标量场数据的可视化是目前空间信息可视化中研究和应用最多的可视化方法。尤其是图形、图像显示技术等，都是基于标量场数据的可视化方法来实现的。

一维标量场数据的可视化最简单，可用插值函数 $F(x)$ 表示，其可视化的基本方法是：在二维平面坐标内，先根据采样点的值构造插值函数 $F(x)$，再根据 $F(x)$ 生成采样点之间的线段。为了实现较好的可视化效果，对插值函数的选择非常重要。一般来说，选中的插值函数要能够保留原始数据集中的隐含属性，如单调性、正态性等。在空间信息表达中常用的插值函数是三次样条插值函数。若采样数据本身的精度较低，则可以根据最小二乘法的原理和方法来构造插值函数。

空间数据处理中的二维标量场数据通常包括两大类，即平面格网点数据和不规则的散乱点数据。要实现二维标量场数据的可视化，关键是拟构相应的插值函数。对于平面格网点数据来说，可以采用双线性插值函数。在具体的实施过程中，为了得到较好的效果，可采用双三次插值函数；在空间数据处理中，常用的双三次插值函数是 Bezier（贝塞尔）函数。

对于不规则的散乱点数据，可以先将其划分为若干个三角形或六角形格网等，然后对格网上的点数据采用双线性插值或双三次插值函数进行处理。空间数据处理中的 DEM 数据是不规则散乱点数据场处理中较为典型的应用实例。二维标量场数据的等值线内插是空间数据处理中进行二维标量场数据可视化时应用最广泛的技术，如地形等高线、地磁等磁力线或等降雨量线等，这里不再赘述。

三维标量场数据的可视化可通过采用曲面构造法实现，其基本原理是：将函数值 $F(x_i, y_j)$ 作为空间第三维数据，利用某种曲面模型对空间点集 $\{(x_i, y_j, F(x_i, y_j))\}$ 拟构一张逼近曲面，将该空间曲面投影到平面上，并通过消隐、纹理或明暗处理以及旋转变换等实现对第三维属性的显示，甚至可以采用动画技术实现对第三维属性的连续显示。

3. 矢量场数据的可视化

矢量是一种既有大小又有方向的量纲，因此矢量场数据的可视化与标量场数据的可视化有所不同，可将矢量的大小和方向都同时显示出来。在空间信息处理中，对矢量场数据的可视化通常采用两种基本技术：一种是先将矢量按一定的方向分组以获得 N 个组的分量值，然后借助标量场数据的可视化技术显示每一分量的分布，如气象研究中的风向频率分布、地质构造中的节理分布等；另一种是直接对矢量的大小和方向同时进行显示。根据空间数据处理的特点和可视化的基本技术进行分类，矢量场数据的几何图形表示方法通常包括点场数据表示、线场数据表示和面场数据表示 3 种。

（1）点场数据表示是最直接的方法，通常是对采样点上的每一点数据都采用能表示其大小和方向的图形方式来给予表示，如箭头、有向线段等。

（2）线场数据表示是空间数据可视化中被用得较多的一种方法，通常包括数据场线和质点轨迹线两种。数据场线是某一时刻连接各点矢量的一条有向曲线，如人气环流线、电磁场中的磁力线等。质点轨迹线是指某一质点经过该矢量场时是一条轨迹，如流体动力学中的质点运动轨迹等。

（3）面场数据实际上是一条非场曲线经过矢量场时的运动轨迹，面场比线场更容易表达矢量场内部的矢量分布。对面场的拟构主要有两种方法：一种是采用线场连接生成面场；另一种是对矢量场进行拓扑结构的分解，通过拟构矢量场内部的几种拓扑结构分布模型表达整个面场的总体分布。

4. 其他相关的可视化技术

除上述几种主要的可视化技术和方法外，通常用到的还有图像处理技术、动画技术和交互技术。

图像处理技术主要用于高密度点的标量场数据分布，如地表形态数据场等，其相关技术包括图像增强、图像特征提取和图像分割等。图像增强主要是为加强和突出图像的特征而采取的一种图像处理技术，其常用的方法有直接对像素进行的点操作、对像素周围区域进行的局部区域操作及伪彩色技术。点操作包括灰度变换法、直方图修正法和局部统计法。局部区域操作主要是对图像进行平滑和锐化操作，如中值滤波、低通滤波和高通滤波等。伪彩色计算是将灰度映射到彩色空间上，以突出数据的分布特点。特征抽取技术主要包括采用灰度振幅的空间特征抽取、采用梯度法的边界识别、采用操作边界跟踪的边界抽取以及采用几何表示的形状识别等。分割技术主要包括阈值、种子填充、模板匹配以及其他的边界算子。

动画技术对表示随时间变化的物理场非常有效，其基本原理是通过图像序列来显示连续的物理场变化，常用的技术是关键帧方法。动画技术作为一种能够表达第四维信息的技术，不仅可以用于表达时间的变化，也可以用于表示其他参数的变化。

交互技术在可视化中占据着非常重要的地位。许多数据的特点只有通过交互才能被感知。交互技术包括与数据的交互、与图形的交互和与可视化参数的交互。与数据的交互包括对数据集的交互分割、断面的选取、数据范围的选择设置等。与图形的交互包括传统图形学中的交互，如平移、放大、旋转等交互操作和光源、视点、投影面、表面属性及明暗处理等方面的技术。与可视化参数的交互包括与显示技术的交互，如选择或组合合适的显示技术等。与可视化参数的交互，如在质点跟踪时可与质点数、步长、质点分布方式等进行交互以及在显示标量分布时与调色板进行交互。其他的交互技术还有立体图绘制，立体图能真实地再现三维空间中的数据场分布，让观察者感知三维空间的存在，对突出表达三维对象的分布特性有明显的效果。

6.2　二维空间信息的可视化

6.2.1　地图符号的视觉变量

地图的符号是地图的语言，是在地图上表达空间对象的图形记号。它通过尺寸、形状和颜色表示事物的空间位置、形状、质量和数量特征，是表达地理现象及其发展过程的基本手段。高质量的地图符号丰富了地图的内容，增加了地图的可读性。

能引起视觉变化的基本图形、色彩等因素称为"视觉变量"。视觉变量的概念最早由法国学者贝尔廷（J. Bertin）于 1967 年提出，美国地图学家鲁滨逊（A.Robinson）发展了视觉变量理论。视觉变量是构成图形的基本要素，它包括形状、尺寸、方向、颜色、网纹等方面的内容。

（1）形状变量：表示符号的外形轮廓，表现制图对象的类别、性质和质量差异，如图 6-1 所示。

图 6-1　形状变量

（2）尺寸变量：表示符号图形的大小，表现制图对象的等级和数量差异，如图 6-2 所示。

图 6-2　尺寸变量

（3）色彩变量：表示符号图形的颜色，包括色相、纯度和亮度。色相，也称为"色调"或"色别"，是指色彩之间质的差别，也就是色彩相互区别时最明显的特征；纯度，也称为"彩度"或"饱和度",是指色彩的纯净程度;亮度,也称为"明度"或"光度",是指色彩本身的明暗程度。色相变化表示制图对象类型和性质的不同;彩度、亮度变化表示制图对象之间等级和数量的差异。

(4)网纹变量:也称为"纹理",是由具有一定形状和大小的点、线以及点线组合成的图案按照一定的方式排列出来的结果。网纹的疏密、粗细程度表示制图对象之间等级和数量的差异;网纹中不同图案、方向的组合表示制图对象的类型和质量差异。网纹变量中也可以使用颜色的变化来增强视觉效果。网纹变量有 3 个分量:排列、样式和尺寸,如图 6-3 所示。

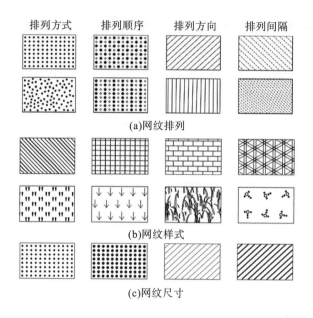

图 6-3 网纹变量

(5)方向变量:表示符号方向的变化,即符号本身的指向变化。它表示制图对象的运动趋势,如图 6-4 所示。方向变量适用于长形或线状的符号。

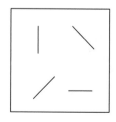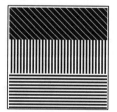

图 6-4 方向变量

6.2.2　专题地图的可视化方法

专题地图是突出、详细地表示一种或几种自然及人文现象，使地图内容专题、专门、专用或特殊化的地图。常用的专题地图可视化方法根据其表示的专题内容的不同可以分为定位符号法、线状符号法、运动符号法等，如图 6-5 所示。

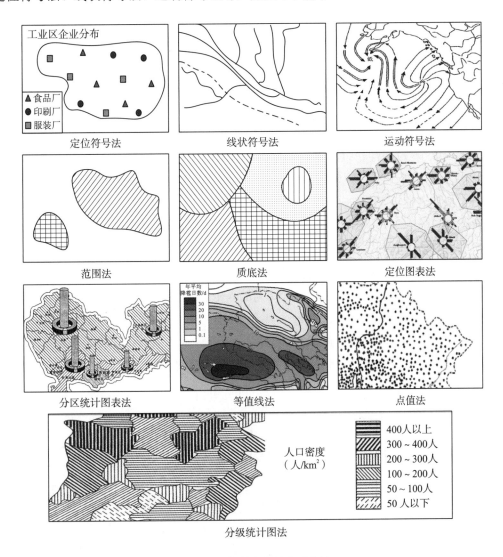

图 6-5　专题内容的表示方法

1. 点、线状和运动专题内容的表示方法

(1)定位符号法：是通过采用各种不同形状、大小、颜色和结构的点状符号来表示各自独立的各个点状要素空间分布及其数量和质量特征的方法。每个符号代表一个独立的地物或现象，是一种不依据比例尺的符号。

(2)线状符号法：是以线状或带状的图形符号表示事物分布特征的方法，如交通线、水系、境界线、地质构造线等。

(3)运动符号法：是用运动符号表示运动事象的方法，也称为"动线法"。运动符号即箭头符号，一般以箭头指示运动方向，箭身的宽度和长度表示运动的速度和强度，而事象的种类以符号的颜色或形状表示。运动符号法一般用于表示洋流、风或气旋、动物迁移、货运流通等。

2. 面状专题内容的表示方法

(1)范围法：是以轮廓范围或在范围线内使用颜色、晕线或注记等表示间断成片分布事象区域范围的方法。

(2)质底法：是按照现象的某种质量指标划分类型分布范围，并在各范围内涂以颜色或填绘晕线、花纹和注记以显示连续布满全区域的现象的质量差别(或各区间的差别)的方法。

(3)定位图表法：是以统计图表的形式表示固定点位的对象季节、周期性数量变化的方法。

(4)等值线法：是用连接各等值点的平滑曲线表示全区内连续且渐变分布的现象的数量特征差异的方法，也称为"等量线法"。

(5)点值法：是指用一定大小、形状相同的点子表示统计区内分散分布的事象数量特征的区域差异和疏密程度的方法。

(6)分区统计图表法：是以分区的统计图表形式表示对象区域单元间数量差异的方法。

(7)分级统计图法：是以不同统计区的数值分级表示整个区域事象数量分布差异和集中于分散趋势的方法。

3. 几种表示方法的比较

上述 10 种方法，虽然有些在形式上比较相像，但性质上有严格的区分，以下对不同方法之间的差别进行说明。

(1)范围法与质底法的区别。范围法只表示具有间断分布特征的制图对象，这种对象不会布满整个制图区域；而质底法表示连续分布且布满整个制图区域的对象的分布情况。

(2)范围法与点值法的区别。范围法用点子表示时，点子只表示分布范围，不表示数量；而点值法的点子不仅表示分布范围，而且代表一定数量数值的大小，即点值法的点子有点值。

(3)点值法与定位符号法的区别。点值法的点子表示一定区域内专题事象的分布数量，它不是严格意义上的定位点，且所有点的数值相同；而定位符号法中单个点子符号具有严格的点位，每个符号代表的数值因符号的大小而不同。点值法的点子密，符号法的点子稀。

（4）定位图表法与定位符号法的区别。定位图表法的图表表示事象季节/周期性的数量变化特征；而定位符号法中的结构符号表示制图对象的数量总和及其组成结构。

（5）分区统计图表法与定位符号法的区别。分区统计图表法中的图形和定位符号法中的可以完全一样，但在意义上有本质差别。分区统计图表法中的图形反映的是区划范围内的制图对象，而定位符号法中的图形反映的是某个确定点上的制图现象。

6.3　三维空间信息的可视化

6.3.1　三维数据可视化概述

三维空间数据的可视化是利用可视化技术将模型的空间形态以及各种属性信息以三维的形式表达出来，使研究人员能够进行观察和模拟，从而丰富了科学发现的过程，给予人们意想不到的洞察力，为进行空间数据的描述与分析提供了支持。

三维空间数据的可视化在很大程度上依赖于视觉表现，它能够提供更为丰富、逼真的信息，各种用户结合自己的经验与理解可以做出准确且快速的空间决策。三维空间数据的可视化包括对模型的显示、操作以及编辑等，其核心在于以建立起来的空间数据模型为基础，针对该模型进行显示，并通过进一步的操作剖析模型内部的信息，满足用户深层次的需求。同时，它可以为用户提供适当的功能或接口，使用户可以把自己的设想实施在模型上，而模型可以通过虚拟现实的方式将结果或信息反馈给用户。

随着传感技术和数据采集技术的不断发展，数据采集量越来越大且采集密度越来越高，对几何模型结构的描述越来越精确。例如，现在激光扫描技术每秒的数据采集量可以达到几万个数据点，这些点对任何几何对象的描述无论在精度还是数量上都能够满足要求。由于三维几何对象模型的不断增加和越来越高的几何表达精度，因此被用于描述几何对象的数据量变得越来越多，而管理、操纵、渲染这些巨大数量的三维几何数据需要大量的内存和计算机资源，这些要求已经远远超出了目前任何图形设备能够承受的范围，尤其是在实时交互操作和可视化方面。这些问题在大范围内的数字城市模型三维漫游、大型数字地面模型的仿真系统中显得特别明显，这也是三维空间数据可视化区别于二维空间数据可视化的最重要特征之一。在计算机交互式图形处理中，实时动画往往要求 25～30 帧/s 的图形刷新频率，也就是说所有的建模、光照和绘制处理等任务必须在大约 17s 的时间内完成，这些都对数据调度机制和图形绘制策略提出了新的且更高的要求。数据动态装置、图形渐进描述、多细节层次和虚拟现实表现等已成为三维空间数据可视化的典型技术特征。

6.3.2　三维可视化的原理

　　三维可视化是运用计算机图形学和图像处理技术，将三维空间中分布的复杂对象(如地形、模型等)或过程转换为图形或图像显示在屏幕上并进行交互处理的技术和方法。近年来，随着计算机图形显示设备性能的提高以及一些功能强大的三维图形开发软件的推出，用户在普通计算机上进行高度真实感的三维图形显示成为可能。为了保证由三维空间向二维平面映射时图像显示的立体感，在显示三维数据前需要进行一系列计算机图形学的技术处理，如图 6-6 所示。

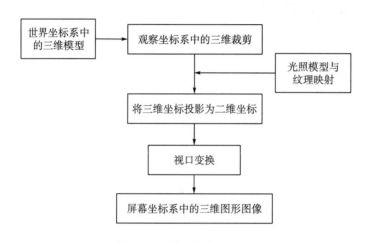

图 6-6　三维可视化的流程

　　三维可视化的流程：首先，地形、地物等三维空间对象的数学模型在世界坐标系中被建立起来，经坐标变换后转换为观察坐标系，在观察坐标系中实现三维地形在视景体中的裁剪、光照以及纹理映像；然后，通过投影变换将观察坐标系中的三维坐标转换成投影平面上的三维坐标，并经视口变换转换成屏幕坐标；最后，该坐标经栅格化后显示在屏幕上。其中，世界坐标系是指地理坐标系，也称为"用户坐标系"，为右手坐标系；屏幕坐标系是用户观察坐标系，为左手坐标系。

　　下面简要地介绍与三维可视化的效率、真实感显示密切相关的裁剪、颜色、光照、纹理以及视口变换。

1. 观察坐标系的空间三维裁剪

　　由于人眼视觉范围的限制，因而人们只能观察到视点前方一定角度和距离范围内的物体。在计算机中显示三维图形时，其观察范围也是有限的。这一范围通常利用远、近、左、右、上、下 6 个平面确定，即视景体，如图 6-7 所示。

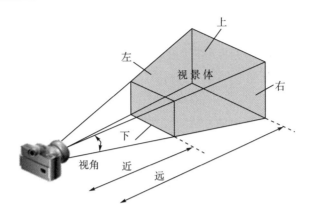

图 6-7 透视投影的视景体

观察空间的三维裁剪是指在进行图形显示时,位于视景体范围以外的物体会因被裁剪而不予以显示,图 6-8 是透视投影视景体的裁剪示意图。通过判断图形对象与远、近、左、右、上、下这 6 个裁剪面的关系,可以确定该对象是否在视景体内部。尽管计算机在实施裁剪的过程中花费了一定的运算时间,但在通常情况下,裁剪运算可以大大地减少图形的绘制数量。因此,三维裁剪会提高图形绘制的整体性能。鉴于对象裁剪涉及复杂的求交运算,人们逐渐地开发出了基于显卡硬件的对象裁剪算法,进一步地减少了图形裁剪的时间。

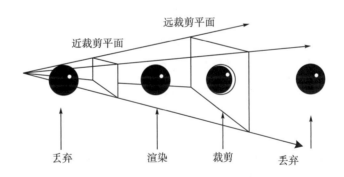

图 6-8 透视投影的视景体裁剪

2. 颜色、光照与纹理

影响三维物体真实感表达的特性主要有两方面:一是几何特性,即在三维空间中的位置、大小和方向;二是亮度、颜色、纹理和透明度。因此,三维可视化只有考虑上述特性,才能在二维平面上产生具有真实感的图形。

颜色对于生成高度真实感的图形来说必不可少。物体的颜色不仅取决于物体本身,还与光源、周围环境的颜色以及观察者的视觉系统有关。为了尽可能真实地模拟这些丰富多彩的视觉效果,计算机图形学通过使用颜色模型和具有明暗效果的光照模型来共同形成多种配色方案,常见的如过渡色、分层设色等。

尽管颜色模型和光照模型可以直观地反映地表起伏的状况和地物表面的明暗效果，但模型表面过于光滑和单调，不能重现它们的真实面貌。此外，由于还需要表现物体表面的细节信息，如地表植被、建筑物墙壁上的材质、装饰物等（即纹理），因此可以用纹理映射的方法给模型表面加纹理。

纹理映射的思想是把纹理影像"贴"到由几何数据构成的三维模型上，实现的关键在于如何将影像与数据正确地套合。对于地形而言，就是要使每一个 DEM 格网点与其所在的影像位置一一对应；对于原始影像，可以根据成像时的几何关系并利用共线方程来解算每一个 DEM 格网点对应的像坐标，以作为纹理映射时的纹理坐标依据。为了避免纹理映射时复杂的纹理坐标计算，提高纹理映射的运算效率，通常采用经数字微分纠正后的正射影像作为纹理影像，从而使得地面坐标与纹理坐标间的对应关系变得十分简单。

对于几何模型的映射，需要将多边形顶点的三维空间坐标与二维纹理的坐标对应。绝大多数房屋的侧面为矩形，在进行纹理映射时可直接运用图形学中的凸多边形填充绘图模式实现；而对于呈凹多边形的房屋表面来说，由于不能直接地绘制和填充凹多边形，因此需要先将其分割为凸多边形后再进行绘制。

3. 视口变换

视口变换是将经坐标变换、几何裁剪、投影变换后的物体显示在屏幕窗口中指定区域内的过程，上述屏幕上的区域称为"视口"。视口变换类似于照片的放大与缩小，它取决于投影面与视口大小的比值。在实际应用中，视口的长宽比率总是采用与视景体相同的长宽比率。如果这两个比率不相等，那么显示在视口内的投影图像会变形，从而不能显示出真实感较强的图像。另外，当视角增大时，投影平面的面积也增大，视口面积与投影平面面积的比值变小，但物体的投影尺寸并不变化，因此实际显示在屏幕上的物体变小；反之，实际显示在屏幕上的物体变大。

此外，为了使屏幕中显示的立体图像能逼真地反映实际物体，必须消除因视线遮挡而被隐藏的点、线、面和体，即深度测试。消除隐藏点的算法很多，常用的图形包里所采用的深度缓存是 Z 缓冲算法。它在缓存中保留了屏幕上每个像素的深度值（视点到物体的距离），较大深度值的像素会被较小深度值的替代，即远处的物体被近处的物体遮挡。当物体之间的遮挡现象严重时，深度测试可以大大地降低实际需要绘制的图形数量。

目前通用的图形可视化开发包（如 OpenGL、DirectX、QD3D、VTK、Java3D 等）都封装了上述图形可视化的流水线，并提供了一系列的图形显示和交互接口。利用它们提供的应用程序接口（application programming interface，API），可以实现常规数据量地形数据在屏幕上的三维显示和交互控制。

6.3.3　三维可视化的关键技术

1. 数据分块和动态装载技术

数字城市的三维场景总是涉及大量丰富的几何、纹理和属性等信息,按常规的可视化机制,需要一次性地把所有的数据都装载到计算机内存后再进行显示。这会导致计算机内存和 CPU 计算与图形资源的严重不足;同时也是不必要的,因为任何用户都只会对一个较小地区的细节感兴趣并逐步延伸至其他地区。随着用户关注范围的扩大,所需要的空间细节程度降低。同人的眼睛一样,计算机屏幕在一个时刻的总显示容量是一定的,因为其屏幕像素个数是固定的,如 800×600、1024×768 等。因此,根据视点当前所在的位置,实时地检索并装载一定范围内特定对象的数据是处理海量空间数据中各种实时应用问题的必然选择。

为了达到三维空间信息实时可视化的目的,建立基于数据分块、数据库自动分页和存储的机制是一种常用且有效的方法。每一帧场景的渲染数据对应了计算机内存中的一个数据页,即由若干连续分布的数据块构成的一个存储空间。在动态渲染过程中,随着视点移动,需要不断地更新数据页中的数据块。基于数据分层、数据分块以及数据页动态更新的算法,在理论上可以实现多层次、大范围的三维场景实时可视化。当需要更新数据页中的数据时,从硬盘中读入新的数据会耗用一定的时间,由此带来视觉上的"延迟"现象,这种"延迟"现象将大大地影响可视化交互效果。为了消减这种延迟,常用的方法是根据视点移动的方向趋势预先地把即将被更新的数据从硬盘中读入内存,使实际的数据更新在内存里实现。

在图像实时绘制过程中,通过判断当前视点位置与数据页几何中心之间的平面位置关系并采用多线程技术实现对数据页缓冲区全部或部分数据的动态更新。图 6-9 为在同一尺度的海量数据库中的实时漫游,当视点从右向左运动时,每经过一定的时间就更新数据页中的一列数据块。对数据块的更新包括两个步骤:先释放超出视场范围的最右列数据块,然后读入即将进入视场范围的最左列数据块。若在漫游过程中视点的高度发生变化,则重新计算视场范围;若视场范围与数据页对应范围的差值大于某一阈值,则更换到相应尺度的数据层中进行整个数据页的数据更新,即跨尺度漫游。由于跨尺度漫游涉及整个数据页的数据更新,要实时调度的数据量很大,因此需要不同尺度的数据库之间具有高效的联动机制,最好是具有一样的空间索引方法和数据调度策略等。即便这样,由于数据库尺度的变化将引起显示内容细节程度的剧烈变化,因此要实现真正跨尺度的无缝连续漫游还需要采用 LOD 渐进绘制中的特殊方法。

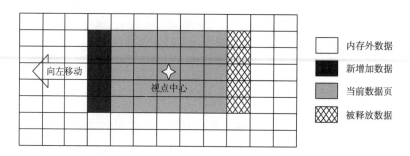

图 6-9　基于分块数据的动态数据页的建立

2. 图形绘制加速技术

为了加速图形的整体绘制效率，可以从硬件和软件两个方面加速图形显示。其中硬件方面的解决思路侧重于提高图形的绘制效率，而软件方面的侧重于降低实时绘制的对象数量。

基于硬件的加速方法是指通过提高计算机的硬件性能(如 CPU 的主频、内存的容量、图形显示加速芯片以及硬件的并行性能等)，使计算机在尽可能少的时间内处理和显示更多、更复杂的对象。在过去的十几年中，几乎所有的计算机核心硬件设施都在性能上得到了突飞猛进的提高。以 CPU 为例，其功能和复杂性几乎每 18 个月就会增加一倍，而成本却在成比例地递减。

除了 CPU、内存等核心部件的快速发展以外，图形加速卡性能的提高也值得一提。1999 年 NVIDIA^{TM} 推出的图形处理器(graphics process unit，GPU)可以承担以往由 CPU 负责处理的几何变换、光照、图形以及纹理渲染等复杂计算，减轻了 CPU 的负担；随后，GPU 的性能快速地提高。尽管如此，对于海量的地形数据来说，它们的性能还远远不够。考虑到硬件性能的提高总会受到理论上限以及投入产出比等方面因素的限制，而实际用户的需求无限，因此仅靠硬件加速得到的效果还远远达不到用户期望的性能。

基于软件的加速方法包括图形软件和应用软件两个层次：前者通过优化图形包(graphics toolkits)的设计加速图形的显示速度，这一点与基于硬件的加速方法类似，但也存在设计上的理论上限问题；后者是指根据人眼的视觉特征，在视觉效果和实际的图形绘制数量间折中，即在保证用户视觉效果的前提下，减少场景中需要绘制的图形数量。例如，对后向面及被遮挡对象的消隐(back culling 和 occlusion culling)、视景体的裁剪(frustum culling)、模型的简化(simplification)、基于图像的绘制(image-based rendering)等。利用这种方法可以将计算机实际上需要处理的图形数量控制在当前的硬件水平上，在期望硬件性能和现实硬件水平之间搭建一座桥梁。它是一种更有发展前景的图形加速策略，已成为计算机图形学、科学可视化、虚拟现实等领域的研究热点。

3. 数据裁剪技术

如何有效地识别动态视点中可见的多边形是计算机图形学中的一个重要问题。传统的方法是通过 Z 缓冲算法来进行可见性判别，由于该方法必须考察输入场景中所有的三角形，因此如果没有性能良好的软、硬件体系结构，那么进行 Z 缓冲将占据图形处理中的大部分时间。为了避免对场景中不可见部分做不必要的处理，采用遮挡裁剪 (occlusion culling) 算法在图形流水线的早期去掉不可见多边形。

数据裁减技术被用于根据可见性条件预先地从数据库中选择可见的内容。如果在城市中穿行，那么数据裁减技术非常有用，因为常常有大量的区域被近处的建筑物遮挡。在透视可视化情况下，数据裁剪的核心是计算视场的锥体裁剪范围。利用 OpenGL 图形库函数可以直接地得到远近剪切平面。显然，落在该视景体内的所有目标都可见，而那些完全落在其外面的目标将不被读取。尽管这类图形库函数具有数据裁剪的功能，但即使是不可见的目标数据也要首先从数据库中读进内存，然后经过一系列的变换处理后才能被裁减(其裁剪也仅仅是不绘制而已)。使用额外的数据裁剪处理将使得只有可见的对象被选择以及尽量少的数据被计算机吞吐和处理，从而提高了系统的整体效率。特别地，对于城市尺度的应用，由于各种人工建筑物十分密集，加上视点靠近周围的地物，并且在视景体范围内还有许多地物相互遮挡，因此如果能有效地进行遮挡裁剪，那么可以进一步地提高场景绘制的效率。最简单的遮挡裁剪方法就是 OpenGL 中被广泛使用的背面裁剪方法 (backface culling)。

4. 多细节层次模型的渐进绘制技术

当在场景中穿行或以飞越的方式进行三维城市模型的浏览时，城市景观是以动画的形式被展现出来的。理论上每一屏幕图像帧的数据内容都可能不一样。常规的静态数据显示模式由于数据已经被全部装入了内存，因此只需要直接执行 OpenGL 中显示列表预存的一系列命令即可。视点位置改变导致的场景内容更新是由标准的 OpenGL 图形库函数自动完成的。与此不同的是，要保证动态数据的显示连续、流畅(至少 15～25 帧/s 的刷新速率)，则必须根据相匹配的图形绘制质量对场景绘制的刷新频率进行优化，进而控制场景内容的不断更新，这就是渐进绘制的思想。正如数据动态装载方法一样，为了消减从数据库中检索和选取大量几何与纹理等数据时造成的时间延迟，有经验的做法往往是把数据的动态装载平均分解到各个图像帧中进行，以保证绘制每一帧图像的时间均衡。特别地，透视显示的场景内不同远近的对象可能具有不同的细节程度，即使同一个对象于不同的图像帧而言也会有不同的细节程度；此外，不同复杂程度的城市景观地物的大小与疏密分布往往是随机的，在漫游过程中人机交互操作场景的变化更加剧烈。这些都会导致动态装载的数据量与实时绘制的工作量非常不均衡，从而为实时规划和控制动态场景细节层次的连续性变化和无缝漫游增添了许多困难。因此，对场景细节层次变化的合理控制很重要。实际上，由于客观条件如仪器设备和成本以及应用的限制，任何对象数字化表示的细节层次总是有限。为了能把这些尺度变化不连续的数据以连续的细节层次表现出来，还需要一些特殊的图形绘制技巧如运动模糊等。

渐进绘制是在解决实时绘制中普遍存在的逼真度与性能矛盾的问题时最有效的折中方法。渐进绘制的实现关键是生成若干连续的 LOD 模型，并根据屏幕刷新率实时地控制后台模型的精华或简化层次，它也被称为"可中断的渐进绘制"技术。为了解决真实感和速度之间的矛盾以及提高数据的可视化和分析效率，同时满足不同应用中需要的数据分辨率和适应人类对空间现象进行认知的层次性，对复杂的三维对象构建具有多个细节层次的 LOD 模型成为必然选择。一般的方法是根据离视点的远近选择或生成不同的 LOD 模型，即进行依赖于视点的模型动态简化处理，并且每个详细的模型都包括并覆盖所有粗略的模型，这样可以最大限度地减少数据动态装载和实时处理的工作量。渐进绘制时要同时考虑因速度的原因而采用粗略近视模型绘制引起的空间误差和因绘制本身延迟而产生的时间误差，当时间误差超过空间误差时，模型精华也就失去了意义，因此要及时地把当前细节程度的模型图像显示出来。

6.3.4　地形的三维可视化

1. 地形三维可视化的过程

随着计算机软、硬件技术的进步以及计算机图形学中算法原理的日益完善，让高度逼真地再现地形、地貌成为可能，地形的三维表达成为当今地形可视化的主要特征。从 DEM 到地形的三维再现(含地表分布的各种地物)，需要经过以下几个步骤。

(1)DEM 的三角形分割(TIN 不需要此步)。

(2)透视投影变换：建立地面点(DEM 结点)与三维图像点之间的透视关系，由视点、视角、三维图形的大小等参数确定。

(3)光照模型：建立一种能逼真地反映地形表面明暗及色彩变化的数学模型，逐个计算像素的灰度和颜色。

(4)消隐和裁剪：消去三维图形中的不可见部分，裁剪三维图形范围外的部分。

(5)图形绘制和存储：依据各种相应的算法绘制并显示各种类型的三维地形图，若有需要则按照标准的图形图像文件格式进行存储。

(6)地物叠加：在三维地形图上，叠加各种地物符号、注记，并对颜色、亮度、对比度等进行处理。

经过以上步骤的处理，可以实现对多种地形的三维表达，常用的表达方法有立体等高线图、线框透视图、立体透视图以及各种地形模型与图像数据叠加而成的地形景观等。

2. 立体等高线模型

平面等高线虽具有量测性但不直观。借助计算机技术，可以实现由平面等高线构成的空间图形在平面上的立体体现，即将等高线作为空间直角坐标系中函数 $H = f(x,y)$ 的空间图形，将其投影到平面上后获得立体效果图，如图 6-10 所示。

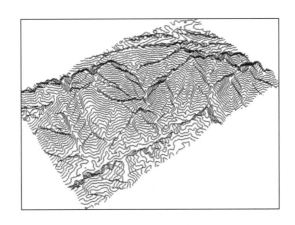

图 6-10　立体等高线

3. 三维线框透视模型

线框模型是对三维对象轮廓的描述,用顶点和邻边表示该三维对象,如图 6-11 所示。其优点是结构简单、易于理解、数据量少、建模速度快;缺点是没有面和体的特征,表面的轮廓线将随视线方向的变化而变化。由于不是连续的几何信息,因而不能明确地定义给定点与对象之间的关系(如点在形体内、外等)。同时从原理上讲,此模型不能消除隐藏线,也不能做任意的剖切、计算物性以及进行两个面的求交。尽管如此,速度快、计算简单的优点仍然使其在 DEM 的粗差探测和地形趋势分析中有着重要的应用。

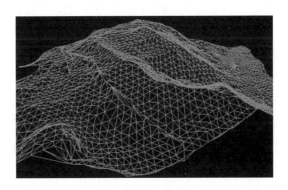

图 6-11　DEM 三维线框透视图

4. 地形三维表面模型

三维线框透视图是通过点和线建立三维对象的立体模型,只能提供可视化效果而无法进行有关的分析。地形三维表面模型是在三维线框模型的基础上,通过增加有关的面、表面特征、边的连接方向等信息实现对三维表面且以面为基础的定义和描述,从而满足面面求交、线面消除、明暗色彩图等应用的需求。简言之,三维表面模型就是用有向边围成的面域定义形体表面以及由面的集合定义形体。把 DEM 单元看作一个个面域,要实现对地形表面的三维可视化表达，其表达形式可以是未被渲染的线框图，也可以采用光照模型进行光照模拟；同时可以通过叠加各种地物信息以及遥感影像等来形成更加逼真的地形三维景观模型，如图 6-12 所示。

图 6-12　DEM 三维表面模型

6.4　空间信息可视化的相关理论与技术

6.4.1　多媒体技术与空间信息可视化

早期的可视化主要是基于计算机图形学的原理，将空间环境中的现象或事物用图形、文本的方式显示出来，尽管也具有直观化的特征，但实际上只是可视化中的一种简单形式。只有将多媒体技术应用于对空间信息的表达，才能够达到空间信息可视化的极佳效果。

人类感知环境信息的途径包括视觉、听觉、触觉、嗅觉、味觉和意识感知及抽象等，然而早期的可视化仅能以文本、图形的方式表达和传输空间信息，这在很大程度上限制了可视化效果。多媒体技术的产生和应用，从根本上改变了传统计算机中单一媒体传输空间信息的限制，形成了集图、文、声、像于一体以及由视、听、触、嗅觉进行综合的新型信息处理模型，使得空间环境信息的计算机处理多媒体化，人类能够通过计算机逼真、形象、直观地获取空间环境信息，达到空间信息可视化的极佳效果。借助多媒体技术，人们可以自由地选择各种媒体形式并交互式地在计算机上表示、存储、传输空间环境信息，各种媒体信息可以方便地互相集成，极大地丰富了空间信息可视化的内容。此外，借助多媒体计算机模拟人类视觉、听觉、触觉的功能，可以用声音、视频图像等直观、真实地表达和传输空间环境信息。这种集图形、文本、图像、声音和视频于一体的空间信息表现方式，使得对空间信息的表达更趋于人性化，易于被人们接受。

对于多媒体技术在可视化中的应用，无论是从表达方式还是从传输效率等方面来说，都将使空间信息可视化发生根本性的变化。此外，地图作为空间信息可视化中最常见的表现形式，与多媒体技术的结合具有以下几方面的意义。

(1)彻底改变传统地图中单媒体传输空间信息的方式，使其不仅能用纸质地图而且能以多媒体地图的形式表达和传递空间环境信息。多媒体地图以将文本、图形、图像、声音、动画和视频图像进行有机结合的方式高效、直观地把空间环境信息传递给用户，让用户更加直观、灵活、随机地感知客观环境信息。

(2) 彻底改变地图的使用方式。传统地图的使用主要是靠地图用户通过阅读、量算、分析、解译来获取所需要的信息，这是一种被动的使用方式，其效果往往取决于用图者的文化素养、知识结构等因素。多媒体技术应用于地图后，使得任何地图用户都能够随心所欲地使用地图，只要借助鼠标或触摸屏技术，即可灵活、方便地查阅需要的信息，从而使地图的使用方式变得更为灵活、主动。

(3) 实现多种媒体信息的协同演播。在多媒体地图中，地图用户在对一客体对象进行查阅时，不仅可以看到它的图形，而且可以同时演播与该对象有关的文本、图像、声音、动画和视频图像。

(4) 实现动态制图和实时显示。传统的纸质地图一旦形成了产品就不能被更改，除非重新制作。在多媒体地图中，可以随时地调用数据库中的数据进行动态制图和实时显示，而且可以灵活、方便地改变地图的色彩、符号和图形的表达形式。

(5) 利用多媒体计算机技术，不仅大大地提高了地图阅读与分析的效率，而且能够随时地得到电子地图的各种分类、分级、归并和统计分析、相关地图的对比分析、图解分析以及量算分析等多种结果。

6.4.2　科学计算可视化与空间信息可视化

科学计算可视化是指运用计算机图形学和图像处理技术，将科学计算过程中产生的数据及计算结果转换为图形和图像显示出来并进行交互处理的理论、方法和技术。它不仅包括科学计算数据的可视化，而且包括工程计算数据的可视化。科学计算可视化的主要功能是从复杂的多维数据中产生图形，并且分析和理解存入计算机中的图像数据。它涉及计算机图形学、图像处理、计算机辅助设计、计算机视觉以及人机交互技术等多个领域。科学计算可视化主要是基于计算机科学的应用目的提出的，侧重于计算复杂数据的计算机图形。

科学计算可视化可以将计算过程和计算结果用图形和图像直观、形象、整体地表达出来，使许多抽象、难以理解的原理、规律和过程变得更容易理解，枯燥且冗繁的数据或过程变得生动有趣和更人性化。同时，通过交互手段可以改变计算环境和所依据的条件，观察其影响，实现对计算过程的引导和控制。

科学计算可视化的应用领域十分宽广，几乎包括自然科学和工程计算的一切领域，也包括以下的空间信息领域。

(1) 地质勘探领域。寻找矿藏的主要方式是通过地质勘探了解大范围内的地质结构，发现可能的矿藏构造，并且通过测井数据了解局部区域的地层结构，探明矿藏位置及其分布，估计蕴藏量及开采价值。由于地质数据及测井数据的数量极大且不均匀，因此无法依据纸面上的数据进行分析。利用可视化技术可以从大量的地质勘探及测井数据中构造出感兴趣的等值面、等值线，显示其范围及走向，并用不同的色彩、符号以及图纹显示多种参数及相互关系，使专业人员能够对原始数据做出正确的解释，进而指导打井作业，大大地提高寻找矿藏的效率。

(2)气象预报领域。气象预报的准确性依赖于对大量数据的计算和计算结果的分析。科学计算可视化一方面可将大量的数据转化为图像，并显示某个时刻的等压面、等温面、风力大小与方向、云层的位置及运动、暴雨区的位置与强度等，使预报人员对天气做出准确的分析和预报；另一方面根据气象监测数据和计算结果，可将全球不同时期的气温分布、气压分布、雨量分布以及风力和风向等以图像的形式表示出来，以便对气象情况及变化趋势进行研究和预测。

(3)计算流体动力学领域。汽车、船舶、收音机等的外形设计都必须考虑其在气体、流体高速运动的环境中能否正常地工作。为理解和分析流体流动的模拟计算结果，必须利用可视化技术将数据结果动态地显示出来，并对各时刻的数据进行精确的显示及分析，这是机体设计中的关键性步骤。

空间信息可视化可以被看作是基于地图学、计算机图形学和图像处理技术，为识别、解释、表现和传输目的而直观地表示空间环境信息的工具、技术和方法。显然科学计算可视化在学科范围内包括了空间信息可视化，这是因为从复杂的多维数据中产生图形是空间信息可视化的基本内容。不管是空间数据的显示、空间分析结果的表示、空间数据的时空迁移以及每一个空间数据的处理过程，无一不在其范围之内。可以说，空间信息可视化是科学计算可视化在地学领域的特定发展。然而，空间信息可视化与科学计算可视化毕竟存在一些不同，显著的一点体现在图形符号化的概念上。

6.4.3 空间信息可视化技术的应用

数字城市是对空间信息可视化技术的典型应用。数字城市作为城市发展的基础设施正受到越来越多的重视，它作为未来城市建设管理的新手段，已成为全球关注和研究的热点。数字城市的主要功能之一体现在多源数据的集成可视化上。在现阶段的数字城市空间框架共享平台中，往往需要对多种数据如遥感影像、数字线划地图、数字高程模型、专题数据、统计分析数据等进行集成可视化，以逼真地展现现实世界，如图 6-13 所示。

基于数字城市三维模型数据，不仅可以进行三维城市的虚拟漫游，还可以进行三维地籍管理(图 6-14)。对于日常不可见的地下设施如地下管线等，可以借助可视化技术进行直观的展示、查询以及管理(图 6-15)。此外，数字城市有助于人们更直观地开展相关的可视化分析，如污染物水平方向扩散模拟(图 6-16)、建筑物在不同时间的日照阴影分析(图 6-17)、室内三维路径分析(图 6-18)等。

图 6-13　数字城市

图 6-14　三维地籍查询与管理

图 6-15　城市地下管线可视化管理

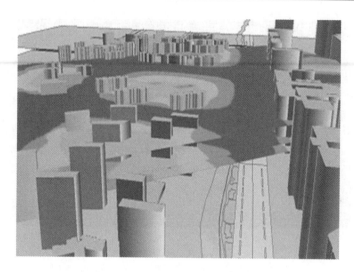

图 6-16   污染物水平方向扩散模拟

图 6-17   日照阴影分析

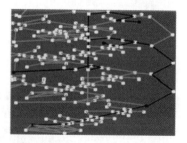

图 6-18   室内三维路径分析

空间数据可视化侧重于对空间数据的可视化表达与分析,其目的不仅仅是单纯地展示图形和图像本身,更重要的是提供一种信息交流与反馈的机制,使用户在观察数据外观的基础上更深层次地挖掘其内在的信息和知识。空间数据可视化营造了一个可视化的虚拟环境,通过此环境可以更加深刻地理解空间数据,进而实现对空间数据的可视化探索与分析。

第7章　空间信息共享与服务

7.1　空间信息共享

空间信息共享是指国家依据一定的政策、法规、标准和规范实现对空间信息的传播与共用,即它是在一定程度的开放条件下,让同一信息资源被不同用户共同使用的服务方式。空间信息的可共享性是由空间信息的自然属性(如无质量、不耗损和不排他等)决定的,但空间信息共享是为社会经济服务的,具有社会经济属性。空间信息共享经历了从口头共享到文字共享、从地图共享到网络共享的发展过程。

7.1.1　空间信息共享的意义

空间信息共享的目的是更充分地使用已有的数据资源,减少资料收集、数据采集等重复劳动和相应费用,使全社会最大限度地实现空间信息共享,推动和扩大空间信息的应用,实现空间信息价值的最大化。具体而言,空间信息共享的意义可概括为以下几个方面。

(1)减少空间信息的使用成本,提高使用效益。空间信息的自然属性决定了其可以被重复地使用而无耗损,因此空间信息共享可以避免重复采集以及在加工整理中对人力、物力和财力的浪费,即它可以最大限度地发挥空间信息的经济效益、社会效益和生态效益,特别是在空间信息的采集方面(如对全国土地、森林、海洋、山地等的调查工作)。例如,"金土工程"中的土地利用详查,国家要历时数年且耗资数百亿元才能够得到全国的土地利用空间及其属性数据(信息)。如果取得的空间信息不能向全国其他的部门、单位和公众在一定的条件下开放,那么其他的部门或单位又得在不同的范围内重新进行此类信息的采集,这将会对国家信息资源造成重大浪费。

共享人类所有的空间信息,不仅可以节省开支,而且有些信息只有通过数据共享才能获得(特别是那些只有在某些特定的时空条件下才能获得的空间信息,如火山、地震、台风和洪水等),否则即使投入了再大的人力、物力和财力也无济于事。

(2)消除信息孤岛,加速信息流通。空间数据特有的空间分布性,使不同地区和不同行业中的空间数据采集和管理相互独立并形成异构格局,由此造成全球范围内的空间信息孤岛。随着互联网技术的诞生和普及,对空间信息的显示、查询、检索和下载可以在全球、国家和区域范围内实现,使得空间信息可以得到最充分、最方便、最及时的共享,从而消除信息孤岛,加速空间信息的流通。例如,东南亚的海啸、美国的飓风、全国各地农作物的长势以及黄河、长江和松花江的洪水险情，都能及时地通过互联网实现公众信息共享，从而为自然灾害的防治提供及时的应急疏散与决策支持信息。如果按照时间序列对农情、地质、水文、气象等的观测、勘探以及调查资料进行整理和存储，使之能够被随时地查询、检索，那么就可以从根本上解决过去那种因资料堆积如山以及整理、存储、查阅如理乱丝而使空间信息无法被共享或者因传输周期太长而失去信息的大部分实际价值的问题。

(3) 促进政府决策的民主化和科学化。当前人口过分膨胀、工业迅速发展，已导致地区甚至全球的经济发展与资源环境之间的矛盾加剧。为此，人们在区域开发、经济布局、流域规划以及各种大型工程建设的决策中，不仅要考虑经济效益，而且要考虑环境生态效益。空间信息共享特别是网络空间信息共享，为上述决策的民主化和科学化提供了一种现代化的决策手段。只有政府决策过程实现了民主化、科学化，经济、资源、环境的可持续发展才能够得到可靠的保证。

(4) 共享是实现信息化的前提条件和根本目标。信息化水平是衡量一个国家或地区综合实力和竞争能力的标志之一。国家或地区实现信息化的过程，是以计算机、信息高速公路和空间数据基础设施等硬件为依托，在国家发布的标准、政策和法律等软件的支持下，把国家或地区建为一个数字化、网络化、可视化、智能化(即数字国家、数字地区等庞大的数字工程)的高度协调发展的社会经济信息系统。信息化主要依靠信息资源，数据共享的程度反映了一个国家或地区的信息发展水平。数据共享程度越高，信息发展水平也越高。包括空间信息在内的信息资源的开发与应用依赖于信息共享技术的发展，可见实现信息化的基础是信息技术的发展以及空间信息的共享。

要实现数据共享，应先建立一套统一、法定的数据交换标准并规范数据格式，使用户能够尽可能地采用规定的数据标准。例如，美国、加拿大等国家都有自己的空间数据交换标准，我国也在研究和制定国家空间数据交换标准，其中包括矢量数据交换格式、栅格影像数据交换格式、数字高程模型的数据交换格式以及元数据格式等。国内首个地理空间数据交换和共享的地方标准，是浙江省测绘科学技术研究院负责起草的《地理空间数据交换和共享基本规范》，由浙江省质量技术监督局发布，已从 2018 年 1 月 1 日起实施。该标准制定了地理空间数据交换和共享的定义和术语，以及基本要求、内容组织规范和主要流程等。该标准被实施后可进一步规范交换和共享各参与方的工作流程与相关要求，显著地提升交换和共享的效率。

7.1.2 空间信息共享的标准

在空间信息共享实践中，标准的建设是贯穿始终的工作，也是推动地理信息共享的核心工作。美国、英国等发达国家为了推进地理信息共享，从 20 世纪 80 年代开始就致力于对地理信息共享标准的研究和制定，取得了明显的成效。目前，美国、英国等制定的许多标准已成为其他国家、国际组织制定本国或跨国技术标准的重要参考。例如，美国人口普查局的最小冗余拓扑格式(mini-topo)被军方采纳并作为数字地理信息的交换标准(DIGEST)，这对北大西洋公约组织中许多国家的标准化工作产生了影响。DIGEST 的主要贡献是要素(feature)建模方法，要素类型和与它相联系的属性通过代码设定来处理，几乎其他所有的标准(如 SDTS、GDF、S-57 等)都采用了这种方法。英国哥伦比亚环境土地和园林局开发的空间文档和交换格式(SAIF)最初是为森林管理而设计的，但不久便成为 SQL-MM 和开放地理信息互操作规范(open geodata interoperability specification，OGIS)的基础。

　　国际标准化组织(International Organization for Standardization，ISO)、开放地理信息联合会(Open GIS Consortium，OGC)等国际组织为了推进全球的空间信息共享，也将对地理信息标准的制定作为一项十分重要的工作。各国政府和产业代表所组成的国际标准化组织(ISO)，为促进全球地理信息资源的开发、利用和共享，于 1994 年 3 月的技术局会议上成立了地理信息/地球信息专业技术委员会(Technical Committee)，以专门负责对地理信息(geographic information/geomatics)相关标准的拟定，简称"ISO/TC211"。目前该组织已有 29 个成员国和 27 个观察国。该技术委员会的工作范围为数字地理信息标准化，主要任务是针对直接或间接与地球上空间位置相关的目标或现象的地理信息制定一套标准，以便确定对地理信息数据的定义、描述、管理、采集、处理、分析、查询、表示，以及在不同用户、不同系统、不同地方之间转换的方法、工艺和服务。该项工作与相应的信息技术及数据标准相联系，为使用地理数据提供标准框架。ISO/TC211 陆续地组织了对框架和参考模型、空间模型与算子、空间数据管理、空间信息服务子集和功能标准等专题与标准的研究和制定工作。

　　1994 年成立于美国的 OGC，现有十几个国家的 240 多个成员，其中包括软件技术公司、政府机构、科研院所、企业集成系统、销售商、图像信息产品制造商等。其成立的宗旨是让每个人都能从任何一个网络、应用程序或计算机平台中，方便地获取地理信息和服务；通过共同的接口规范，让数据及服务提供者、应用系统开发者和信息整合者能够在短时间内花最少的费用让使用者获取和使用其数据及服务。OGC 主要有两个技术主题：地理空间信息共享和地理空间服务共享。在此基础上，OGC 发布了许多相互关联的规范。OGC 发布的规范主要有抽象规范(openGIS abstract specifications)和实现规范(openGIS implementation specifications)两类。抽象规范提供了一个完整的参考模型，它是制定其他 OGC 规范的基础；实现规范为开发商提供具体的编程指导，协助开发商在其产品中实现 OGC 接口和协议，实现相同接口/协议的软件和服务之间支持互操作性。

　　ISO/TC211 及 OGC 制定的标准，虽然都是为了促进空间地理信息的共享互通，但两者的定位有很大的不同。ISO/TC211 制定的 ISO 19100 系列地理信息标准属于基础性标准，着重对概念性规范的描述，独立于执行平台；但其内容极为详细，足以作为系统实现的基础。而 OGC 制定的标准着重对系统的实现且与现有的系统平台相结合，如 COM、CORBA、J2EE、SQL 等。为避免 ISO/TC211 与 OGC 这两种标准之间的分歧，对它们的协调工作一直持续地进行,以取得一致性。ISO/TC211 与 OGC 于 1999 年签订了合作协议,以相互支持对方开发的技术,使彼此能以互补的方式实现资源共享,避免不兼容的标准。在许多方面,可将 OGC 的标准视为对 ISO/TC211 的验证,而当 OGC 的规范符合 ISO 的特定要求时,ISO 也会将其作为标准采纳。例如,ISO/TC211 有 4 项开发中的标准就直接采用了 OGC 的规范;OGC 也采纳了 ISO 19107 等标准。通过频繁的沟通与协调,OGC 和 ISO/TC211 之间建立了紧密的合作关系,其中包括对文件的分享、著作权限制的放宽等。我国是 ISO 的成员国之一,许多国家标准都建立在 ISO 标准的基础上。OGC 与 ISO 的密切合作,为我国地理信息产业采用 OGC 的接口规范铺平了道路,免除了后顾之忧。

ISO/TC211、OGC 这两个组织之间的标准化工作尽管各有不同,但是它们具有一个共同的特点——都是基于理论研究开展标准制定工作,从而使其制定的标准更加系统化、科学化,适用性和指导性也更强。

7.2 空间信息服务的技术基础

空间信息服务是在网络服务技术和标准基础之上实现的地理空间信息网上在线服务。它提供了应用客户管理、注册服务、编码、处理服务、描绘服务和数据服务等,主要的应用客户包括发现客户、地图浏览客户、影像利用客户、增值客户和传感器客户等。空间信息服务利用了网络服务技术提供的公共接口、交换协议和服务规范,下面首先对网络服务技术进行简要介绍。

7.2.1 网络服务的体系结构

网络服务是分布式计算领域中的新兴技术,是面向服务架构(service-oriented architecture,SOA)的一种实现形式,可以将分布运行在网络上的应用或处理功能进行集成,使在地理上分布于不同区域的计算机和设备能够协同工作,共同完成特定的业务流程。

网络服务的体系结构在本质上是面向服务的体系结构,网络服务在 SOA 的基础上对功能实现、消息封装和数据传输等都给出了具体、可行的方案,并整合了可扩展标记语言(extensible markup language,XML)、简单对象访问协议(simple object access protocol,SOAP)、网络服务描述语言(web service description language,WSDL)以及通用描述发现和集成(universal description、discovery and integration,UDDI)等技术,形成了一整套切实可行的技术方案。XML 为网络服务提供了最基本的信息描述规则;SOAP 为 XML 格式的信息在网络上的传输提供了封装和路由标准;WSDL 提供了描述网络服务功能、访问地址以及交互时所使用的消息格式等的规范;UDDI 允许服务提供者在公共目录中以统一的规范注册网络服务，同时允许客户查询这些服务以及获取服务的访问地址和调用方法等。利用这些关键技术，网络服务可以通过使用任何编程语言、协议或平台开发出来的松散耦合的程序组件将应用程序创建成可供任何人都能够随时随地使用任何平台进行访问的服务。

　　网络服务的体系结构主要包含 3 种角色，即服务提供者、服务代理和服务使用者，如图 7-1 所示。

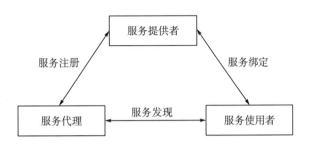

图 7-1　网络服务的体系结构

　　(1)服务提供者负责创建网络服务，然后以 WSDL 的格式对服务进行描述并将其注册到 UDDI 注册中心，以供服务请求者使用。

　　(2)服务请求者通过搜索 UDDI 注册中心，可先找到所需要的网络服务并获取网络服务的描述信息，然后根据描述信息与服务提供者建立联系，并通过 SOAP 消息进行交互。

　　(3)服务代理负责搭建 UDDI 注册中心以供服务提供者发布服务信息，并对已发布服务的注册信息进行管理，为服务请求者提供查询服务。

　　在整个网络服务的交互过程中，XML、WSDL、SOAP 和 UDDI 分别起着不同的作用。

　　(1)XML 为网络服务中的数据表达提供基本格式。利用 XML 结构定义(XML schema definition，XSD)可以扩展 XML 中的数据类型，使 XML 可以表达更复杂的信息。网络服务的传输和描述都是以 XML 为基础的。

　　(2)SOAP 提供了传输数据与调用网络服务的基本方法。SOAP 规范中规定了 SOAP 消息的格式，以及怎样通过 HTTP 协议来传输 SOAP 消息。SOAP 消息是以 XML 语言为基础并通过特定的 XSD 进行定义的。

　　(3)WSDL 提供了一种用 XML 语言描述网络服务的方法。WSDL 描述的是网络服务中提供的操作、需要的参数类型、服务执行结果的类型以及服务的访问地址等。

　　(4)UDDI 为网络服务的注册中心提供了一套标准，规范了注册、管理、查询服务的接口。

7.2.2　网络服务的特点

网络服务完全基于 XML、SOAP、WSDL、UDDI 等这些独立于操作系统平台的标准，实现了跨平台的互操作目的。综合而言，网络服务的特点体现在以下几个方面。

(1)完好的封装性。网络服务作为一种部署在网络上的计算资源，具备面向对象的设计中对对象的良好封装性。用户只能看到该对象的功能列表，而不知道其内部具体的实现细节。

(2)松散耦合。这一特征来自对象/组件技术，当一个网络服务的实现发生变更时，只要调用的接口不变，就不会影响用户对服务的使用。

(3)互操作性。由于 Web 服务采取了简单、易被理解的标准 HTTP 协议作为底层的传输协议，因此在任何操作系统平台和编程语言下，只要能够访问网络，就可以调用网络服务提供的功能。

(4)开放性。网络服务使用开放的标准协议进行描述、传输和交换，使得任何企业或个人都能够创建并共享自己的网络服务。

(5)开发成本低。网络服务使用的是开放的标准，不存在技术专利等费用，并且可以在现有系统功能的基础上进行封装，所搭建的服务也可重用，避免了重复开发的费用。

7.2.3　网络服务的相关标准化组织

网络服务的共享和互操作必须要有开放、统一的标准来规范网络服务的构建、发布和调用。目前，关注网络服务领域相关标准制定的组织主要有以下几个。

(1)结构化信息标准促进组织(Organization for the Advancement of Structured Information，OASIS)。OASIS 成立于 1993 年，它是一个推进电子商务标准向前发展以及融合与采纳的非营利性国际化组织。OASIS 形成了许多网络服务标准，也提出了面向安全、电子商务的标准，并且在公共领域和特定应用市场的标准化工作方面付出了很多努力。OASIS 已经在 ebXML、UDDI、BPEL 和 LegalXML 等标准的开发中发挥了作用，更多相关的信息可以参见其主页(http://www.oasis-open.org)。

(2)万维网联盟(World WideWeb Consortium，W3C)。W3C 成立于 1994 年，是制定网络标准的一个非营利性组织，致力于创建网络的相关技术标准并促进网络向更深、更广的方向发展。W3C 制定了 HTML、XML、SOAP、WSDL 等标准，更多的信息可以参见其主页(http://www.w3.org)。

(3)网络服务互操作性组织(Web Services Interoperability Organization，WS-I)。WS-I 是致力于保证网络服务所承诺的互操作性而成立的一个组织，主要工作是开发和保障网络服务互操作性的相关规范，并对实施规范进行测试。WS-I 的主要成果包括标准框架、应用样本和测试工具。

空间信息服务除了需要基本的网络服务技术协议以外，还需要有关地理空间信息及其处理方式的技术协议，目前这些技术规范主要由 W3C 和前面介绍过的 OGC、ISO/TC211 制定。

7.3　OGC 空间信息服务

OGC 网络服务 (OGC web service，OWS) 是典型的空间信息 Web 服务。OWS 提供以服务为中心的互操作框架，支持多种在线地理数据源、传感器产生的信息和地理信息处理功能的基于 Web 的发现、访问、集成、分析、利用和可视化。OWS 是基于网络连接的地理信息处理应用或集成地理信息处理功能扩展到其他信息应用中的支撑框架。它是一个基于地理信息服务的 Web 网络，可以使服务连接成动态、开放、互操作的服务链，创建动态的应用。

7.3.1　OGC 开放地理数据互操作规范

地理数据互操作可以理解为地理信息交换、理解并在不同的地理信息服务之间直接交互。在推动互操作的过程中，OGC 所制定的开放地理数据互操作规范 (open geodata interoperation specification，OGIS 或 OpenGIS) 起到了重要的作用。该规范是 OGC 提出的一系列规范的总称，旨在消除地理信息应用之间以及其与其他信息技术应用之间的壁垒，建立一个分布式的地理信息互操作环境。这些规范现已被大多数的地理信息技术公司和科研团体使用，如 ESRI 公司的 ArcGIS、ORACLE 公司的 Oracle Spatial 等产品。

7.3.1.1　开放地理数据互操作规范模型

OpenGIS 规范的主要理论基础是开放地理数据互操作规范模型，该模型独立于具体的分布平台、操作系统以及程序设计语言，是对地理信息领域知识更高层次的抽象。OGIS 模型主要由开放地理数据模型 (open geodata model，OGM)、信息群模型 (information communities model) 和开放服务模型 (open services model) 3 部分组成，它们分别阐述了地理数据、信息群和地理服务三个方面的内容。

1. 开放地理数据模型

开放地理数据模型是 OpenGIS 规范的核心，它在开放地理数据模型中提出了地物要素 (feature) 和层 (coverage) 的概念。要素是对现实世界中实体的抽象或描述，层是对现象的表述。要素具有空间域、时间域的属性，包括了几乎所有用时间和空间确定的内容，如桌子、建筑物等；具有相同时间域或空间域的要素组成了要素集合。层由一个时空域中相关联的点组成，每个点和某一值对应，可为简单值，也可为复杂值。因此，层是一个从时空域到属性域的函数。现实世界、抽象模型和 OGM 之间的关系如图 7-2 所示。

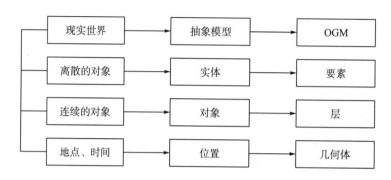

图 7-2　现实世界、抽象模型和 OGM 之间的联系

要素和层是表达地理数据的两种不同方式。大多数的地理数据都可以用这两种方式表示；但是要素侧重于表达实体的范围、语义和几何属性，而层侧重于表达每一个点的值。层从要素中产生，具有要素的所有特性。要素可以进行递归定义，即几个不同的要素和层能组成另外一个要素。

地理要素必须有时间域和空间域。在要素中，将与空间坐标相关的属性抽取出来表达为几何体。几何体的属性用于描述几何体的特征，如位置、精度等。在 OGIS 中引入时空参考系统，以实现几何体在现实世界中的定位。时空参考系说明了地理要素如何在现实世界中进行定位，离开时空参照系的地理要素的空间属性是没有意义的。

每一个要素的属性都包含几何属性和语义属性。语义属性是对要素的解释和理解，在 OGM 中通过语义模式来描述，它包括属性名称、数据类型以及约束条件等。OGM 还给出了地理信息元数据的概念。地理信息元数据是描述地理数据内容、质量、状况以及如何获取数据的结构化摘要信息。地理信息元数据增强了地理信息的自描述，为地理信息数据的共享提供了便利。

2. 信息群模型

信息群是指共享数据的用户群，他们在特定的时间内使用相同的数字化地理信息术语和相同的空间要素语义。也就是说，他们在地理抽象、要素表示和元数据方面有相同的观点和约定。信息群可以是数据提供者，也可以是数据使用者。

信息群模型的主要任务是解决具有统一 OGM 及语义描述机制的一个信息部门内部以及不同 OGM 及语义描述的信息部门之间的数据共享问题。它采用的主要方法是语义转换，其目的是使具有不同要素类定义以及语义模式的信息用户群之间实现语义的互操作。

3. 开放服务模型

OGIS 模型包括开放地理数据模型、信息群模型和开放服务模型，它是控制地理数据存取、管理、获取、操作、描述以及信息群之间数据共享等服务的总体规范模型，也是开放的地理数据模型和信息群模型。其功能包括：①提供一种基于 OGM 数据类型构建具体的数据模型、查询数据以及将共享的数据编制成目录的方法；②提供一种定义和建立信息群及它们之间联系的机制；③提供一种能够对 OGM 和用户定义的数据类型以及其他功能进行操作的手段。

在 OGIS 的 3 个抽象模型中，开放地理数据模型以地理要素为核心，用数学和概念化方法表示地球及地理现象。它定义了一系列通用的基本地理空间信息类型，基于这些基本空间信息类型，可以使用基于对象或其他常用的程序设计方法为不同应用领域的地理空间数据建模。信息群模型通过使用语义转换机制使具有不同特征类定义及语义模式的信息用户群之间实现语义的互操作。开放服务模型由一组可互操作的软件组件集组成，是一个可以在不同的信息团体之间实现地理空间数据获取、管理、操纵、表达以及服务共享的通用规范模型。

7.3.1.2　开放地理数据互操作规范分类

以开放地理数据互操作规范模型为基础，OGC 提出了开放地理数据互操作规范，旨在制定一个能提供地理数据和地理操作的具有交互性和开放性的开发规范，使软件开发者可以在单一的工作流中使用分布于网络上的任意的地理数据和地理处理。OpenGIS 规范分为两类：抽象规范（openGIS abstract specifications）和实现规范（openGIS implementation specifications）。

抽象规范为大多数规范的制定提供概念基础。按照抽象规范制定的框架，可以开发相应的公共接口和协议标准，使各个平台下不同系统间的互操作成为可能。抽象规范使用户能够创建一种概念模型，并按照这个概念模型制定相应的实现规范。抽象规范被分为若干主题文档（topic books），不同的主题文档从不同的层次对地理信息的表示、发现、访问以及处理给出定义。图 7-3 描述了抽象规范各主题之间的依赖关系。

实现规范是抽象规范在具体应用领域中的扩展，其目的是制订实现工业标准和软件应用编程接口的技术平台规范。目前 OGC 制订了一系列实现规范，包括坐标转换规范、目录规范、服务注册规范、位置服务和传感器观测服务规范等；其中坐标转换规范、目录规范、服务注册规范是与具体应用领域无关的通用接口规范，用于支持其他应用领域的服务。在 OGC 制定的实现服务规范中，最著名的是网络地图服务规范、网络要素服务规范和网络覆盖服务规范等。这些服务规范使遵循 OpenGIS 规范的由厂商或组织开发的应用软件，能够对 Web 上不同类型的空间信息进行动态的查询、存取、转换和综合处理等。

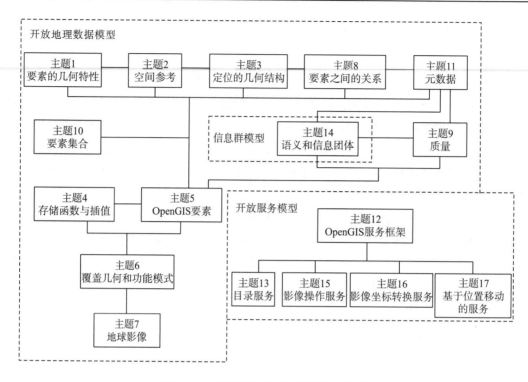

图 7-3   抽象规范各主题之间的依赖关系

7.3.2   OGC 网络服务的体系架构

OGC 网络服务框架提供了一系列接口和编码的集合，它们与具体的厂商无关，支持在网络环境下发现、获取、整合和可视化多种在线地理资源和地理服务，使得各种在线地理处理和位置服务可以进行无缝整合。

最基本的 OWS 框架必须提供数据服务、注册服务、描述服务、处理服务和客户端应用，如图 7-4 所示。每一个类型的服务都是一组可以通过接口调用的操作集合。OGC 网络服务框架中的服务能够被任何拥有授权且实现了 OpenGIS 相关服务接口和编码规范的应用访问。

(1)应用客户端。应用客户端能够通过搜索和发现机制查找地理空间服务和数据资源，访问其他的地理信息服务，以图形、影像和文本的形式描述地理信息服务，支持人机交互。主要的应用客户端包括发现客户、地图浏览客户、影像利用客户、增值客户和传感器 Web 客户等。

(2)注册服务。注册服务定义了 Web 资源分类、注册、描述、搜索、维护和访问的通用机制。Web 资源是具有网络地址且类型化的数据或服务实例。注册类型包括数据类型(如地理特征、图层图像、传感器数据、符号等)、数据实例。注册服务向用户提供服务的元数据，以方便用户通过查询元数据搜索需要的地理信息服务。

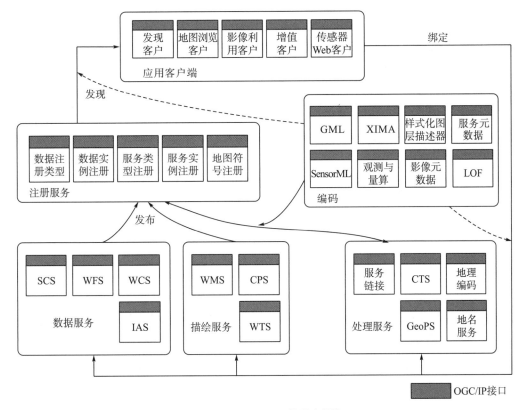

图 7-4　OpenGIS 网络服务框架

(3) 数据服务。数据服务提供了访问数据库中数据集的功能，数据服务可访问的资源通常按照标识符与地址引用。服务框架定义了公共的编码和接口，使在网络环境中分布的各种数据能够以相同的风格面向其他服务。数据服务主要包括网络覆盖服务(web coverage service，WCS)、网络要素服务(web feature service，WFS)、传感器采集服务(sensor collection services，SCS)和影像档案服务(image archive services，IAS)等。

(4) 处理服务。数据处理服务提供了一系列空间网络服务的构建模块，同时也提供了数据处理流程。它们能够与框架中的数据服务、描绘服务等建立松散耦合的关系。处理服务主要包括坐标转换服务(coordinate transformation service，CTS)、地理编码服务(geocoder service)、链接服务(chaining service)、地名服务(gazetteer service)和地理解析服务(geoparser service，GeoPS)等。

(5) 描绘服务。描绘服务提供了支持地理空间信息可视化的专业功能，通过一个或多个输入，生成描绘后的输出。描绘服务主要包括网络地图服务(web map service，WMS)、栅格图描绘服务(coverage portrayal service，CPS)和 Web 地形服务(web terrain service，WTS)。

(6) 编码。OpenGIS 框架的编码规范是 XML 的应用模式，描述了指定类型数据转换的专业词汇集，这些数据被包装成应用客户和服务之间以及服务与服务之间的消息。这些编码涉及地理标记语言(geography markup language，GML)、XML 影像和地图注记(XML for imagery and map annotations，XIMA)、样式化图层描述器、位置组织者目录(location orgnanizer folders，LOF)、服务元数据、影像元数据、传感器标记语言(sensorML)和观察与量算等。

7.3.3 典型的 OGC 网络服务

在 OGC 网络服务框架中，主要的空间信息服务有 4 类：注册服务、数据服务、描绘服务和处理服务。这 4 类服务包含一系列空间信息服务，其中一些已经得到广泛认可并成为标准。

1. 注册服务

为促进分布式环境下的地理空间信息共享，OGC 提出并开发了地理空间信息领域中专有的注册和目录服务(catalogue service for web，CSW)的实现规范。OGC 目录服务规范现有 1.0 和 2.0 两个版本。1.0 版本对目录服务中的相关概念及目录互操作框架进行了定义与描述，基于 CORBA 协议完成实现。随着网络服务的迅速发展和广泛应用，2.0 版本开始关注网络服务，着重采用 WSDL、SOAP、UDDI、ebXML 等网络服务标准实现地理空间信息目录服务。OGC 目录服务规范定义了发现和发布数据、服务和其他资源描述性信息的接口和操作，基于该规范，可以实现通用的地理空间信息目录服务系统。它通过制定一系列相关的基本规则，能够在不同的 OGC 目录服务系统中实现互操作。

OGC 目录服务实现规范定义了 OGCWebService、Discovery、Publication 3 类接口集；其中，OGCWebService 接口集是所有 OGC 服务的通用接口。OGCWebService 接口集提供了一个操作方法 GetCapabilities，该方法允许用户获得服务级元数据，服务级元数据是关于 CSW 信息内容和可接受请求参数的描述。该方法的响应是一个包含描述服务元数据的 XML 文档。

Discovery 接口包含 GetRecords、GetRecordById、DescribeRecord 和 GetDomain 操作。GetRecords 操作根据用户输入的查询条件返回满足条件的地理空间数据或者服务资源的元数据。这些元数据可以是对资源元数据的描述，也可以是全部已注册的元数据内容。GetRecordById 操作根据注册对象的唯一标识 Id 查找地理空间数据或服务资源的元数据，一般返回的是满足条件的服务资源中已注册的完整元数据信息。DescribeRecord 操作返回的是目录条目类型及内容的说明信息。GetDomain 操作可以获得给定数据元素或请求参数的领域描述信息。

Publication 接口提供了对目录注册对象的管理功能。Publication 接口包含 Harvest 和 Transaction 操作。Harvest 操作用于获取远程资源，并将其注册进目录。Transaction 操作包含 3 种行为方式：Insert 操作，在目录服务注册中心添加新的元数据记录；update 操作，修改和更新目录服务注册中心中现有的元数据记录；delete 操作，删除目录服务注册中心中的元数据记录。

2.　数据服务

1）网络要素服务

网络要素服务（web feature service, WFS）是 OGC 提出的一个在网络环境下实现地理要素互操作的服务标准。WFS 可以在支持 HTTP 协议的分布式计算平台上实现对地理要素的发现、查询、插入、更新和删除等操作。它的作用有两方面：一是实现对地理要素数据的网络发布；二是实现异构地理信息系统之间的互操作。在 WFS 中使用地理标记语言（GML）描述地理要素，WFS 的请求以 XML 的格式发送给服务器。WFS 包括 5 种操作：GetCapabilities、DescribeFeatureType、GetFeature、Transaction 和 LockFeature，其中 Transaction 和 LockFeature 为可选操作。

（1）GetCapabilities 操作允许客户端获取 WFS 的元数据信息。元数据信息描述了 WFS 提供的要素服务类型，以及每种要素服务类型支持的操作等。返回的 WFS 元数据文档一般包括以下内容：WFS 服务自身的信息、服务提供者的信息、对所提供操作进行描述的元信息、要素类型列表以及过滤器的信息。

（2）DescribeFeatureType 操作允许客户端获取一个描述指定要素类型的模式（schema）。客户端通过这个模式可以知道要素的编码格式，从而能够将 GetFeature 请求的响应结果解析成对应的要素，或者把一个要素编码后发送给服务器。

（3）GetFeature 操作允许客户端获取所请求的地理要素。客户端可以根据一定的条件查询需要的要素。

（4）Transaction 操作允许客户端对要素进行增加、删除、修改等事务处理。

（5）LockFeature 操作允许客户端将指定的地理要素对象锁定，使其他用户无法修改。在锁定时间内，客户端只有提供锁定标识符才能对被锁定的要素进行修改操作。

2）网络覆盖服务

网络覆盖服务（web coverage service, WCS）是空间数据互操作中的一个重要组成部分，网络覆盖服务面向空间影像数据，将包含地理位置信息的地理空间影像数据作为"覆盖（coverage）"在网上进行发布。OGC 的 WCS 执行规范中定义了 3 种必须的操作：GetCapabilities、GetCoverage 和 DescribeCoverageType。

（1）GetCapabilities 操作允许客户端获取一个描述当前 WCS 服务的元数据文档。GetCapabilities 操作的返回结果包括：对服务自身信息的描述、对服务提供者的描述、对所提供操作的描述以及对所提供数据的描述。客户端通过这个文档可以知道如何进一步地使用 WCS 所提供的功能。

（2）GetCoverage 操作允许客户端获取在指定的空间和时间域内具有特定属性特征的覆盖数据。GetCoverage 操作的正常返回数据为一个按指定请求参数获取的覆盖数据。

（3）DescribeCoverage 操作允许客户端获取一个或多个覆盖图层的完整描述信息。DescribeCoverage 操作的返回结果为包含指定图层描述信息的 XML 文档。客户端通过这个 XML 文档可以知道覆盖图层中所包含的空间域和时间域、覆盖图层特征值的取值范围、支持的参考坐标系以及支持的文件格式。

3）空间观测服务

空间观测服务（sensor observation service，SOS）是 OGC 传感器网络（sensor web enablement，SWE）规范中的一个。SWE 根据 OGC 互操作框架下的网络服务原则制定接口和协议，使各种相应的应用和服务可以通过网络以及标准的技术和协议来获取所有种类的传感器数据。SOS 通过提供 API 管理传感器的部署、浏览传感器数据及各种观测值。SOS 的目标是通过提供一种标准的方式从传感器和传感器系统中获取观测值。这些传感器包括遥感传感器、静态传感器、固定传感器和移动传感器。

SOS 必须具备 3 个核心操作：GetObservation 操作、DescribeSensor 操作和 GetCapabilities 操作。GetObservation 操作提供获取传感器观测值和量测数据的方式，该操作可以通过一个时空查询浏览数据；DescribeSensor 操作可以浏览有关传感器和相关处理的细节信息；GetCapabilities 操作提供了一个获取 SOS 服务元数据的手段。

SOS 的事务操作包括 2 个操作：RegisterSensor 操作和 InsertObservation 操作。RegisterSensor 操作允许客户注册新的传感器，它是 SOS 事务框架中必须实现的操作；InsertObservation 操作允许客户给已注册的传感器插入观测，观测必须遵循 O&M 规范且以 XML 的形式编码，该操作也是 SOS 事务框架中所必须实现的操作。

3．描绘服务

网络地图服务（WMS）是 OGC 网络服务标准中比较简单且比较常用的服务之一。WMS 的主要功能是根据客户端的请求，将地理信息以地图图像的形式返回给客户端。

WMS 定义了 GetCapabilities、GetMap 和 GetFeatureInfo 3 个操作，其中 GetCapabilities 操作和 GetMap 操作是必须提供的，GetFeatureInfo 操作可选。

（1）GetCapabilities 操作允许客户端从服务器上获取 WMS 服务的元数据信息。元数据信息包括对 WMS 服务器提供的各个操作的描述以及对所提供的地图图层信息的描述。根据这些元数据，客户端可以进一步调用 WMS 的其他操作。

（2）GetMap 操作允许客户端获取指定的地图图像。

（3）GetFeatureInfo 操作允许客户端查询当前获取的地图中指定地理要素的详细信息。

4．处理服务

1）网络处理服务

网络处理服务（web processing service，WPS）致力于实现对基于 SOA 体系架构的 GIS 功能的服务化调用，它允许服务端通过网络向客户端提供服务器中所有 GIS 操作的服务调用接口。WPS 规范要求服务端必须实现调用过程中的 3 个基本操作：GetCapabilities、DescribeProcess 和 Execute。

(1) GetCapabilities 操作允许客户端从服务器上获取关于服务描述的元数据。服务的请求者应首先向服务器端请求 GetCapabilities 操作，其返回结果是对服务的 XML 描述，包括对服务器端已经实现的所有处理的简单描述。

(2) DescribeProcess 操作允许客户端获取一份对一个或者多个可供执行的处理的详细描述，这份描述信息包括该处理所需要的输入参数、输出结果以及它们的格式。

(3) Execute 操作允许客户端运行服务器端上已经实现的一个特定的处理。

2) 传感器规划服务

传感器规划服务 (sensor planning service，SPS) 的作用是响应用户需求，对用户提交的传感器数据请求的可行性进行判定，分配传感器任务。该服务是用户与传感器网络测量环境的中间媒介，通过这个服务，用户能够判断从一个或多个传感器 (或模型) 中收集的数据的可行性，或者向传感器提交收集数据的请求和配置服务。

SPS 操作被划分为信息操作和功能操作。信息操作包括 GetCapabilities、DescribeTasking、DescribeResultAccess 和 GetStatus，功能操作包括 GetFeasibility、Update 和 Cancel。

(1) GetCapabilities 操作能够使用户接收服务元数据文件，该文件描述了指定服务器执行系统的属性。

(2) 在执行 DescribeTasking 操作中，用户会发送一个必要的消息。这个消息由用户选择并面向 SPS 服务器支持的设备，为任务请求做准备。服务器将返回执行某一操作时所要设置的所有参数。

(3) DescribeResultAccess 操作使用户能够检索在哪里以及如何获取设备得到的数据。服务器响应包括链接到下列的任意一种 OGC 网络服务器，如 SOS、WMS 或 WFS。

(4) GetStatus 操作使用户能够接收一个任务请求的当前状态消息。

(5) GetFeasibility 操作为用户提供一个任务请求的可行性反馈。

(6) Update 操作使用户能够更新以前提交的任务。

(7) Cancel 操作使用户能够取消之前提交的任务。

空间信息领域中网络服务技术的引入，为网络上存在的各种地理资源共享提供了新途径。OpenGIS 规范的制定加快了空间信息服务的标准化进程，为各种空间信息服务的互操作打下了坚实的理论基础。在此基础上，OGC 进行了一系列实践和研究，提出了 OWS 框架体系，该体系中的许多服务实例已被广泛地认可和接受，并成为了规范。

尽管空间信息服务已经被广泛地应用，并解决了实际应用中的一些问题，但是在实际使用过程中还存在一些困难。例如，如何从网络的众多服务中智能地发现满足实际应用的服务、如何智能地将单个服务链接起来以完成实际更加复杂的任务等。因此，需要进一步研究智能化的空间信息服务技术。

第8章　空间信息技术的新进展

8.1　空间信息获取技术的进展

8.1.1　北斗卫星导航系统

1. 北斗系统概述

北斗卫星导航系统(BeiDou navigation satellite System，BDS)是我国自主发展、独立运行的全球卫星导航系统，目前正处于实施阶段，完全建成后能够面向全球用户提供高质量的定位、导航和授时服务，并进一步地满足授权用户更高目标的服务需求，兼具军用和民用目的。2000 年我国完成了具有区域导航功能的北斗卫星导航试验系统("北斗一号")，实现了覆盖亚太地区的区域导航，之后我国开始构建具有全球服务能力的北斗卫星导航系统("北斗二号")，2020 年完成全球系统组网。北斗卫星导航系统的实施使我国成为继美国、俄罗斯和欧盟之后，第四个具有全球卫星导航系统的国家。2012 年起北斗系统向亚太部分地区提供正式服务，北斗卫星导航系统(BDS)和美国的 GPS 系统、俄罗斯的 GLONASS 系统以及欧盟的 GALILEO 系统被联合国全球卫星导航系统国际委员会(International Committee on Global Navigation Satellite Systems，ICG)认定为全球卫星导航系统的四大核心。

卫星导航系统是重要的空间信息基础设施，北斗卫星导航系统的建设与发展以应用推广和产业发展为根本目标，在发展过程中遵循以下的建设原则。

(1)开放性：北斗卫星导航系统的建设、发展和应用将对全世界开放，为全球用户提供高质量的免费服务，积极与世界各国开展广泛且深入的交流与合作，促进各卫星导航系统间的兼容与互操作，推动卫星导航技术及其产业的发展。

(2)自主性：我国将自主地建设和运行北斗卫星导航系统，该系统可独立地为全球用户提供服务。

(3)兼容性：在国际电信联盟(International Telecommunication Union，ITU)和全球卫星导航系统国际委员会(ICG)制定的框架下，实现北斗卫星导航系统与世界各卫星导航系统的兼容与互操作，使所有的用户都能享受卫星导航技术发展的成果。

(4)渐进性：我国将积极、稳妥地推进北斗卫星导航系统的建设与发展，不断地完善服务质量，实现各阶段的无缝衔接。

2. 北斗系统的组成

北斗卫星导航系统由空间段、地面段和用户段 3 部分组成(图 8-1)。

(1)空间段:由 5 颗静止轨道卫星和 30 颗非静止轨道卫星组成。地球静止轨道卫星分别位于东经 58.75°、80°、110.5°、140° 和 160°。非静止轨道卫星由 27 颗中高度圆轨道卫星(轨道高度 21500km,位于 3 个轨道面上,轨道倾角 55°)和 3 颗倾斜同步轨道卫星(轨道高度 36000km,位于 3 个轨道面上,轨道倾角 55°)组成。

(2)地面段:包括主控站、注入站和监测站等若干地面站。主控站的主要任务是收集各个监测站的观测数据,进行数据处理,生成卫星导航电文和差分完好性信息,完成任务规划与调度,实现系统运行管理与控制。注入站的主要任务是在主控站的统一调度下,完成对卫星导航电文、差分完好性信息的注入和有效载荷的控制管理。监测站的主要任务是接收导航卫星信号并将其发送给主控站,实现对卫星的跟踪、监测,为卫星轨道的确定和时间的同步提供观测资料。

(3)用户段:包括北斗卫星导航系统的用户终端以及与其兼容的其他卫星导航系统的终端。

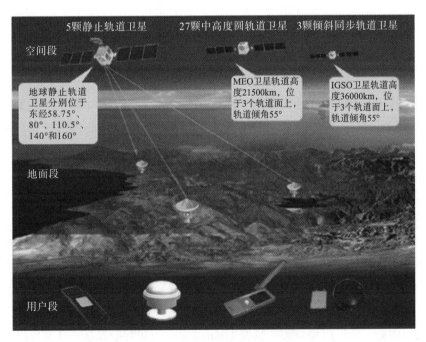

图 8-1　北斗卫星导航系统的组成

3. 系统实施的进展

20 世纪 70 年代末,我国开始积极地探索适合我国国情的卫星导航定位系统技术的途径和方案。1983 年,航天专家陈芳允院士首次提出利用两颗地球静止轨道通信卫星实现区域快速导航定位的设想。1989 年，我国利用通信卫星开展双星定位演示验证试验，证明了北斗卫星导航试验系统技术体制的正确性和可行性。1994 年，我国正式启动北斗卫星导航试验系统（"北斗一号"）的研制，并于 2000 年发射了两颗静止轨道卫星，实现了区域性的导航功能。随着 2003 年又一颗备份卫星的发射，完成了"北斗一号"系统的组建，标志着我国成为世界上第 3 个拥有自主卫星导航系统的国家。

"北斗一号"利用地球同步卫星为用户提供快速定位、简短数字报文通信和授时服务，该系统由两颗地球静止卫星（80°E 和 140°E）、一颗在轨备份卫星（110.50°E）、中心控制系统、标校系统和各类用户机等部分组成，具有卫星数量少、投资小、用户设备简单价廉、能实现一定区域的导航定位和通信等特点。"北斗一号"的覆盖范围初步具备了对我国周边地区定位的能力，由于采用的是卫星无线电测定体制，因此"北斗一号"不适合军用，其定位精度最高为 20m，不及美国的 GPS 系统。不过，"北斗一号"是我国独立自主建立的卫星导航系统，实现了我国自主卫星导航系统从无到有的突破。

2007 年 2 月，"北斗一号"第四颗卫星成功发射，不仅作为前 3 颗卫星的备份，同时可进行卫星导航定位系统的相关实验。它以"北斗一号"导航试验系统为基础，满足了我国及周边地区的导航定位需求，实现了全天候、全天时的区域卫星导航定位。

2004 年 9 月，我国启动了具有全球导航能力的北斗卫星导航系统（"北斗二号"）的建设，2007 年 4 月"北斗二号"首颗中高轨道卫星成功发射，并由此开展了国产星载原子钟、精密定轨与时间同步、信号传输体制等技术的试验。2009 年 4 月"北斗二号"首颗高轨道卫星成功发射，验证了高轨道导航卫星的相关技术。随后，我国相继发射了多颗北斗导航卫星，逐步地进行了系统组网和测试，由此全面地实施"北斗二号"系统的建设，旨在将其扩展为全球卫星导航定位系统。根据北斗卫星导航系统的建设规划，到 2020 年，"北斗二号"系统将被建成由 5 颗静止轨道卫星和 30 颗非静止轨道卫星组成（27 颗中轨道卫星和 3 颗倾斜同步轨道卫星）的全球卫星导航系统。

北斗卫星导航系统采用卫星无线电测定（radio determination satellite service，RDSS）与卫星无线电导航（radio navigation satellite system，RNSS）集成体制，既能为用户提供卫星无线电导航服务，又具有位置报告及短报文通信功能。北斗卫星导航系统可提供两种服务——开放服务和授权服务。开放服务为全球用户免费提供开放、稳定、可靠的基本定位、测速和授时服务；其定位精度为 10m，测速精度为 0.2m/s，授时精度为 20ns。授权服务为全球用户提供更高性能的定位、导航和授时服务，为亚太区域提供广域差分和短报文（120 个汉字）通信服务；其广域差分定位精度为 1m。北斗卫星导航系统在 L 频段和 S 频段发播导航信号，在 L 频段的 B1（1559.052～1591.788MHz）、B2（1166.220～1217.370MHz）和 B3（1250.618～1286.423MHz）3 个频点上发射开放和授权服务信号，它可以被广泛地应用于测绘、电信、水利、交通运输、渔业、勘探和国家安全等重要领域。

8.1.2 地面激光扫描测量技术

地面激光扫描测量系统区别于其他移动平台上的激光扫描测量系统,它把激光扫描测量系统直接架设在地面的固定点(测试点)上,完成对待测目标物空间三维信息的获取。地面激光扫描测量系统不需要在移动中实现对目标物空间三维信息的获取,一般情况下不需要同时集成 GPS 和 INS 等实时定位设备,甚至不需要计算机实时、自动地控制子系统,从而减少了设备成本和数据协同的复杂性,相对更简单、操作更容易且体积更小。另外,测站点(连接点)的坐标可采用常规的控制测量方法在事前或事后测定,以完成两两不连续测站间数据的联测和拼接,从而不需要采用移动定位技术,其误差更容易被控制且精度更高。实际上,地面激光扫描测量需要考虑相对精度和绝对精度。相对精度是目标物相互结构间的精度,绝对精度是目标物各结构相对于坐标系原点的精度。相对精度可通过提高激光扫描仪两测站间的距离和角度精度(连接标志精度)提高,绝对精度可通过提高测站与坐标系统控制点的联测精度提高。

在目前的数字城市三维空间数据获取中,地面激光扫描测量是对机载、车载激光扫描测量和摄影测量的重要补充,特别是对重要目标(如文物古建、文化遗产等)以及特别隐蔽且有高精度、高细节要求的物体空间信息的获取。地面激光扫描测量系统,可采用类似全站仪光电测角测距的移站方式实现对两个可通视点间的移动,也可把设备直接架设在两个不通视的未知点上,通过获取 4 个或 4 个以上共同连接的标志完成对测站的移动。这两种方式能在同一个工程中根据实际的需要随机地使用,并能自动地完成点云数据的拼接,其方法和方式灵活。激光扫描测量不需要可见光,理论上可以把测站和测区延伸到所有人都能走到的地方,在一个坐标系中有效地获取建筑物内外部以及地下模型中地上下部分的三维空间信息数据,以用于建立统一、整合的室内外和地上下空间三维模型,这为日益增加的室内和地下空间定位需求、导航服务的建模以及源数据的获取提供了一种精确、可行的新方法。

地面激光扫描测量技术的优点,除了数据获取速度快、外业操作简单、精度高、不受阳光限制、现场工作时间少等外,还有作业方式灵活、受地域影响小、测量作业方便、能有效地避开障碍物和遮挡物以及室内外和地上下一次性测量完整等。但是,也有缺点:第一,地面激光扫描测量系统是个黑箱系统,它是自己测量、自己检核,交互检校往往在事后采用常规控制测量方法进行,不够方便和有效;第二,扫描点云数据后处理困难,软件不够自动、成熟、兼容,在内业处理数据所花的时间往往比外业采集数据时所需要的大许多倍;第三,数据采集和处理的自动化、智能化程度不高,扫描的点云成果有许多无用的噪声数据和冗余数据,数据的可用比和价值密度不高。

鉴于上述不足,地面激光扫描测量系统的发展趋势为:首先,与机载、车载激光扫描测量系统进行自动、有效的协同,包括数据采集、数据整合拼接、数据处理,完成对地形和地物全方位的空间信息数据采集，消除暗区和死角；其次，参考车载激光扫描测量系统的移动定位方法，在保证数据获取能力的前提下减小设备的体积和重量，使单人能够容易地移动整套系统，用人行手持作为地面激光扫描测量系统的移动平台，以便能更方便、灵活、快速地采集机载和车载扫描平台无法获取的区域数据；再次，推动点云数据后处理软件的进步，点云数据后处理困难一直是各类激光扫描测量系统要解决的关键性问题，自动化、智能化的数据后处理软件能大大地提高数据的生产效率，提高数据的可用性；最后，通过制定相应的规范、规程以及精度要求和数据标准，统一数据采集和后处理要求，确定对数据成果精度的评定方法，制定数据的采集和更新机制，推动激光扫描测量技术的应用和进步。

8.1.3　高分辨率卫星与高光谱遥感技术

1. 高分辨率卫星技术

进入 21 世纪以来，高分辨率卫星系统将对地观测技术推向了一个新的高度。目前美国的高分辨率侦察卫星"锁眼"可以达到 15cm 左右的卫星分辨率。1999 年 9 月 24 日，美国空间成像公司发射了世界上第一颗分辨率仅 1m 的商用遥感卫星 IKONOS，开拓了一个更快捷、更经济地获得最新基础地理信息的新途径，创立了崭新的商业化卫星影像标准。IKONOS 卫星可以采集 1m 分辨率的全色影像和 4m 分辨率的多光谱影像，同时全色和多光谱影像可融合成 1m 分辨率的彩色影像，这些影像已经被广泛地用于国防、地图更新、国土资源勘查、农作物估产与监测、环境监测与保护、城市规划、防灾减灾、科研教育等领域。

目前，空间分辨率在 1m 以内的高分辨率遥感卫星主要有 IKONOS、Quick Bird、Orbview、Resurs-DK、Resurs-P、WorldView-1、WorldView-2、GeoEye-1、GeoEye-2、Pleiades-1A 和 Pleiades-1B 等。

2001 年 10 月美国数字全球公司发射了空间分辨率为 0.6m 的商业高分辨率成像卫星 QuickBird。其全色片的分辨率为 0.61m，多波段为 2.44m，每年可有效地获得 7500 万 km^2 以上的图像。2003 年 6 月，美国轨道成像公司发射了轨道观测卫星 OrbView-3。OrbView-3 提供了 1m 分辨率的全色影像和 4m 分辨率的多光谱影像：1m 分辨率的影像能够让人们清晰地看到地面上的房屋、汽车和停机坪上的飞机，并能生成高精度的电子地图和三维飞行场景；4m 分辨率的多光谱影像提供了彩色和近红外波段的信息，可以从高空中更深入地探测城市、乡村和未开发土地的特征。但是 OrbView-3 卫星不能同时获取 1m 分辨率的全色影像和 4m 分辨率的多光谱影像，无法得到高分辨率彩色影像，加上幅宽只有 8km，其高分辨率应用受到很大的限制。2007 年初由于传感器故障，该卫星已被停止使用。

2006 年 4 月以色列成功发射地球资源观测卫星 EROS-B，它能在 500km 左右的高度上获取 0.7m 分辨率的地表影像。该卫星装有一台全色 CCD 相机，提供了标准的成像模式和条带模式，在轨道上可旋转 45°，能根据需要在同一轨道上对不同区域成像，并具有单轨立体成像能力。EROS-B 卫星在阳光不充足的情况下也能获取高质量的影像。

2006 年 6 月俄罗斯第一颗高分辨率传输型民用对地观测遥感卫星 Resurs-DK 成功发射。它的轨道高度 360～604km，轨道倾角 70°，重访周期 5～7 天，全色波段（0.58～0.8μm）的空间分辨率为 0.9～1.7m，多光谱波段（绿波段 0.5～0.6μm、红波段 0.6～0.7μm、近红外波段 0.7～0.8μm）的空间分辨率为 2～3m。

Resurs-P 卫星是资源系列卫星 Resurs-DK 的后继星，俄罗斯先后发射了 3 颗。Resurs-P1 卫星于 2013 年 6 月发射，轨道高度 475km，倾斜角 97.3°，重访周期 3 天。Resurs-P1 卫星可以获取高精度的 1m 分辨率的全色波段影像（0.5～0.8μm）和 5 个 4m 分辨率的波段多光谱影像。与 Resurs-DK 卫星不同，Resurs-P1 卫星有两个附加传感器，分别是幅宽 25km、光谱分辨率 5～10nm、空间分辨率 25m 的高光谱传感器（96 个波段）和 97～441km 超幅宽、空间分辨率 12～120m 的多光谱传感器。

2007 年 9 月 18 日美国数字全球公司成功发射其第二代卫星 World View-1，该卫星的全色空间分辨率 0.5m，每天的成像面积 50 万 km^2，能进行立体成像。World View-2 卫星于 2008 年发射，能提供分辨率为 0.5m 的全色影像和分辨率为 1.8m 的多波段影像。2008 年 9 月，美国地球之眼卫星 GeoEye-1 发射升空，其全色分辨率 0.41m，多波段彩色分辨率 1.65m，定位精度 3m，标准像幅宽度 15.2km，左、右侧摆达 40°，可以获得相邻地区的大面积侧视影像，每天能获取数十万平方公里的影像数据，用于制作高精度地图。

Pleiades-1A 卫星于 2011 年 12 月 16 日发射，Pleiades-1B 卫星于 2012 年 12 月 2 日发射，它们的轨道高度 708.2km，周期 98.73min，倾角 98.2°，具有每天重访的能力，扫描宽度 20km，影像定位精度 1～3m，可以提供分辨率为 0.5m 的全色波段影像（0.48～0.83μm）、0.5m 的彩色影像以及 2m 的多光谱影像。

目前，空间分辨率在 5m 以内的高分辨率卫星主要有 SPOT-5、 SPOT-6、SPOT-7、FORMOSAT-2、CARTOSAT-1、Resource F-3 、"北京一号""天绘一号""资源三号""高分一号"等。

SPOT-5 卫星于 2002 年 5 月 3 日发射。SPOT-5 卫星携带的高分辨率几何成像仪（HRG）在卫星上可以获取空间分辨率为 5m 的影像。HRG 采用全新的成像处理方式，通过对地面的处理，可以得到空间分辨率为 2.5m 的影像。

SPOT-6 卫星于 2012 年 9 月 9 日发射，与 2011 年发射的 Pleiades 1A 卫星在同一轨道平面上；SPOT-7 卫星于 2014 年 6 月 30 日发射。SPOT-6 和 SPOT-7 卫星发射后，替代了 SPOT-5 卫星，它们的全色波段空间分辨率达到 1.5m，并与 Pleiades-1A 和 Pleiades-1B 卫星形成了一个地球成像卫星星座，旨在保证将高分辨率、大幅宽的数据服务延续到 2023 年。

CARTOSAT-1 卫星于 2005 年 5 月 5 日发射，它搭载了两个分辨率为 2.5m 的全色传感器，其数据主要用于地形图制图、高程建模、地籍制图以及资源调查等。俄罗斯的侦察卫星 SIS 和由军方开发的 Resource F-3 卫星的分辨率都达到 2～3m。此外，南非、西班牙、韩国、日本等国家都已经或计划发射各自的高分辨率系列小卫星。

我国的"北京一号"小卫星于 2005 年 10 月 27 日成功发射，"北京一号"是一颗具有中、高分辨率双遥感器的对地观测小卫星，装有 4m 全色和 32m 多光谱双传感器，其 32m/600km 幅宽的对地观测相机是目前全世界在轨卫星中幅宽最宽的中分辨率多光谱相机，可实现对热点地区的重点观测。虽然"北京一号"不是严格意义上的高分辨率卫星，但它标志着我国对自主发展高分辨率卫星的积极探索。

"天绘一号"卫星(mapping satellite-1)于 2010 年 8 月 24 日发射，其中 CCD 相机地面像元分辨率为 5m，多光谱相机地面像元分辨率为 10m。该卫星主要用于科学研究、国土资源普查、地图测绘等诸多领域中的科学试验任务。

"资源三号"卫星是我国第一颗自主研发的民用高分辨率立体测绘卫星，于 2012 年 1 月 9 日发射。该卫星共装载 4 台相机，包括一台 2.5m 分辨率的全色相机和两台 4m 分辨率的全色相机，它们按照正视、前视、后视方式进行立体成像；还有一台 10m 分辨率的多光谱相机，包括蓝、绿、红和近红外 4 个波段。"资源三号"卫星的应用，填补了我国民用测绘卫星的空白，对于增强独立获取地理空间信息的能力、解决基础地理信息资源的战略性短缺、提升测绘服务保障水平、提高国土资源调查与监测能力、加强地理信息安全、推动测绘事业和地理信息产业的发展都具有里程碑意义。

高分辨率卫星影像可以广泛地应用于各个领域，如通信、石油、天然气、测绘、农业、林业和国防等。我国的中、长期科技发展规划纲要(2006—2020 年)已经将"高分辨率对地观测系统"列为重大专项，2013 年 4 月 26 日"长征二号丁"运载火箭成功地发射了第一颗高分辨率对地观测卫星——"高分一号"。作为我国高分辨率对地观测卫星系统系列卫星中的第一颗卫星，"高分一号"的全色分辨率 2m，多光谱分辨率 8m，宽幅多光谱相机幅宽 800km，重访周期 4 天，实现了高空间分辨率和高时间分辨率的结合。到 2020 年，我国将至少发射 7 颗高分辨率卫星，全色分辨率将达到 1m，多光谱分辨率将达到 4m，覆盖从光学卫星到雷达、从全色、多光谱到高光谱、从太阳同步轨道到地球同步轨道等多种类型，构成一个高空间分辨率、高时间分辨率和高光谱分辨率的高分辨率对地观测系统，为国土资源部门、农业部门、环境保护部门提供高精度、宽范围的空间观测服务，在地理测绘、海洋和气候气象观测、水利和林业资源监测、城市和交通精细化管理、疫情评估与公共卫生应急、地球系统科学研究等领域发挥重要作用。

2. 高光谱遥感技术

遥感技术的发展经历了全色(黑白)摄影、彩色摄影、多光谱扫描成像 3 个阶段。随着 20 世纪 80 年代初期成像光谱技术的出现，光学遥感进入以高精细光谱分辨率为代表的高光谱遥感(hyperspectral remote sensing)阶段。高光谱遥感是在电磁波谱的可见光、近红外、中红外和热红外波段范围内能够获取许多非常窄、光谱连续的影像数据的技术，其成像光谱仪可以收集上百个非常窄的光谱波段信息。一般认为，光谱分辨率在 10^{-1} 数量级范围内的遥感称为"多光谱遥感(multi-spectral remote sensing)"，在 10^{-2} 数量级范围内的称为"高光谱遥感"，在 10^{-3} 数量级范围内的称为"超光谱遥感(ultra-spectral remote sensing)"。成像技术和光谱技术交叉融合后形成的成像光谱技术，在获得观测目标空间信息的同时，还为每个像元提供数十个甚至数百个窄波段的光谱信息，实现了对遥感影像光谱分辨率的突破性提高。一般的高光谱遥感在可见光波段的光谱分辨率为 5nm 左右，在近红外波段的光谱分辨率为 10nm 左右。

成像技术和光谱技术是两门不同的科学技术，前者针对目标的空间维信息，后者针对光谱维信息。一方面，传统的多光谱遥感可以获得观测目标的空间信息，但仅能获得少数几个离散波段的光谱信息，如 Landsat 的 TM 有 7 个波段、SPOT 的 HRV 有 4 个波段，这些宽波段光谱信息往往无法满足诸如生物地球化学循环、植被生物量估算、精准农业、矿产资源探测、环境监测等对观测目标具有更高光谱要求的研究和应用需要；另一方面，以超精细光谱分辨率为特点的地面光谱辐射计虽能获得目标详尽的光谱信息，但只能进行点上的光谱测量而无法成像。成像光谱技术将传统的二维成像遥感技术与光谱技术有机地结合，有效地解决了传统科学领域中"成像无光谱"和"光谱不成像"的矛盾，引起了世界各国的普遍关注。

成像光谱仪的问世，使本来在宽波段遥感中无法进行区分或识别的地物在高光谱遥感中能被探测出来。研究表明，许多地物的光谱吸收特征在其吸收峰深度一半处的宽度仅为 20～40nm。成像光谱系统获得的连续波段宽一般在 10nm 以内，这足以区分哪些是具有诊断性光谱特征的地物，因此这一点在地质矿物分类及成图上具有广泛的应用前景。宽波段遥感由于波段宽度一般大于 50nm，尤其在短波红外和中红外区域甚至达到数百纳米，远宽于许多地物的光谱吸收特征且在光谱上不连续，因此无法探测具有诊断性光谱特征的地物。成像光谱技术作为高光谱遥感的基础，是集探测器技术、精密光学机械、微弱信号探测、计算机技术、信息处理技术等于一体的综合性技术。它集成了成像技术和光谱技术领域中的诸多重要成果，其每个技术的发展都会推进成像光谱技术的提高以及对高光谱遥感的普及和应用。

1983 年，第一代高光谱分辨率传感器"航空成像光谱仪(AIS-1)"在美国问世，它可以提供 32 个连续波段的图像，开创了高光谱遥感技术的新时代。仅 4 年之后，以美国喷气推进实验室(jet propulsion laboratory，JPL)研制的改进型 AIS-2 以及航空可见光/红外成像光谱仪(airborne visible/infrared imaging spectrometer，AVIRIS)为代表的第二代高光谱成像光谱仪问世。仪器性能大大提高，AVIRIS 可以提供 0.4～2.5μm 波谱内的 224 个波段信息。此后，各种类型的高光谱成像仪相继投入运行，运行平台从航空发展到航天，比较著名的包括由美国海军研究实验室主持研发的一系列无人机平台高光谱成像仪、加拿大研制的"密集型航空光谱图像仪(compact airborne spectrographic imager，CASI)"和欧洲的机载成像光谱仪 APEX(Airborne prism experiment)等。

NASA 为了评估航天平台高光谱应用的能力和前景，在 2000 年发射了寿命为 1 年的实验卫星 EO-1，其携带了高光谱成像仪 Hyperion 和大气纠正仪等仪器，为 21 世纪的高光谱卫星遥感奠定了基础。目前已经发射或计划发射的高光谱成像卫星包括欧洲的紧凑式高分辨率成像光谱仪（compact high resolution imaging spectrometer，CHRIS）、澳大利亚的资源环境成像光谱仪（australia resource environment imaging spectrometer，AREIS）、日本载有全球成像仪 GLI 的 ADEOS-Ⅱ 以及美国的 NEMO 卫星 HRST/COIS 等。高光谱遥感一方面由实验研究阶段逐步地转向实际应用阶段，另一方面由以航空应用为主开始转向航空和航天应用相结合的阶段，并在地质矿产、灾害预测、环境监测、气象等领域中都取得了成功的应用。同时以机载为雏形的星载成像光谱仪也正在研制开发中，基于新原理的高光谱成像仪不断地涌现。

1999 年，美国海军研究实验室（united states naval research laboratory，NRL）进行了高光谱空中侦察监视实验（hyperspectral overhead reconnaissance and surveillance experiment，Dark-HORSE）项目。这一项目主要研究高光谱图像实时、自动地检测地面军事目标的能力，为其将来搭载在无人机上并进行战场侦察提供数据处理方面的支持。其中，Dark-HORSE Ⅰ 项目在 1999 年进行了两次飞行试验，它可以利用可见光/近红外光谱仪、成像光谱仪和高分辨率相机并结合高分辨率全色图像，为战略级的侦察提供良好的辅助。之后，NRL 又开展了 Dark-HORSE Ⅱ 项目，它利用了 SEBASS 传感器，主要研究长波红外高光谱实时检测军事目标的能力。此外，美国国防部高级研究计划署开展了自适应光谱侦察计划，通过利用高光谱分辨率图像实现对军事目标的伪装、隐藏和欺骗目标等有效战术侦察。

美国海军制定了高光谱遥感技术发展计划（navy hyperspectral remote sensing technology program，NHRST），其中一项任务是研制 NEMO 卫星（naval earth map observer satellite）星座，该卫星搭载海岸海洋图像高光谱（coastal ocean imaging spectrometer，COIS）系统。该系统有 210 个光谱通道，光谱带宽 400～2500nm，覆盖 30km 的扫描宽度、30～60m 的地面采样距离。其目的是应用高光谱影像评估海滨战场形势和建立海滨模型，直接从太空为海岸作战提供具有海滨环境特性的高光谱战术信息，包括精细地测量海洋深度、海水能见度、海底暗礁、大气能见度、海底类型、海岸通行能力、植被以及土壤状况等。民用方面，高光谱数据也可应用于环境监测、农业、土地使用、地质矿物、水文地理等领域。目前很多公司的高光谱信息处理系统已经达到了商业化运营的阶段。

与传统的多光谱遥感相比，高光谱遥感最显著的特点在于波段数目多、波段宽度窄、波段分布连续以及光谱分辨率高。比如著名的美国 AVIRIS 在 380～2500nm 内拥有 224 个波段，波段宽度达到 9.7～12.0nm；加拿大的小型机载成像光谱仪（compact airborne spectrographic imager，CASI）在 430～870nm 内拥有 288 个波段，波段宽度仅为 1.8nm；我国自行研制的推帚式高光谱成像仪（pushbroom hyperspectral imager，PHI）在 400～850nm 内拥有 244 个波段，其光谱采样间隔仅为 1.86nm，光谱性能指标达到了国际先进水平。

　　高光谱遥感利用很多很窄的电磁波波段探测地物的波谱特性,获得观测目标的相关信息。地物的波谱特性主要取决于本身的物理结构和内部化学组成,它是进行遥感识别和分类的重要依据。与传统的多光谱遥感相比,通过高光谱遥感所特有的高光谱分辨率不仅可以获得目标地物的连续光谱曲线、提高遥感定性分类的精度,还可以根据地物特定波长处的反射和发射强度估算植物的生物物理和化学参数、植被生物量、光合有效辐射、地表温度等定量信息。高光谱可以提供紧密、连续的光谱信息,对影像上的每一个像元都产生一条连续的光谱曲线。不同类型的观测目标在具有一定特点波段处的反射率存在细微差异,这些差异在宽波段遥感图像中无法进行区别,这体现了高光谱遥感在地物识别方面所特有的优势。高光谱遥感的另一个鲜明特点是"图谱合一",它对外形相似而质地不同的目标、个体极小而集群的目标、具有明显光谱特征的目标有很强的探测能力,从而在自然灾害监测与生态环境探测中具有重要的实际应用价值。高光谱遥感技术的发展,加快了遥感从定性研究走向定量研究的步伐,在地质矿产、农林牧业、生态环境、大气、土壤、水体、冰雪和城市等诸多领域中具有重要的应用前景。

8.1.4　无人机遥感与倾斜摄影测量技术

1. 无人机遥感

　　无人机(unmanned aerial vehicle,UAV)是一种对由动力驱动、机上无人驾驶、依靠空气提升力、可重复使用的航空器的简称。无人机遥感即是利用先进的无人驾驶飞行器技术、遥感传感器技术、通信技术、GPS 差分定位技术和遥感应用技术实现自动化、智能化、专用化地快速获取空间遥感信息,完成遥感数据处理、建模和应用分析的应用技术。无人机遥感系统以无人机为平台,搭载的传感器多种多样。澳大利亚利用美国研制的"全球鹰"无人机所搭载出的光电(EO)/红外(IR)/SAR 一体化集成载荷可应用于海洋监测等。美国航空航天局(NASA)将多种无人机应用于海洋遥感(包括监测飓风和龙卷风)等研究项目。进入 21 世纪以后,无人机逐步进入民用领域并形成产业,美国能源部在大气辐射测量计划中应用 Altus 无人机对大气对流层中的云层进行辐射和散射测量,以研究云层与来源于太阳和大地的辐射的互作用,为准确预测二氧化碳引起的地表温室效应研究服务。无人机是以高分辨率轻型数字遥感设备为机载传感器、数据快速处理系统为技术支撑,其飞行高度一般在几千米以内,具有对地快速、实时调查监测能力,因此被广泛应用于土地利用动态监测、矿产资源勘探、地质环境与灾害勘查、海洋资源与环境监测、地形图更新、林业草场监测以及农业、水利、电力、交通、公安、军事等领域。

　　无人机遥感多使用小型成像与非成像传感器作为机载遥感设备。与传统的航天和航空摄影相比,无人机具有机动灵活、快速反应等特点。无人机遥感系统作为一种新型的高分辨率对地观测系统,已成为对地观测系统的重要组成部分。无人机遥感系统具有可低空飞行、图像分辨率高、续航时间长、图像实时传输、适合高危地区作业、成本低、机动灵活等优点，适用于低空高分辨率遥感数据的实时获取，在具有区域性、工程性、灾害性和军事性的遥感监测中发挥着大型遥感系统难以替代的作用。在某些特殊的应用场合如高危地区探测、边防监控、地面目标攻击等应用中，无人机遥感图像处理的精准性、可视性与实时性是无人机观测数据能否得以有效利用的决定性因素。

作为一种特殊的飞行载体，无人机的飞行特性复杂、飞行速度较快、成像条件多变，因此它具有更为复杂的图像运动特性。无人机多在某一局部地区完成监测任务，在特殊目的下需要对地面目标进行实时的跟踪飞行，此时需要低空、盘旋飞行，飞行姿态多变，与地面景物之间的相对运动显著，成像载荷获得的图像有较大的畸变且直线、旋转运动模糊。受特殊天气和光照、相机离焦等因素影响，无人机获取的遥感图像会出现对比度低、模糊甚至遮挡现象。图像质量的降低，不仅使地面人员无法清晰地观察地面情况，也不利于图像的后续处理与分析，如目标跟踪和定位等。随着无人机飞行速度、遥感图像分辨率、数据采样频率和通信频带宽度的不断提高，对海量遥感图像数据进行自动、高速、高质量的实时处理已成为急需解决的关键问题。针对以上的问题进行研究、解决相关的关键技术问题、建立高性能的航空遥感图像处理系统，将为无人机遥感监测系统的广泛应用提供前提与基础。

无人机在执行遥感监测任务时，需要实时地传输所获取的图像以及状态数据，这要求无人机航空遥感系统具备自动、高速地完成图像获取、压缩、传输、处理、显示以及存储等功能。其中，确保遥感图像处理的精准性、实时性以及可视性是无人机得以有效利用的重要前提条件。

由于无人机特殊的飞行特性和对图像监控系统特殊的功能及性能要求，无人机遥感图像监控系统与一般的图像处理系统有所不同，主要表现在以下几个方面：第一，图像数据采样周期短、分辨率高、数据量大；第二，对具有监测目的的遥感图像处理有更高的实时性要求；此外，在遥感图像的传输和处理过程中要求数据损失小，处理精度高。因此，在无人机遥感图像监控系统的构建和实现上都存在很多需要进一步研究和解决的问题，这对图像的实时处理和分析带来了艰巨的挑战。近年来，虽然一些以小型无人机或无人飞艇等为搭载平台的轻小型航空遥感监测系统已经被建立起来，但由于成像条件、处理方法的限制，在成像质量和处理速度方面仍然无法满足高水平和高效能的实时遥感图像监控作业。

无人机遥感图像实时处理可分为地面准实时处理和机上实时处理。对传统无人机遥感数据的处理主要以地面处理为主，它通过固定或移动的地面数据接收站建立具有海量数据存储、管理和分发能力的数据中心，并对遥感数据库中的遥感影像数据进行加工与应用。随着全球定位系统、惯性导航技术以及高重复频率激光测距技术等的应用，因出现越来越多特殊、紧急事件的快速反应需求以及发挥无人机灵活、机动、快速的独有优势而提出机上实时处理。它将 GPS 技术、北斗定位技术、惯性导航技术、激光测距技术进行集成以得到机载扫描激光地形系统，并由此来为同机或同步获得的遥感图像提供定位信息，以用于对遥感数据的机上处理。机上实时处理完全摆脱了地面的控制，节省了大量的人力、物力，大大地提高了遥感作业效率，已成为国内外遥感界的研究热点和发展目标之一。

针对实时图像处理的客观迫切要求，20 世纪 80 年代初期，美国陆军夜视电子实验室、海军电子系统司令部、海空研究所、海空研究中心、国家宇航局以及一些大型的电子公司和高等院校都致力于开展实时图像处理技术的理论和应用研究。20 世纪 80 年代中期以来，美国已在该领域取得重大进展，其三军的微光和红外观察系统、制导武器、航空航天设备等都在不同程度上应用了实时图像处理技术。此外，德国、以色列等在图像实时配准处理技术方面取得了较大进展，推出了一些相关产品。美国的科研机构在无人机航空遥感图像处理领域的起步较早，进行了大量高分辨率航空遥感图像的科学研究与开发利用工作，目前已取得较多的应用成果，如利用无人机遥感高分辨率图像采样能力应对紧急安全事件、农业监测、实时森林火情监测、军事侦察等。

我国多家科研院所、高校也进行了无人机遥感图像实时处理技术的相关研究工作。2001 年 3 月，中国科学院空间科学与应用研究中心在实验室环境下利用计算机和天线卫星模拟了从图像生成到压缩、加密、GPS 复合、发送、接收等实时传输过程，取得了良好的仿真实验效果。2002 年 6 月，中国测绘科学研究院完成无人机遥感监测系统 UAVRS-II 研制，实现了对机载遥感设备、遥感设备控制系统、地面监控系统的集成，并开发了图像后处理软件。袁业立院士带领科研团队成功研制了我国首个 50 公斤级"TJ-1 型无人机遥感快速监测系统"，它可在一定程度上满足突发性事件应急动态监测和小范围大比例尺制图的需要。由北京大学与贵州航空工业集团共同研制、中国科学院遥感应用研究所参与协助的多用途无人机遥感系统，完成了对遥感图像系统的集成设计以及空中遥感控制子系统和地面数据接收分发子系统的研制工作。该系统集成了遥感成像、数据处理、接口与通信等多方面的技术，初步解决了高分辨率数据的获取、存储、传输、显示等方面的问题，于2005 年 8 月在安顺黄果树机场首飞实验成功，标志着我国工业型无人机遥感技术进入实用阶段。我国的无人机遥感图像实时处理研究虽然已取得初步成果，但与发达国家相比仍然存在 定的差距，未来还需要进 步地完善和提高。

无人机遥感作为进行空间数据采集的重要手段，具有续航时间长、影像实时传输、高危地区探测、成本低、机动灵活等优点，已成为卫星遥感与有人机航空遥感的有力补充。随着无人机遥感技术的不断发展和无人机市场的逐渐成熟，无人机遥感将成为未来主要的航空遥感平台之一，目前已经成为世界各国争相研究的热点。

2. 倾斜摄影测量技术

倾斜摄影测量技术是基于多角度观测的新一代摄影测量技术，主要包括倾斜摄影的数据获取技术和数据处理技术。倾斜摄影测量技术的数据获取部分一般由 4 个倾斜摄影相机和 1 个垂直摄影相机构成，并与 GPS 接收机、高精度惯性测量装置(inertial measurement unit，IMU)高度集成。摄影相机用于提供影像信息，而 GPS 和 IMU 分别用于提供位置和状态信息。在后续的数据处理过程中，一般通过在系统中集成定位、定姿设备或进行空中三角测量处理为拍摄的每张影像提供位置姿态信息。倾斜摄影测量技术使得"非现场"测量和分析可以在倾斜航片上进行，这一突破取决于它通过摄影测量方式获得的垂直正射像片和倾斜正射像片被整合到一个"场景文件"中，而"场景文件"能够提供对任一构筑物或特征物多视向、多维度的观察，从而将对地物的观测引入符合人眼视觉的真实直观世界中。

倾斜航空影像是在拍摄相机的主光轴与竖直方向存在一定夹角的情况下获取的，其投影光束关于主光轴非中心对称。对比和分析用传统方式竖直拍摄的航空影像，倾斜影像具有以下明显不同的几何特征。

(1)倾斜影像对应的地表覆盖区域为等腰梯形。在理想情况下，竖直拍摄影像时投影光束关于主光轴中心对称，对应的地面区域为矩形；而进行倾斜投影时，投影光束只是沿着主纵线方向呈现线性对称，倾斜影像对应的地面区域为等腰梯形。

(2)倾斜影像中各部分的摄影比例尺是渐变的。由于倾斜影像对应的地面形状近似等腰梯形，所以倾斜影像在垂直于主纵线的方向上各像点的比例尺相同，而主纵线方向上各像点的比例尺呈渐变趋势。

(3)倾斜影像中各个像点的分辨率均不相同。倾斜影像的摄影比例尺是渐变的，对应的地面区域又为等腰梯形，致使各个像素对应地面区域的大小和形状有差异，即各个像素的分辨率不同。由于前景的采样间距比后景小，故其前景的分辨率较高。

(4)倾斜影像上的地物遮挡突出、严重。因为倾斜影像的拍摄光轴与垂直于地面的光轴存在较大的夹角，所以相比竖直影像，倾斜影像上的地物遮挡更为突出、严重。

(5)同一地物对应多重分辨率倾斜影像。由于倾斜相机和垂直相机的焦距不相同，因此出现了影像间摄影比例尺不相同的情况，即同一地物具有多重分辨率的倾斜摄影测量影像。

世界上较早的倾斜摄影相机被认为是由徕卡公司于2000年推出的ADS40三线阵数码相机，它能够提供地物前视、正视和后视3个视角方向的影像。美国的Pictometry公司和Trimble公司专门研制了倾斜摄影时用的多角度相机，它可以同时获取一个地区、多个角度的影像。我国的四维远见公司也研制了自主知识产权的多角度相机SWDC-5。伴随多角度相机的出现，倾斜影像处理系统快速地发展。美国Pictometry公司推出的Pictometry倾斜影像处理软件，能够较好地实现倾斜影像的定位量测、轮廓提取、纹理聚类等处理功能。法国Infoterra公司的像素工厂(pixel factory)作为新一代的遥感影像自动化处理系统，其StreetFactory子系统可以对倾斜影像进行精确的三维重建和快速的并行处理。此外，徕卡公司的LPS工作站、AeroMap公司的MultiVision系统、Intergraph公司的DMC系统等，都陆续地开发出了倾斜影像的量测、匹配、提取、建模等模块。

倾斜摄影测量的数据处理主要包括影像预处理、多视影像空三加密、4D产品和三维建模等关键内容。倾斜相机在航飞前需要先在地面检校场进行多次单相机检校，以得到准确的单相机检校参数，包括内方位元素和畸变差改正参数；然后利用地面单相机检校参数对航飞中得到的原始影像进行畸变差改正和匀光、匀色处理，这样得到的预处理数据可用于接下来的空三加密处理。多视影像空三加密是倾斜数据处理中的关键步骤，航飞时记录的 IMU 惯导数据和 GPS 定位数据将作为多视影像空三加密的初始外方位元素参与平差计算。完成多视影像空三加密后，可以得到每张影像的外方位元素，无论是垂直影像还是倾斜影像都可以根据其对应的外方位元素进行实时量测。倾斜影像测量的关键技术涉及以下几个方面。

(1) 多视影像联合平差。多视影像不仅包含垂直摄影数据，还包括倾斜摄影数据，而传统的空中三角测量系统无法较好地处理倾斜摄影数据，因此多视影像联合平差需要充分地考虑影像间的几何变形和遮挡关系。结合 POS 系统提供的多视影像外方位元素，采取由粗到精的金字塔匹配策略，在每级影像上进行同名点自动匹配和自由网光束法平差，可以得到较好的同名点匹配结果。同时，要建立连接点和连接线、控制点坐标、GPU/IMU 辅助数据的多视影像自检校区域网平差的误差方程并进行联合解算，以确保平差结果的精度。

(2) 多视影像密集匹配。影像匹配是摄影测量中的基本问题之一，多视影像具有覆盖范围广、分辨率高等特点。如何在匹配过程中充分地考虑冗余信息以及快速、准确地获取多视影像上的同名点坐标进而获取地物的三维信息，是多视影像匹配的关键。由于单独使用一种匹配基元或匹配策略往往难以获取建模时所需要的同名点，因此近年来随着计算机视觉发展起来的多基元、多视影像匹配逐渐地成为人们研究的焦点。目前，该领域的研究已取得很大进展，如对建筑物侧面的自动识别与提取：先通过搜索多视影像上的特征如建筑物边缘、墙面边缘和纹理，确定建筑物的二维矢量数据集，影像上不同视角的二维特征可以转化为三维特征；然后在确定墙面时，设置若干影响因子并给予一定的权值，将墙面分为不同的类，将建筑的各个墙面进行平面扫描和分割，以获取建筑物的侧面结构；最后通过对侧面进行重构提取建筑物屋顶的高度和轮廓。

(3) 数字表面模型生成。多视影像密集匹配能得到高精度、高分辨率的数字表面模型，充分地表达地形和地物的起伏特征，已经成为新一代空间数据基础设施的重要内容。由于多角度倾斜影像之间的尺度差异较大，再加上较严重的遮挡和阴影等问题，因此对基于倾斜影像数字表面模型的自动获取存在新的难点。可以先根据自动空三解算出来的各影像外方位元素分析与选择合适的影像匹配单元，以进行特征匹配和逐像素级的密集匹配，并引入并行算法提高计算效率。在获取高密度的 DSM 数据后，要进行滤波处理，并将不同的匹配单元进行融合，以形成统一的数字表面模型。

(4) 真正射影像纠正。对传统正射影像的获取，是基于数字高程模型(DEM)进行数字微分纠正；而对真正射影像的获取，是在数字微分纠正时基于数字表面模型(DSM)进行。在获得数据点后，DEM 可通过曲面内插得到，DSM 则无法用数学曲面拟合，DSM 的获取比 DEM 更加困难和复杂。多视影像的真正射纠正涉及物方连续的数字高程模型和大量离散分布、粒度差异很大的地物对象，以及海量的像方多角度影像，具有典型的数据和计算密集的特点。因此，多视影像的真正射纠正，可分为物方和像方同时进行：在有数字表面模型的基础上，可以根据物方的连续地形和离散地物对象的几何特征，通过轮廓提取、面片拟合、屋顶重建等方法提取物方的语义信息；在多视影像上，可以通过影像分割、边缘提取、纹理聚类等方法获取像方的语义信息，再根据联合平差和密集匹配的结果建立物方和像方的同名点对应关系，继而建立全局优化采样策略和考虑几何辐射特性的联合纠正，同时进行整体上的匀光处理，以实现多视影像的真正射纠正。

目前，航空倾斜摄影测量在我国处于起步阶段，通过倾斜摄影测量技术生成的实景三维城市模型多停留在浏览查看的水平，其成果没有被实际应用到各个环节。鉴于国外的成熟经验，通过对后续应用平台的研发，该技术成果将有望应用于城市规划系统、城市管理系统、国土应用系统、社区管理系统等，更好地服务城市管理中的各个环节，从而更好、更快地推动我国智慧城市的建设。

8.2   空间数据库技术的进展

8.2.1   空间大数据的含义

大数据近年来备受关注。2008 年 9 月 *Nature* 的 "Big Data" 专辑、2011 年 2 月 *Science* 的 "Dealing with Data" 专辑、IBM 的 "Bringing Big Data to the Enterprise" 专栏以及微软和谷歌的 "Big Data Plan" 专栏等，都纷纷从互联网、经济学、超级计算、环境科学、生物医药、智能交通等方面讨论了大数据的处理和应用。2012 年 3 月，美国的奥巴马政府发布了 "大数据研究和发展倡议"，并正式启动了该计划，他们认为大数据是未来世界的 "石油"，该计划的意义堪比 20 世纪的 "信息高速公路"。从科学界到政界，都逐渐意识到大数据是信息和知识领域的一个宝藏，世界已经进入大数据时代。

大数据是指无法在一定的时间范围内用常规的软件工具进行捕捉、管理和处理的数据集合，它是需要使用新处理模式才能具有更强的决策力、洞察力和流程优化能力来适应海量、高增长率和多样化的信息资产。大数据不采用随机分析法(抽样调查)这样的捷径，而采用所有的数据进行分析和处理。

空间大数据具有大数据的一般特征，其来源非常广泛，主要包括业务运营数据、传感器网络数据、社交网络数据、传统地图与空间数据库数据和遥感数据等。从广义上讲，所有与空间位置相关的符合大数据特征并可用于空间分析的数据都属于空间大数据。业务运营数据是指在信息化时代各个行业尤其是服务类行业产生的业务数据，如公交刷卡数据、出租车轨迹数据、移动通信数据、水电煤气数据、物流数据、消费数据、就医数据等；传感器网络数据主要是指地面传感器收集的监测数据，如视频监控、交通监控、环境监测数据等(智能手机是一类特殊的时空数据传感器，具有通信、上网、导航、定位、摄影、摄像和传输功能，可产生数量巨大、记录人类行为等特征的地理大数据)；社交网络数据是反映人类活动和联系交往的重要信息，移动互联网环境下的社交平台如微博、推特(Twitter)等产生了数量巨大的社交数据；传统地图及各行业产生和存储的结构化、半结构化空间数据如国土资源数据、自然灾害数据、人口和经济普查数据等，是地理大数据的重要组成部分；自 20 世纪 70 年代至今的各类多谱段（如可见光、红外、微波等）卫星遥感计划提供与积累了海量的对地观测数据，改变了人类在有限的时间与空间（如离散地基台站、离散时间观测等）里认识自然的方式和手段。集高空间、高光谱、高时间分辨率和宽地面覆盖于一体的卫星（群）对地观测系统已成为获取地理空间大数据的重要渠道。

地理空间大数据具有大数据的一般特征，即 5V 特征，它具有以下 5 个层面的含义。

(1) 体量（volume）巨大。数据规模大，超过了以往的数据研究规模，甚至超过了当前研究人员所能掌控的范围。

(2) 速度（velocity）快。数据的生产速度快，基于大量的智能终端设备及互联网，每分、每秒都产生并传播海量的数据信息。

(3) 类别（variety）多样。数据来源与类型多元化，包括结构化、半结构化和非结构化等多种数据形式，如网络日志、视频、图片、位置信息等。

(4) 真伪（veracity）难辨。大数据存在较大的不确定性，如数据的噪声、缺失、不一致性、歧义等，且这种不确定性无时无刻不在。

(5) 价值（value）巨大。大数据使人们以前所未有的维度测量和理解世界，其蕴含巨大的价值，终极目标在于从数据中挖掘价值。

空间大数据的用户由政府逐渐扩展到企业、社会公众。互联网地图、位置服务等新兴服务业的增长迅猛。2013 年互联网地图网站的日均访问量超过 7000 万次，尤其是基于移动互联网的手机地图已经成为互联网中最具想象空间的一个商业模式。2013 年百度地图、高德地图的使用人数以每个月百万的数量级增长。2013 年据通信部门统计，手机用户超过 11 亿，手机地图客户端的累计账户数量超过 3.5 亿。也就是说，现在每 3 部手机就有 1 部装有地图客户端，以此来使用一些手机导航和位置查询服务。

地理空间大数据已成为人民群众日常生活中不可或缺的关键信息。地理空间大数据产业具有巨大的市场发展潜力及全新的市场方向，地理空间大数据不再是专业领域或科研项目的高大上产物，它在民用市场也飞速地发展。大数据技术的创新将不断地拓展出新的空间大数据应用市场，技术和应用的创新与集成将成为空间信息技术相关产业发展的重要驱动力。相比传统的结构化、半结构化空间数据，空间大数据具有如下含义。

(1) 无采样框架。传统的地理空间数据一般是在一定采样理论的指导下，通过建立严密的采样框架获取，这意味着某问题的解决依赖于特定的数据集。地理空间大数据是信息化时代中各种主动、被动的数据采集系统获取的全方位数据，其中大多数无采样框架。

(2) 无数据综合。数据综合是传统空间数据获取与表达过程中的一个重要环节，它按照既定的尺度与精度要求，将采集到的原始数据进行取舍和概括整理，以产生符合质量标准的数据集。地理空间大数据呈现的是数据的原始状态。

(3) 无元数据。元数据描述了数据来源、质量状态等信息，对识别、评价、追踪数据在使用过程中的变化以及实现简单、高效地管理大量的网络化数据具有重要意义。在多数情况下，地理空间大数据的来源、质量、使用等信息不明确。

（4）无质量控制。地理空间大数据许多是自动获取或由地理志愿者提供，它不能像传统的空间数据那样权威，也无质量控制机制。

（5）非结构化。除传统的测绘遥感数据外，地理空间大数据多以非结构化或半结构化形式存在。

8.2.2 空间数据仓库与空间数据挖掘技术

随着大数据时代来临，如何感知和表示空间大数据、构建有效的空间大数据管理系统、进行有效的空间信息处理与分析、实现多源异构空间信息的集成、提供方便的多尺度空间信息服务，已经成为各个行业和社会大众要获得高效、可靠的空间大数据信息服务时亟待解决的问题。传统的空间数据库已经难以满足这些需求，空间数据仓库更适合对空间大数据进行有效管理。

空间数据仓库是面向主题、集成、随时间变化、非易失性空间和非空间数据的集合，用于支持与空间数据挖掘和空间数据有关的决策过程。空间数据仓库不同于传统的空间数据库，数据库是面向事务的设计，而数据仓库是面向主题的设计。数据库一般存储的是在线数据，可以增加、删除、修改记录；数据仓库一般存储的是历史数据，通常只能增加记录。数据库设计应尽量避免冗余，一般采用符合范式的规则进行设计；数据仓库在设计时有意引入了冗余，并采用反范式的方式进行设计，因此数据仓库有很多冗余数据，会占用大量的空间，但是这是必需的，因为数据仓库要从历史数据中获取知识。数据库是为存储数据而设计，数据仓库是为分析数据并获取知识而设计。

数据仓库是在数据库已经大量存在的情况下，因为进一步地挖掘数据中的知识资源以及满足决策需要而产生的，它不是所谓的"大型数据库"。数据仓库的出现，不是要取代数据库。目前，大部分的数据仓库是通过关系型数据库管理系统管理的。可以说，数据库、数据仓库是相辅相成、互相发展的，其比较见表8-1。

表 8-1 数据库与数据仓库的比较

对比内容	数据库	数据仓库
数据内容	当前值	历史、存档、归纳、计算的数据
数据目标	面向业务操作、重复处理	面向主题域、管理决策分析应用
数据特性	动态变化、按字段更新	稳定、不能直接更新、只是定时添加
数据结构	高度结构化、复杂、适合操作计算	简单、适合分析
使用频率	高	中到低
数据访问量	每次操作只访问少量记录	有的操作可能要访问大量记录
响应时间要求	以秒为单位计量	以秒、分钟、甚至小时为计量单位

　　空间大数据不仅包含数据和信息，同时也隐含丰富的规律和知识；但数据中的规律与知识并不是直接给出，而是需要通过深度的挖掘与分析。空间大数据必然和数据挖掘相结合，挖掘隐含、非显见的模式、规律和知识，尤其是从中探索和挖掘出有价值的信息，实现对空间大数据的探索性分析、预测、建模和可视化。

　　空间数据挖掘，简单地说，是从空间数据集中提取事先未知却潜在有用的一般规则的过程。具体而言，它是在空间数据集的基础上，通过综合地利用确定集合理论、扩展集合理论、仿生学方法、可视化、决策树、数据场等理论方法以及相关的人工智能、机器学习、专家系统、模式识别等技术来从大量的原始空间数据中析取人们可信、新颖、感兴趣、事先未知、潜在有用和最终可理解的知识，揭示蕴含在数据背后的客观世界的本质规律、内在联系和发展趋势以及实现对知识的自动获取，为空间决策提供不同层次的技术依据。

　　空间数据挖掘是多个学科和多种技术交叉综合的新领域，是空间数据获取技术、空间数据库技术、计算机技术、网络技术和管理决策支持技术等发展到一定阶段的产物，汇集了机器学习、人工智能、模式识别、空间数据库、统计学、地理信息系统、基于知识的系统(包括专家系统)、可视化等有关技术的成果。空间数据挖掘的目的在于从空间数据集合中提取事先未知且潜在有用的空间规则、概要关系、摘要特征、分类概念、发展趋势和偏差例外等知识，是一种基于空间数据的决策支持过程。与一般的数据相比，空间数据多种多样，具有空间性、时间性、多维性、海量性、复杂性、不确定性等特点，因此空间数据挖掘具有数据动态变化、含噪声、数据不完整、信息冗余、数据稀疏和数据量超大等技术难点。

　　空间数据挖掘的对象可以是空间数据库，也可以是空间数据仓库，它们分别适用于不同的要求。空间数据库管理系统把大量的空间数据组织起来，以方便用户进行存取和维护，并对数据的一致性和完整性进行约束，它侧重对数据库存储处理方面高效率方法的研究。当组织、存储、查询和分析数据时，空间数据库常停留在记录级的数据中，用查询语言查找特定的事实；而空间数据挖掘侧重对数据进行分析，以得到比数据更高层次的有用模式。例如，空间数据库可以通过数据库报表工具将数据抽取出来，经过一些数学运算后以特定的格式呈现给用户，但不具有推理新事实的能力；而空间数据挖掘可以对具体的空间数据实施挖掘运算、空间推理和知识表达，提取隐藏在空间数据中的高水平规则类知识，对空间数据背后隐藏的特征和趋势进行分析，形成高于数据的理解和概括。

　　空间数据仓库对数据的加工层次高于一般的数据库，它遵循一定的原则并利用多维数据库组织和显示数据，将不同数据库中的数据粗品汇集并精炼成半成品或成品。空间数据仓库不是替代数据库，而是可以被看作空间数据库的数据库。如果利用空间数据库实施空间数据挖掘，那么空间数据挖掘需要根据要求对空间数据库进行清理、拆分和重组。不同的是，高于空间数据库的空间数据仓库较少对记录级的数据感兴趣，反而它要查看所有的事实，寻找具有某种深长含义的模式或关系，如发展趋势或运行模式等。空间数据仓库能被稍加整理后或直接用于空间数据挖掘。在数字地球中，空间数据挖掘的对象一般为空间数据仓库。

一方面，网络技术、多媒体技术和无线传感器网络技术的飞速发展使各种来源和类型的空间数据的获取周期大大缩短，空间数据量前所未有地增加，高分辨率、高动态的新型卫星传感器不仅数据速率高、周期短，而且数据量特别大；另一方面，空间数据挖掘的数据来源广泛，空间对象与空间对象之间、属性与属性之间存在各种空间或非空间的关系，数据描述的空间对象也有多种，每种空间对象基本由多个属性描述。这些都促使空间数据维数剧增。空间数据的数量、大小、维数和复杂性飞速地增长，而大数据因自身的特性而存在难以进行有效的集成与管理、自动化的处理与分析的问题，尤其与空间相关的数据挖掘十分困难。空间数据数量的迅速增长，既是空间数据挖掘得以发展的原因之一，也是对数据挖掘研究的挑战。

空间数据污染和空间数据的不确定性是空间数据挖掘面临的挑战和无法回避的事实。一方面，空间数据是空间数据挖掘的基础，数据质量不好，将直接导致空间数据挖掘不能提供可靠的知识及优质的服务与决策支持，但从现实世界中采集的空间数据往往是被污染的，因此无论采用何种方式获取的空间数据，均存在一些不可避免的问题或错误，如内容缺失、精度有误、重复冗余、尺度不同、错误异常等；另一方面，数据采集的近似和数学模型的抽象、综合造成了空间数据的不确定性。现实世界中的空间对象互相混杂，彼此的界限有时不是很分明，纯几何意义上的点、线和面并不存在，数据采样只是一种近似；此外，在空间数据挖掘中，如果忽视了数据源、数据清理、数据泛化、定性定量数据的转化以及知识表达、理解和评价中含有空间数据不确定性，那么即使综合地使用空间数据挖掘中的各种理论、算法和技术挖掘空间知识，也可能因利用错误的空间数据而得到可靠性较低、残缺甚至错误的知识。这些无疑增加了空间数据挖掘和知识发现的难度，形成了大数据时代空间数据挖掘的新挑战。

随着时空数据获取技术的快速发展，要挖掘与分析空间大数据中蕴含的时空规律和知识，在考虑时间问题和时态变化的时空分析与时空数据挖掘的同时，还要解决数据筛选、语义描述、语义理解、不确定性、知识表达等一系列关键技术。随着大数据时代来临，空间数据的数据量和数据复杂度显著地提高，如何解决时空大数据的海量、复杂、计算量大等难题以及在高性能计算机环境下实现时空大数据的高性能数据挖掘和知识发现，以更好地满足空间知识化服务需求，是空间数据挖掘面临的巨大挑战。

8.2.3 新型空间数据库的发展

1. 时态空间数据库

传统的空间数据库一般存储当前的地理信息数据，如果将历史上每一个时间段的地理信息数据都存为一个备份，那么这个数据量会很庞大，几乎是难以实现的业务。因此，在一般的空间数据库中，当空间数据出现更新后，上一阶段的数据将不复存在，这种空间数据库称为"静态空间数据库"。在现实应用中，有许多领域都需要处理随时间变化的地理信息数据，如何处理这种时间上具有动态性的空间数据成为空间数据库发展中的一个新问题。能够回答与时间相关的空间数据问题并有效地处理时间上有动态性的空间数据的空间数据库系统称为"时态空间数据库"，也称为"时空数据库"。

时空数据库是目前空间数据库研究和应用领域中的一个新方向，因有强大的应用驱动和处理能力而逐渐受到专家及研究人员的关注；同时，存储设备和技术的飞速进步也为大容量时空数据库的存储和高效处理提供了必要的物质条件，使时空数据库的研究和应用成为可能。

时空数据库是一种高级的数据库技术，具有时态、空间两种特征，进行设计和实现时可以从以下两个方面着手。

(1)在空间数据库中加入时态属性。当前空间数据库的发展非常迅速而且相对比较成熟，不少的空间数据库提供了用于二次开发的接口，可以使用这些接口添加能够同时处理时态属性的功能，但是这种方式会使结构非常复杂。当然还可以对空间数据库的结构进行更改，并添加时态属性，但是这种方式的实现有很大困难，因为目前几乎没有现成、开放了源码的空间数据库。

(2)在时态数据库中加入对空间数据的支持。时态数据库同样是基于已有的数据库技术(如历史数据库等)，在时态数据库的基础上加入对空间数据的支持。这种思路实现起来相对容易一些，在保持数据库管理系统结构不变的情况下，只需要扩充数据类型即可。

时空数据库管理系统的结构划分与普通的数据库管理系统大致相同，可以分为语言接口、查询处理模块和服务管理程序三大底层服务部分。其中，用户程序语言接口和查询过程在与服务管理程序通信时要经过应用程序接口。用户程序不可以直接与数据库管理系统发生联系，它必须通过一系列数据操作命令实现数据查找、处理等，这些数据操作命令即为语言接口。查询处理模块对用户提出的查询请求进行处理，它先通过预编译器进行编译，再进行逻辑优化和物理优化，最后将用户的查询请求转化为物理查询树。服务管理程序包括物理存储和事务处理等数据底层操作。

时空数据库的存储结构和索引技术主要集中在对有效存储结构的扩展以使之支持移动对象和基准问题的研究上，大多数的解决方案是基于传统的 B 树和 B+树来进行扩展和改进。现在具体的索引技术和方案众多，如索引树 MR- trees、RT- trees、HR- trees 和 3DR 树等。

时空数据库中数据所具有的空间特性和时态特性使对事务的处理更加复杂，需要在考虑空间复杂结构和关系的同时，还要考虑时间轴上空间物体在不同时期、不同历史版本之间的关系。时空数据库中的事务由多种事务组成，既有普通的扁平事务，也有长事务和嵌套事务。时空数据库中数据所具有的复杂关系必须在并发控制过程中能够得到有效区分。除此之外，时空数据库中数据之间复杂的关系和庞大的数据量使恢复过程的正确性和时效性都受到了很大的挑战。上述分析的时空数据库必须具有独特的事务模型和恢复策略，这样才能既满足对多种事务的描述，又满足数据一致性要求。

2. 面向对象的空间数据库

面向对象的空间数据库是以面向对象的数据模型为核心建立起来的空间数据库，它是面向对象的方法和空间数据库管理系统的结合体，其本质是基于面向对象的数据库管理空间数据。为此，需要了解面向对象数据库的概念。简单地说，面向对象的数据库=面向对象的系统+数据库管理系统，如图 8-2 所示。除必须满足面向对象的系统和数据库系统定义的准则外，面向对象的数据库还必须满足非传统应用领域中提出的一些需求或特征，如版本管理、可扩充的事务模型和对复杂对象的建模等。

面向对象数据库系统的重要优点是：它用对象描述所有的概念实体，一个对象可表示任何事情，从一个简单的数到一个复杂的实体；允许把任意复杂的对象表示成循环递归的对象；提供了类层次和伴随类层次的特性继承概念。

面向对象的数据库必须支持面向对象(object-oriented，OO)的模型，目前面向对象的数据库系统尚缺少关于 OO 模型的统一的规范说明。也就是说，OO 模型缺少一个统一、严格的定义，但是有关 OO 模型的许多新概念已取得共识。OO 模型是用面向对象的观点描述现实世界中实体的逻辑组织以及对象间的限制和联系等。一系列面向对象的核心概念构成了 OO 模型的基础。

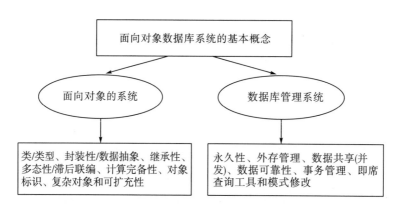

图 8-2　面向对象的数据库系统

面向对象数据库管理系统的基本功能包括类管理、对象管理和对象控制三个部分。类是面向对象数据库管理系统的基本数据管理单位，类管理包括对类层次结构的定义、删除以及相应的物理级定义(如索引等)。此外，类管理还包括对类层次结构的变更，也称为"类模式演化"。对象管理是对类中实例的管理，包括对基于类层次结构上的对象的增加、删除、修改、查询等。对象控制包括完整性约束、故障恢复、事务处理与并发控制、安全性等内容，以及工程领域中常用的版本控制。面向对象数据库管理系统中的这三个基本功能相当于传统数据库管理系统中的模式定义、数据操纵和数据控制三部分。

目前，该领域有两个发展方向：面向对象的数据库系统(object-oriented database system，OODBS)和面向对象的关系数据库技术(object relational database system，ORDBS)。ORDBS 的基本特征是在关系数据库系统中加入 OO 技术，从而使其具有新的功能和应用。由于关系型数据库研究较为成熟，关系查询语言具有很好的数学支撑，现有的关系数据库语言具有广泛使用的工业标准，因此人们普遍容易接受 ORDBS。这种系统既支持已经被广泛使用的 SQL 语言，具有良好的通用性，又具有面向对象的特性，支持复杂对象和复杂对象的复杂行为，是对象技术和传统关系数据库技术的最佳融合，全球数据库厂商都在竞相研究和开发，如 Oracle、IBM 等。OODBS 的基本特征是它直接将面向对象的程序设计思想引入数据库，完全与已有的数据库系统无关，重新设计了面向对象数据库所具有的特征，如继承、多态等。OODBS 这种纯粹面向对象的数据库系统不支持 SQL 语言，在通用性方面失去优势，其应用领域受到很大的局限。目前实际应用该系统的不多，绝大多数处在理论研究阶段。

3. 移动对象数据库

随着无线传感器网络和定位技术的快速发展，具有 GPS 定位功能的无线手持设备和车载设备得到大量普及，使许多新的应用产生大量有关运动对象的信息，随之而来的问题就是这些随时间变化的位置信息如何在数据库管理系统中进行高效、系统化的管理。传统的数据库系统通常是假设数据在更新之前其属性值保持不变，因此难以高效地管理连续变化的动态信息。移动对象数据库正是为了解决这样的问题出现的，其目标是在数据库中高效地管理移动对象的信息。

移动对象数据库是对数据库技术的扩展，主要管理空间位置随时间变化的移动对象，目的是在数据库中支持对移动对象信息的表示。对移动对象数据库的研究，始于 20 世纪 90 年代中期。移动对象会随时间的改变而发生空间位置上的变化，因此移动对象数据库在理论上应属于时空数据库的范畴，其数据来源于描述地理空间的空间数据库和处理时间变化的时态数据库。移动对象的一大特点是其空间位置会随时间产生连续性变化，与时空数据库不同的是，移动对象数据库更加关注地理空间随时间的连续性变化，而早期的时空数据库仅仅支持地理空间上的离散变化，无法满足移动对象数据库的需求。

移动对象数据库是作为时空数据库的一个分支发展而来的，与时空数据库不同的是，其研究对象是移动的物体，且移动物体具有移动的特性。移动对象数据库研究的是如何对移动对象的位置及其相关信息进行存储和管理。通常可以将移动对象数据库中的实体分为两类：一类是静态的移动对象，也就是说在任何时间其位置都是固定不变的，如建筑物、高山、河流等，这类对象在移动对象数据库中的很多应用都涉及用户的当前位置，如查询最近的超市等；另一类是动态的移动对象，其位置在不断地动态变化，如车、行人、船舶等，这类对象是移动对象数据库处理的重点也是难点。移动对象数据库在现实生活中有广阔的应用前景，通过它可以很方便地解决很多常规数据库甚至时空数据库都很难解决的问题。例如，汽车导航，它需要知道到达某个建筑物的最短路线是什么，而实际情况中汽车的位置会不断地变化，因此需要随时知道当前的最短路线。

移动对象数据库研究的主要目标是扩展数据库技术以使得它在数据库中可以表示任意连续的移动对象，并处理与移动对象位置相关的各种查询。有两种角度看待移动数据库中的对象：一种是只维护移动对象连续变化过程中的当前位置信息，并预测将来的位置；另一种是全面地考虑存储在数据库中的移动对象的整个运动历史，可以向移动对象客户端返回对移动对象过去或者将来任意时刻的查询结果。从本质上说，第一种方式是从位置管理的角度分析，而第二种方式是从时空数据的角度分析。

位置管理考虑的主要问题是如何管理数据库中移动对象的位置信息。例如，在一个城市道路网中所有出租车的位置。对于一个瞬时情况来说这并不是问题，但是因为出租车是运动对象，因此为了保证能够获得最新的位置信息，对每个出租车都必须进行频繁的位置信息更新，这就出现了更新代价和位置精度之间的矛盾。从时空数据管理的角度讲，研究者主要关注如何动态地维护移动对象的位置信息、如何处理对移动对象当前位置和将来位置的查询以及如何处理移动对象和静态对象之间随时间变化的相互关系等。

目前，移动对象数据库主要研究的内容如下。

(1)空间位置信息建模。一方面是空间位置信息获取，建立一种空间位置信息获取机制，使其能够准确地获取移动对象当前的地理空间位置信息，如使用当前 GPS 定位的相关技术等；另一方面是空间位置信息管理，包括空间位置信息的存储模型、管理操作机制等。

(2)移动对象索引技术。采用遍历移动对象的方式进行空间对象查询的性能很低，为了减少查找范围、优化查找效率，必须对移动对象数据库中的移动对象附加索引机制。当前这方面的研究还不是非常深入，有待做进一步的研究。

(3)空间位置的模糊多样化表示及处理。在日常生活中经常遇到类似的问题：两个人约定了一个地点，但是描述却不一样。例如，A、B 两个建筑物相隔 100m，一种描述为"我在 A、B 两个建筑物之间，靠建筑物 A 20m"；另一种描述为"我在 A、B 两个建筑物之间，靠建筑物 B 80m"。对于移动对象数据来说，也会存在类似的问题，如何对空间位置的模糊多样化表示进行处理是移动对象数据库研究中的重点。

移动对象数据库应用系统包括两个主要部分：移动对象客户端和位置管理服务器。移动对象客户端(如 GPS 终端、手机等)可以先通过位置接收装置(如 GPS 接收器等)得到自身的地理位置信息，然后通过无线通信网络向位置管理服务器报告位置信息。服务器端的位置管理服务器会接收这些信息并相应地在移动对象数据库中为每一个移动对象保存其位置信息；同时，也会保存额外的信息，如加速度、方向信息等，以预测移动对象的未来位置。移动对象客户端可以通过网络向服务器发出与位置相关的查询请求，位置管理服务器利用移动对象数据库和地理信息数据库中的信息进行查询并将处理后的结果通过无线通信网络返回给该客户端。

8.3　空间信息系统技术的进展

8.3.1　基于位置服务的技术

开放地理信息系统联盟(open GIS consortium，OGC)将基于位置的服务(location based service，LBS)定义为一组信息服务，这类信息服务使用移动设备并通过移动网络和移动设备的当前位置获取附加信息。基于位置的服务简而言之就是基于地理空间位置信息展开的服务，其核心是为用户提供当前位置及其周边事物的位置信息，因而又称为"位置服务"。

从广义上讲，任何基于空间位置信息的服务都可以被归纳为 LBS。LBS 具有如下几个特点。

(1)可移动性。LBS 的服务基础是用户的位置信息，用户终端的最大特点在于其位置信息的可移动性。随着各种移动设备的快速发展和普及，无线网络和基于位置的服务可以为移动用户提供地图服务、路径查询以及其他的相关服务，使用户可以在任何时间、任何地点都查询到自己感兴趣的空间信息。

(2)分布性。LBS 的分布性主要体现在存储的分布性、计算的分布性、设备的分布性以及用户的分布性上。在 LBS 中，集中式的信息存储和处理显然难以满足 LBS 分布式服务的需求，因此 LBS 系统主要采用分布式技术。

(3)自适应性。LBS 的突出特点是结合空间、时间以及个体用户周围环境的信息自适应地提取当前用户可能感兴趣的信息，以用户个体为中心提供用户与周围环境的信息交互，基于空间位置自适应地提供用户具有个体感知特点的服务信息。

(4)大众化服务。LBS 的服务对象主要是面向移动互联网和智能终端的非专业用户。因此，作为一种服务大众的地理信息服务应用，LBS 未来的发展与其大众化服务程度密切相关。

空间信息是 LBS 最重要的数据支撑。LBS 正在快速地改变世界，已成为国家空间信息基础设施、全球空间数据基础设施和数字地球等的基本表现之一。与此同时，LBS 的相关技术也面临以下几个方面的挑战。

(1)众源地理空间数据融合。近年来，随着位置服务兴起，空间数据的大众化和普适化应用趋势不断地增强，用户群体自发、不断地提供一些丰富、实时的位置信息，众源地理空间数据大量地出现，如欧洲的开放式道路地图以及社交网络签到数据等为 LBS 应用提供了现势性较强的地理空间数据源。在用户通过互助开放途径加工地理空间数据、充分发挥用户创造力的同时，也潜藏了因数据生产不专业、数据质量无法保证、不同来源的兴趣点(point of interest，POI)数据不一致而造成的路径规划和用户行为分析结果错误等问题。例如，导航数据生产厂商在更新道路网络数据时，既面临专业数据采集车和大众提供的机动车行驶轨迹提取道路几何数据融合以及原有的 POI 数据和大众标注的融合的问题，也存在其他类型的地理空间数据如道路交通信息的多源融合问题。因此，需要解决数据甄别、时效性检验、众源地理空间数据与专业手段采集地理空间数据的匹配与融合等问题。

(2)移动对象的有效管理。LBS 用户经常处于运动状态，会产生大量随时间变化的动态位置信息，因此需要在数据库系统中进行高效的管理，才能支持用户对过去、现在和将来任意时刻的位置进行相关的查询和深层次的时空分析。传统的数据库管理系统通常假设数据在没有显式更新前其属性值保持恒定，不支持对连续变化位置信息的动态管理与实时查询。因此，需要建立能够管理移动对象位置及相关信息的移动对象数据库(moving object database，MOD)。移动对象数据模型是移动对象数据库的核心，也是后续对移动对象进行查询、预测以及分析的基础，它可以连续不断地对移动对象进行跟踪并涉及移动对象的位置更新策略，良好的更新策略能大大地减少进行通信及数据库更新的代价。移动对象包含空间和时间两方面的属性，移动对象的连续运动特性使对它的查询和索引不同于传统的空间数据库，需要建立历史轨迹索引和全时态空间索引，以实现对移动对象过去、现在和将来位置信息的快速查询和检索。移动对象数据库的目标是建立移动对象数据库中的位置表示模型，解决该位置表示模型框架下的数据表示与存储、位置记录索引、与位置相关的查询处理、与位置相关的连续查询、对环境感知的查询处理以及深层次的时空模式分析等技术问题。

(3)移动对象轨迹数据挖掘。移动用户的运动轨迹在一定程度上反映了个体或群体的意图、喜好和空间行为模式。从大量获取的移动用户轨迹数据中提取蕴含的关联规则和序列模式，建立相应的内容信息评价体系，对地理空间相关信息的个性化推荐至关重要；而轨迹聚类和轨迹挖掘是其中两个主要的研究方向。轨迹聚类是对轨迹集合进行分组，组内的轨迹之间具有较高的相似度而组间的差别较大，它是轨迹数据挖掘的基本任务之一。轨迹聚类可以按照轨迹的空间特征差异分为欧氏空间移动对象轨迹聚类与路网空间移动对象轨迹聚类，地理约束在移动轨迹数据聚类中得到了广泛关注。移动对象轨迹挖掘最初起源于对各城市出租车 GPS 轨迹数据的挖掘，其应用主要集中在海量浮动车轨迹与路网数据的匹配、路网行程时间估计和与城市路网交通状态相关的估计和分析上，在 GIS 领域中还涉及相关空间统计方法的拓展，包括时间地理学、路径相似度度量、模式与聚类方法、个体-群体动态性、空间场方法与空间域方法等。在计算机领域中的应用集中在推荐系统上，如旅游推荐、社区推荐、地点推荐、乘车路线推荐和行为活动推荐等。互联网已是公众获取信息的主要渠道，并成为全社会、多领域、广纵深、近实时的动态映像。因此，对基于网络蕴含的地理空间数据进行移动对象轨迹数据挖掘和应用，将是 LBS 的一个重要发展方向。

8.3.2　空间信息网格与云计算技术

1. 空间信息网格

网格是 20 世纪 90 年代中期发展起来的下一代互联网核心技术。继传统的因特网、Web 之后，网格技术掀起了第三次技术革命。网格技术旨在实现对因特网上各种计算资源的全面共享、消除资源孤岛。网格技术的开创者 Ian Foster 将其定义为"在动态、多机构参与的虚拟组织中协同共享资源和求解问题"。网格在网络的基础上，将分散在不同地理位置的资源虚拟为一个有机整体，实现了对计算、存储、数据、软件和设备等资源的共享，从而大幅地提高了资源利用率，获得了前所未有的计算和信息处理能力。网格可以被看作是把整个因特网整合成一台巨大的超级虚拟计算机，从而实现对互联网上所有资源的互联互通并完成对计算资源、存储资源、通信资源、软件资源、信息资源、知识资源等智能共享的一种新兴技术。

近年来，如何将网格技术引入空间信息领域成为研究热点。空间数据基础设施中的交换站点在空间信息网格中被看作网格节点，由这些分布在全球各地的各类节点形成的网络是以空间信息的传输、服务和计算为内容特点的，因此也被称为"空间信息网格(spatial information grid，SIG)"。空间信息网格需要考虑地理空间数据的自身特点并扩展当前通用的网格软件和基础标准，以适应空间信息网格的应用需求，如时空依赖、尺度、地理表达、地理数据安全、地理数据参考框架、海量地理数据存储和高度依赖可视化等。

网格的体系结构通常由三层构成：网格资源层、网格服务层和网格应用层。网格资源层包括各种计算资源，如超级计算机、贵重仪器、可视化设备、现有的应用软件等，这些计算资源通过网络设备连接起来以构成网格系统的硬件基础。网格资源层仅仅实现了计算资源在物理上的连通；从逻辑上看，这些资源仍然是孤立的，需要在网格资源层的基础上通过扩展网格服务层实现对网格资源的真正共享。网格服务层通常由网格中间件和网格工具组成，它包括一系列的工具和协议软件，其功能是屏蔽网格资源层中计算资源的分布、异构特性，向网格应用层提供透明、一致的使用接口，同时需要提供用户编程接口和相应的环境，以支持网格应用开发。网格应用层主要是应用程序及其接口，它是用户需求的具体体现。在网格操作系统的支持下，网格用户可以使用其提供的工具或环境开发各种应用系统。能否在网格系统上开发出应用系统以解决各种大型的计算问题是衡量网格系统优劣的关键。网格系统之间的通信使用的是经过整合和升级的因特网协议，由 GGG(great globe grid)协议取代 WWW(world wide web)协议。

国际网格界致力于网格中间件、网格平台和网格应用建设。目前知名的网格应用系统数以百计，其应用领域包括大气科学、林学、海洋科学、环境科学、生物信息学、医学、物理学、天体物理、地球科学、天文学、工程学、社会行为学等。国外著名的网格中间件有 Globus Toolkit、UNICORE、Condor、gLite 等，其中 Globus Toolkit 得到了广泛采纳。

国际知名的网格平台有 TeraGrid、EGEE、CoreGRID、D-Grid、ApGrid、Grid3、GIG 等。我国在"十五"期间有"863 计划"支持的中国国家网格(CNGrid)和中国空间信息网格(SIG)等。目前较为有名的空间信息网格项目包括 GEON、GISovle、Earth System Grid 等。

2. 云计算技术

云计算(cloud computing)是 2007 年第 3 季度诞生的新名词,其核心是资源池,它将计算任务分布在由大量计算机构成的资源池中,使用户能够按照需求获取计算力、存储空间和信息服务;这种资源池被称为"云"。"云"可以被看作是一些可以自我维护和管理的虚拟计算资源,通常是一些大型的服务器集群,包括计算服务器、存储服务器和宽带资源等。云计算将计算资源集中起来,并通过专门的软件实现自动管理,无须人参与。用户可以动态地申请部分资源,以支持各种应用程序的运转,无须为繁琐的细节烦恼,能够更加专注自己的业务,有利于提高效率、降低成本和技术创新。资源池将计算和存储资源虚拟为一个可以任意组合与分配的集合,池的规模可以动态地扩展,分配给用户的处理能力可以动态地回收重用,这种模式能够大大地提高资源的利用率,提升平台的服务质量。之所以被称为"云",是因为它在某些方面具有现实中云的特征:云一般都较大;规模可以动态地伸缩,边界模糊;云在空中飘忽不定,无法也无须确定它的具体位置,但它确实存在于某处。有人将这种模式比喻为从单台发电机供电模式转向了电厂集中供电模式,它意味着计算能力可以作为一种商品进行流通,就像煤气、水和电一样,取用方便、费用低廉;最大的不同在于,它是通过互联网进行传输的。

地理空间信息往往需要大量的数据存储和高效的计算资源;从现实来看,依然存在基础数据量虽然庞大,但更新频度低、并发访问数据量大、缺乏统一标准等问题。因此,地理空间信息有必要应用云计算技术,以激发地理空间信息在海量数据存储、大规模计算、深度数据挖掘方面的优势。地理空间大数据的应用特点也非常适合采用云计算模式:首先,来源相对集中,使用群体广泛;其次,基础数据庞大,需要合理的储存方式,以便进行数据挖掘和应用;最后,并发用户规模较大、使用频次低,需要采用云计算的相关处理技术。

云计算市场近年来呈现出全球化的发展趋势。2009 年 9 月,阿里巴巴宣布成立一家专门从事云计算业务的公司"阿里云"。截至 2016 年,阿里云在全球共布置了 14 座超大规模的数据中心,腾讯云有 3 座海外数据中心,亚马逊有 8 座数据中心。我国三大电信运营商也纷纷投身于云计算平台搭建。我国政府高度重视云计算产业的发展,国家的有关部门专门组织了国家科技重大专项研究,以推动云计算技术和产业的健康发展。2015 年 1 月,国务院印发《关于促进云计算创新发展培育信息产业新业态的意见》[国发(2015)5 号]文件,提出要加快发展云计算,打造信息产业新业态,推动传统产业升级和新兴产业成长,培育新的增长点,促进国民经济提质、增效、升级。2017 年 3 月,工业和信息化部印发《云计算发展三年行动计划(2017—2019 年)》文件,以促进云计算健康、快速地发展。

各国政府高度重视云计算并积极推进它在各个领域中的应用。美国联邦政府于 2011 年 2 月发布《联邦云计算战略》文件。英国政府在云计算方面开展全面的部署，从 2009 年开始，建立覆盖所有政府部门的云计算网络 G-Cloud。日本政府通过制定"有效利用信息技术，开创云计算新产业"的国家发展战略，积极地推动云计算的全面发展。2017 年 1 月，韩国科学、信息和通信技术及未来规划部表示，计划在公共部门采用云计算技术，通过在农业和造船等各种工业领域中使用云计算技术扩展云计算的应用范围，从而带动该市场的发展。此外，基于云计算的地理空间大数据系统的建设也初具雏形，如 Google Earth、Google Moon、Google Mars、ArcGIS Online、ArcGIS10.1、SuperMap GIS 6R、MapGIS K9 SP3 和 GeoCloud 等已经得到广泛的应用和推广。

8.3.3 全空间信息系统的关键技术

周成虎院士在 2015 年首次提出全空间信息系统的概念，他将地理信息系统的空间尺度扩展到微观和宏观空间、空间数据扩展到时空大数据、空间分析扩展到大数据空间解析，提出构建无所不在的空间信息系统世界的构想。全空间是指泛在空间，它是对传统地理空间研究对象在空间范畴、属性特征、时空关系、认知能力、行为能力等的扩展和延拓，其突出表现为在空间的泛在性。全空间信息系统的提出，为空间信息系统的发展提出了新思路。2016 年，国家重点研发计划项目"全空间信息系统与智能设施管理"正式立项实施，其目标是探索新一代全空间信息系统的关键技术，引领空间信息系统技术的发展方向。

全空间信息系统的理念将空间信息系统的范畴从传统测绘空间扩展到了宇宙空间、室内空间、微观空间等可量测空间，与传统的空间信息系统相比，具有以下几个新的特征。

(1)全尺度特征。突破了传统上以地球为参照的地理空间范畴，将空间信息的尺度扩展到微观和宏观空间。

(2)全类型特征。能够描述和表达现实世界中各种有形和无形的实体类型，包括静态和动态的物体、现象、过程、事件等。

(3)全动态特征。在全空间信息系统所构建和描述的数据世界中，每一个实体都可以是动态的(包括位置、属性、形态、行为等)，并具有生命周期。

(4)全属性特征。对实体的时间、空间、形态、性质、关系、认知、行为等多元特征进行全方位的描述和表达。

因此，全空间信息系统是一种对动态、复杂现实世界(从微观到宏观)中各类时空实体信息进行接入、处理、描述、表达、管理、分析和应用的信息系统，它通过对现实世界的抽象和建模，在信息空间中构建与现实世界相对应和相关联的数据世界。简单地说，全空间信息系统是把现实世界抽象为由多粒度时空对象组成的数据世界。

当空间信息获取和应用被拓展到全空间后，传统的空间数据模型已不能满足要求。因此，需要一种多粒度时空对象建模方法，构建全空间信息系统的数据模型。

1. 多粒度时空对象的基本概念

现实世界是无限复杂的，任何信息系统都无法完全地对它进行描述和表达。根据人类对现实世界现有的基本认知，可以把现实世界抽象为由各种实体组成的世界。任何实体都会占据一定的空间且不断地发生变化，具有各自的生命周期。为了体现实体的时间特征、空间特征和变化特征，将它们称为"时空实体"。

现实世界包括从微观到宏观的各个尺度范畴，要描述所有具有无限复杂性的时空实体是不现实的。人类在实际观察和认知现实世界时，往往会根据目标把空间尺度限定在一定的范畴，即仅涉及有限的时空实体。例如，在研究宏观宇宙时，太阳系的整体可以作为一个时空实体；在研究太阳系时，需要将太阳、地球、火星等太阳系的组成部分分别作为时空实体；在研究地球时，需要将地球的陆地、海洋、大气层(可以更细地划分)等分别作为时空实体；在研究道路交通时，需要将道路、交通设施、车辆、交通部门等分别作为时空实体等等。不同的时空实体具有不同的空间尺度，它们不仅可以分解为更小的时空实体，还可以组成更大的时空实体。因此，需要用不同粒度的时空实体对现实世界进行抽象和描述。

把现实世界抽象为由实体组成的模拟世界，是一种对现实世界认知的方法；把实体具体描述为时空实体，体现了实体的时空特征和动态特征；把时空实体进一步地具体为多粒度时空实体，是一种对现实世界具体抽象的方法。

多粒度时空对象是在计算机构建的信息空间(数据世界)中对多粒度时空实体具体的描述，以数据模型、规则、逻辑、知识等形式进行表达。从这个角度看，全空间信息系统是对多粒度时空对象进行获取处理、管理、分析、可视化等的信息系统。

2. 关键技术问题

全空间信息系统旨在改变传统的以地图为模板的空间信息间接建模方法，并直接以多粒度时空对象描述现实世界中时空实体的粒度、位置、形态、属性、认知、行为等特征，建立全空间信息直接建模新理论；设计形态、位置、属性、行为、认知等于一体的时空对象数据模型和数据结构，创新时空索引机制，建立时空对象的生成与消亡、分解与组合、联动与响应等管理机制；设计全空间信息归一化组织模型，研发多模态空间计算与分析算法，发展多粒度时空对象符号化、可视化和交互分析方法；采用多粒度时空对象数据模型，构建时空对象计算与分析框架以及基于云平台和高性能计算的全空间信息系统。

如何突破传统上以地图为模板的间接建模方法，以多粒度时空对象构建的事物空间直接地描述从微观到宏观的现实世界，是全空间信息系统研究的关键性科学问题。空间信息的应用领域、应用模式、信息内容、信息尺度、分析方法、展现方式等已逐步地超出了传统地图的范畴，继续使用基于地图的间接建模方法，将难以有效地描述现实世界，也难以有效地分析和表达时空实体的动态变化和复杂关系。因此，需要创立一种由多粒度时空对象构成的信息空间来抽象和描述现实世界的直接建模方法。

为了突破多粒度时空对象的生成、管理、分析、可视化、平台构建和实际应用等核心技术，建立了基于多粒度时空对象数据模型的全空间信息系统，其涉及以下几个方面的关键技术问题。

(1) 多粒度时空对象数据模型的构建。如何建立多粒度时空对象数据模型和生成多粒度时空对象数据，是建立全空间信息系统的首要问题。不仅要考虑时空对象的多元、多粒度、多维度、多形态等属性特征，而且要考虑其生成消亡、分解、组合、转换、关联、运动、认知等行为特征。

(2) 多粒度时空对象的一体化管理。多粒度时空对象的存取、检索、管理、修改、操作等是全空间信息系统的基础功能。在考虑时空对象的存储与检索问题时，要考虑时空对象之间的关联关系维护、信息传播管理、行为控制机制等非传统 GIS 数据管理问题。

(3) 多模态时空计算与时空分析。多粒度时空对象具有多元、多维度、多尺度、多参照系、多时态、多形态交叠的多模态特征，因此需要研究和建立基于多粒度时空对象的时空计算与时空分析新体系，以为全空间信息系统提供计算与分析能力。

(4) 多模态时空对象的可视化与可视分析。传统 GIS 的可视化方法只是全空间信息系统的基础方法，需要针对多粒度时空对象的多元、多维度、多尺度、多参照系、多时态、多形态等多模态特征，构建新的多模态时空对象可视化和可视分析技术体系。

(5) 全空间信息系统平台的构建。全空间信息系统平台是全空间信息系统研究的核心成果，需要基于多粒度时空对象数据模型进行研发。为此，必须要研究和解决全空间信息系统体系框架、访问引擎、计算引擎、建模工具、整合工具、系统定制工具、应用开发环境等核心功能的设计与实现问题。

(6) 全空间信息系统的应用。为了充分地发挥全空间信息系统的优势，获得更好的应用效能，需要解决实际应用中的各种问题，如时空对象整合建库、对象标准化模型、实时信息源接入、专业时空分析模型、多模态可视化应用等。

通过对多粒度时空对象数据模型、数据组织、数据处理、时空分析、可视化、系统架构和综合应用等全空间信息系统理论与技术的深入研究，实现了理论与技术的原始创新，在全空间信息建模理论、多粒度时空对象的组织与管理、多粒度时空对象的分析与可视化、全空间信息系统平台、智能实施管理系统等方面掌握了核心技术与自主知识产权。我国将建成新一代的空间信息系统——全空间信息系统，开创空间信息系统构建与应用的新模式，引领空间信息系统技术的发展方向，提高我国在空间信息系统领域的全球竞争力，有效地推动我国空间信息系统技术的跨越式发展。同时，有望全面提升我国未来智慧城市建设发展的整体技术水平，带动相关行业形成一定规模的经济效益，同时产生广泛的社会效益。

8.3.4 智慧城市建设中的空间信息技术应用

1. 智慧地球与智慧城市

智慧地球是数字地球发展的新阶段。虽然数字地球已经取得很大的成就，但在很多方面尤其是智能化方面的应用还远远不够。随着传感网、物联网、新一代移动宽带网络、下一代互联网、云计算等新一轮信息技术的迅速发展和深入应用，一种新的理念——"智慧地球（smart earth）"被提出，并逐渐演变为继数字地球之后的全球性战略。

智慧城市的提法最早出现于 1990 年 5 月在美国旧金山召开的一次国际会议上，但真正意义上的开始是在智慧地球的概念被提出之后。2009 年 1 月 28 日，奥巴马就任美国总统，与美国工商业领袖举行了一次"圆桌会议"。作为仅有的两名代表之一，IBM 首席执行官彭明盛首次提出智慧地球的概念，建议新政府投资新一代的智慧型基础设施。这一理念的主要内容是把新一代的 IT 技术充分地运用到各行各业中，即把传感器装配到人们生活里的各种物体中且将它们连接起来形成"物联网"，通过超级计算机和云计算将"物联网"整合起来，实现网上数字地球与人类社会和物理系统的整合。在此基础上，人类可以以更加精细和动态的方式管理生产和生活，达到"智慧"状态。在智慧地球上，人们将看到智慧的医疗、智慧的电网、智慧的油田、智慧的城市等。

智慧地球的概念被提出之后，"智慧"二字就代替了"数字"，并迅速地演变为全球性战略，渗透到各行各业中，智慧城市的概念应运而生。在 IBM 的《智慧的城市在中国》白皮书中，智慧城市被定义为：能够充分地运用信息和通信技术手段感测、分析、整合城市运行核心系统的各项关键信息，从而对包括民生、环保、公共安全、城市服务、工商业活动在内的各种需求做出智能的响应，为人类创造更美好的城市生活。李德仁院士认为"智慧城市=数字城市+云计算+物联网"，智慧城市是在数字城市地理空间框架的基础上，利用泛在网络技术实现人与人、人与物、物与物之间按需进行的信息获取、传递、存储、认知、决策和使用等服务，使网络具有超强的环境、内容、文化语言感知能力以及智能性。总之，智慧城市可以被看作是以数字城市为基础，依托物联网、云计算、传感设备等，融合海量的时空信息，把人类的知识充分地应用到信息化条件下的城市规划、设计、建设、管理、运营和发展当中，形成智能化的专题应用，通过相互之间的优化组合最终使城市具有智慧、变得智能，以实现对人口、产业、空间、国土、环境、社会活动和公共服务等领域的智能化管理为目标的全新城市形态。

2. 空间信息技术在智慧城市中的应用

我国政府十分重视智慧城市的建设。从 2000 年开始，国家及地方的"十二五"发展规划陆续出台；其中，智慧城市建设是很多城市未来的建设重点。2011～2014 年，国务院、国务院办公厅及住房和城乡建设部先后出台了 9 项相关的政策，政策内容涵盖从智慧城市总体架构到具体应用，在鼓励政策方面日趋明确和具体。2016 年的两会期间，李克强总理进一步地指出要"打造智慧城市，改善人居环境"等，这些政策对智慧城市的建设予以引导，形成了有利于智慧城市发展的政策环境。

我国的智慧城市建设自 2010 年开始推进，到 2012 年底，全国超过 180 个城市投入了建设，通信网络和数据平台等基础设施的投资规模接近 5000 亿元。2013 年初，国家住建部公布了 90 个首批国家智慧城市试点名单。从整体投资规模看，"十二五"期间，智慧城市的投资规模近 1 万亿元；"十三五"期间，投资有望超过 4 万亿元。目前，超过 26 个部、委、局正在推进智慧城市建设，全国上百个城市正着手建设。2013 年，北京市政府和相关的卫星导航企业共同投资 3 亿元建设北京市北斗公共平台。作为我国首个已经落实的为智慧城市服务的北斗平台，它将立足北京，服务全国，为智慧城市提供政务管理、行业应用和民生服务。上海在政府工作报告中指出，要建设现代化国际大都市，就必须率先构建"智慧城市"，始终在城市信息化方面走在前列。深圳在 2012 年的市政府常务会议审议中通过了《智慧深圳规划纲要》。南京在 2012 年 2 月下发了《南京市"十二五"智慧城市发展规划》，以智慧的城市驱动南京的科技创新，促进产业转型升级，加快发展创新型经济。武汉将用 10 年时间打造智慧城市，构建基于"中国云"的智慧城市基础设施及智能处理基础平台，建设智能交通、城市基础设施、公共应急决策、能源与资源管理 4 个智能示范应用工程。

智慧城市建设过程是将城市地理、人口、资源、环境、经济、社会等复杂城市现状通过信息数字的方式进行有机的结合，实现城市的数字化和网络化，并通过虚拟仿真方式对城市的各个方面、各个时期进行三维可视化。构建这一庞大的系统，信息科学技术是建设基础，空间信息技术是实现智慧城市的重要支撑。

智慧城市实现了对城市任何位置数据信息的全数字化和三维可视化，它要求在建设智慧城市的过程中城市任何的空间位置都应具有详尽、准确的基础空间信息并可以满足基础信息的多功能需求。全球导航卫星系统(GNSS)不受地理环境的限制且具有可以实现实时、高精度定位等众多优点，因此被广泛应用于各个行业和领域，成为智慧城市建设的关键技术之一。遥感(RS)技术探测范围广、采集数据快，能动态地反映事物的变化规律和综合信息，符合现代城市高速发展中对数据的采集与更新需求。现代遥感图像分辨率的提升，提高了对城市动态变化的监测能力和分析能力，在智慧城市建设中能够发挥更大的作用。智慧城市包含所有的城市数字信息，要实现对所有信息无时差和全方位的可视化、编辑、更新、应用等，就需要建立一个系统，让城市数字信息网络成为一个整体，并能够对这些数据进行管理、分析、更新以及方便其他方面的应用。地理信息系统(GIS)融合了地理学、测量学、几何学、统计学和计算机等学科，能够在相关软、硬件的支持下对地理空间数据及相关属性数据进行采集、管理统计、分析、显示链接和更新，也能够很好地将智慧城市中各类空间数据和属性数据进行有机地组织并加以管理和分析利用，它在智慧城市建设中扮演了关键角色。空间信息相关技术在智慧城市中的应用见表 8-2。

表 8-2　空间信息技术在智慧城市中的应用领域

技术类型	城市建设功能应用
全球导航卫星系统（GNSS）	城市测绘技术应用；数字城市参考基准建立；城市基础地理信息更新；社会服务中的应用；基于数字城市的 GNSS 导航服务；城市公众生活的质量改善、资源清查、城乡规划、灾害监测、交通管理等
地理信息系统(GIS)	城市基础信息数据的管理和分析；网络和三维地理信息系统的开发和应用；资源管理、环境评估、城市规划、交通运输、科学考察、邮电通信等
遥感(RS)	城市规划中的应用；遥感解译技术应用；航空摄影测绘技术应用；城市土地利用变化监测应用；应急救灾、农业监测、生态环境监测、海洋资源调查等

　　以 GNSS、GIS 和 RS 为代表的空间信息技术是数字地球和智慧地球的核心基础技术，也是数字城市与智慧城市的框架支撑技术。没有这些空间信息技术，就没有数字城市和智慧城市。GNSS 技术为智慧城市提供了地理空间定位框架，是智慧城市大数据进行整合与融合的基础，是智慧城市的"慧眼"之一。RS 技术是智慧城市的重要数据源，也是城市环境监测中的主要技术，是智慧城市的另一只"慧眼"。GIS 技术是智慧城市虚拟地理空间的建筑师，是实现其自动化、智能化的关键技术，是智慧城市的"大脑"。"3S"技术集成，使两只"慧眼"和一个"大脑"同时工作，从而赋予智慧城市生命和智慧。无人驾驶汽车是"3S"技术集成(还有自动智能控制等)的典型实例，它使汽车有了生命和智力。移动测量系统是"3S"技术集成的又一个典型案例，它能够实时、快速、精准地为智慧城市采集时空大数据。基于"3S"技术集成的空间信息技术是实现智慧城市的重要保障。

参 考 文 献

[1]霍夫曼·韦伦霍夫，利希特内格尔，瓦斯勒. 全球卫星导航系统[M]. 程鹏飞，等译.北京：测绘出版社，2009.

[2]程承旗，任伏虎，濮国梁，等. 空间信息剖分组织导论[M]. 北京：科学出版社，2012.

[3]程效军，鲍峰，顾孝烈. 测量学[M]. 第 5 版. 上海：同济大学出版社，2014.

[4]程远航. 无人机航空遥感图像拼接技术研究[M]. 北京：清华大学出版社，2016.

[5]崔铁军. 地理空间分析原理[M]. 北京：科学出版社，2016.

[6]邓敏，刘启亮，吴静. 空间分析[M]. 北京：测绘出版社，2015.

[7]樊邦奎，张瑞雨. 无人机系统与人工智能[J]. 武汉大学学报·信息科学版，2017，42（11）：1523-1529.

[8]冯学智，王结臣，周卫，等. "3S" 技术与集成[M]. 北京：商务印书馆，2016.

[9]付品德，秦耀辰，闫卫阳. Web GIS 原理与技术[M]. 北京：高等教育出版社，2018.

[10]耿则勋，张保明，范大昭. 数字摄影测量学[M]. 北京：测绘出版社，2010.

[11]华一新. 全空间信息系统的核心问题和关键技术[J]. 测绘科学技术学报，2016，33（4）：331-335.

[12]华一新，赵军喜，张毅. 地理信息系统原理[M]. 北京：科学出版社，2012.

[13]黄仁涛，庞小平，马晨燕. 专题地图编制[M]. 武汉：武汉大学出版社，2003.

[14]靖常峰，朱光，赵西安，等. 地理信息系统原理与应用[M]. 第 2 版. 北京：科学出版社，2018.

[15]孔祥元，郭际明，刘宗泉. 大地测量学基础[M]. 第 2 版. 武汉：武汉大学出版社，2010.

[16]李德仁，王树良，李德毅. 空间数据挖掘理论与应用[M]. 北京：科学出版社，2013.

[17]李连发，王劲峰. 地理空间数据挖掘[M]. 北京：科学出版社，2014.

[18]李琦，曾澜，苗前军，等. 空间信息基础设施与互操作[M]. 北京：科学出版社，2004.

[19]李天文. GPS 原理及应用[M]. 第 3 版. 北京：科学出版社，2015.

[20]李大文. 现代测量学[M]. 第 2 版. 北京：科学出版社，2014.

[21]李卫红，玉文龙，陈颖彪，等. 地理信息系统概论[M]. 北京：科学出版社，2016.

[22]李征航，黄劲松.GPS 测量与数据处理[M]. 第 2 版. 武汉：武汉大学出版社，2010.

[23]李志林，朱庆，谢潇. 数字高程模型[M]. 第 3 版. 北京：科学出版社，2018.

[24]刘湘南，王平，关丽，等.GIS 空间分析[M]. 第 3 版. 北京：科学出版社，2017.

[25]闾国年，张书亮，王永君，等. 地理信息共享技术[M]. 北京：科学出版社，2007.

[26]吕晓华，李少梅. 地图投影原理与方法[M]. 北京：测绘出版社，2016.

[27]吕志平，乔书波. 大地测量学基础[M]. 第 2 版. 北京：测绘出版社，2016.

[28]毛献猷，朱良，周占鳌，等. 新编地图学教程[M]. 第 3 版. 北京：高等教育出版社，2017.

[29]梅安新，彭望琭，秦其明，等. 遥感导论[M]. 北京：高等教育出版社，2001.

[30]倪金生，谭靖，颜伟. 空间信息技术集成应用与实践[M]. 北京：电子工业出版社，2010.

[31]宁津生，陈俊勇，李德仁，等. 测绘学概论[M]. 第 3 版. 武汉：武汉大学出版社，2016.

[32]宁振伟，朱庆，夏玉平. 数字城市三维建模技术与实践[M]. 北京：测绘出版社，2014.

[33]牛新征，张凤荔，文军. 空间新型数据库[M]. 北京：人民邮电出版社，2014.

[34]日本遥感研究会. 遥感精解(修订版)[M]. 刘勇卫，译. 北京：测绘出版社，2011.

[35] 让-马利·佐格. GPS 卫星导航基础[M]. 北京：航空工业出版社，2011.

[36]沙晋明. 遥感原理与应用[M]. 第 2 版. 北京：科学出版社，2017.

[37]盛业华，张卡，杨林. 空间数据采集与管理[M]. 北京：科学出版社，2018.

[38]孙达，蒲英霞. 地图投影[M]. 南京：南京大学出版社，2012.

[39]孙家炳. 遥感原理与应用[M]. 第 3 版. 武汉：武汉大学出版社，2013.

[40]汤国安，李发源，刘学军. 数字高程模型教程[M]. 第 3 版. 北京：科学出版社，2016.

[41]汤国安，赵牡丹，杨昕，等. 地理信息系统[M]. 第 3 版. 北京：科学出版社，2010.

[42]万刚. 无人机测绘技术及应用[M]. 北京：测绘出版社，2015.

[43]汪承义，陈静波，孟瑜，等. 新型航空遥感数据处理技术[M]. 北京：化学工业出版社，2016.

[44]王惠南.GPS 导航原理与应用[M]. 北京：科学出版社，2003.

[45]王金鑫，张成才，程帅.3S 技术及其在智慧城市中的应用[M]. 武汉：华中科技大学出版社，2017.

[46]王丽珍，周丽华，陈红梅，等. 数据仓库与数据挖掘原理及应用[M]. 北京：科学出版社，2009.

[47]王佩军，徐亚明. 摄影测量学(测绘工程专业)[M]. 第 3 版. 武汉：武汉大学出版社，2016.

[48]王艳东，龚健雅. 空间信息智能服务理论与方法[M]. 北京：科学出版社，2012.

[49]王占刚，朱希安. 空间数据三维建模与可视化[M]. 北京：知识产权出版社，2015.

[50]王占全，张静，郑红，等. 高级数据库技术[M]. 上海：华东理工大学出版社，2011.

[51] "我国智慧城市建设若干问题研究"课题组. 走向智慧城市：我国智慧城市建设若干关键问题研究[M]. 北京：科学出版社，2014.

[52]武芳，王泽根，蔡忠亮，等. 空间数据库原理[M]. 武汉：武汉大学出版社，2017.

[53]熊璋. 智慧城市[M]. 北京：科学出版社，2015.

[54]徐绍铨，张华海，杨志强，等.GPS 测量原理及应用[M]. 第 3 版. 武汉：武汉大学出版社，2008.

[55]许捍卫，马文波，赵相伟，等. 地理信息系统教程[M]. 北京：国防工业出版社，2017.

[56]晏磊，廖小罕，周成虎，等. 中国无人机遥感技术突破与产业发展综述[J]. 地球信息科学学报，2019，21(4)：476-495.

[57]尹占娥. 现代遥感导论[M]. 北京：科学出版社，2008.

[58]袁堪省. 现代地图学教程[M]. 北京：科学出版社，2007.

[59]翟翊，赵夫来，杨玉海，等. 现代测量学[M]. 北京：测绘出版社，2016.

[60]张凤荔，文军，牛新征. 数据库新技术及其应用[M]. 北京：清华大学出版社，2012.

[61]张军，涂丹，李国辉."3S"技术基础[M]. 北京：清华大学出版社，2013.

[62]张志兵. 空间数据挖掘及其相关问题研究[M]. 武汉：华中科技大学出版社，2011.

[63]张祖勋，张剑清. 数字摄影测量学[M]. 第 2 版. 武汉：武汉大学出版社，2012.

[64]赵英时. 遥感应用分析原理与方法[M]. 第 2 版. 北京：科学出版社，2013.

[65]赵忠明，周天颖，严泰来. 空间信息技术原理及其应用[M]. 北京：科学出版社，2016.

[66]周成虎. 全空间地理信息系统展望[J]. 地理科学进展，2015，34(2)：129-131.

[67]周其军，叶勤，邵永社，等. 遥感原理与应用[M]. 武汉：武汉大学出版社，2014.

[68]祝国瑞. 地图学[M]. 武汉：武汉大学出版社，2004.

[69] Shaw G A, Burke H H K. Spectral imaging for remote sensing[J]. Lincoln Laboratory Journal，2003，14(1)：3-28.